CINRAD 通用性测试维修平台

主　编　王志武
副主编　张建敏　杨安良

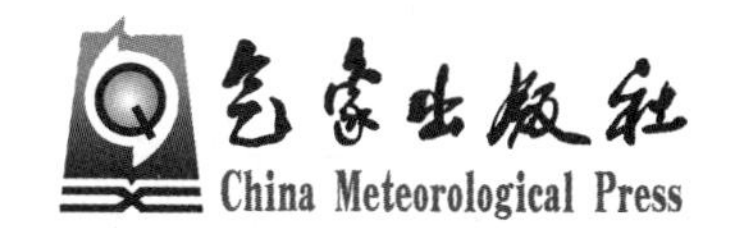

内容简介

本书以大型电子设备规范化维修的理念和方法为主干线，系统地介绍了 CINRAD 通用型脱机测试维修平台中硬件的公共接口及装置和专用接口及装置的设计和制作、软件的协议设计方法和 TPS 的设计和使用、满足现场按需配置被测故障组件 I/O 接口的要求，初步实现了脱机仿真各种类型的 CINRAD 在联机状态下的工作环境，可以脱机测试维修各种类型的 CINRAD 大部分故障组件；开放式测试维修数据库（经典案例库＋FTD、分级资料库、2 级经验库）都可以成为 CINRAD 各级技术保障人员得力的工具助手。为 CINRAD 设备技术保障提供一种系统的、科学的方法：在排障过程中理论指导实践并结合经验和技巧。

本书可供 CINRAD 各级技术保障人员、高校相关专业的师生和批量生产大型电子设备的厂家参考使用。

图书在版编目（CIP）数据

CINRAD 通用性测试维修平台/王志武主编.
—北京：气象出版社，2015.3
ISBN 978-7-5029-6105-3

Ⅰ.①C… Ⅱ.①王… Ⅲ.①气象雷达-维修
Ⅳ.①TN959.4

中国版本图书馆 CIP 数据核字（2015）第 052903 号

出版发行： 气象出版社
地　　址： 北京市海淀区中关村南大街 46 号　**邮政编码：** 100081
总 编 室： 010-68407112　**发 行 部：** 010-68409198
网　　址： http://www.qxcbs.com　**E-mail：** qxcbs@cma.gov.cn
责任编辑： 林雨晨　陈　红　**终　　审：** 黄润恒
封面设计： 易普锐创意　**责任技编：** 吴庭芳
印　　刷： 北京中新伟业印刷有限公司
开　　本： 787 mm×1092 mm　1/16　**印　　张：** 13
字　　数： 333 千字　**彩　　插：** 2
版　　次： 2015 年 3 月第 1 版　**印　　次：** 2015 年 3 月第 1 次印刷
定　　价： 45.00 元

前　言

中国新一代天气雷达(CINRAD)是我国20世纪90年代末引入当时美国最先进的主干天气雷达WSR－88D知识产权的基础上发展而成。CINRAD在全国的布点将会达到216台以上。

CINRAD在汛期24小时连续运行、在非汛期(12～24小时)定时运行。在强对流、暴雨等重大灾害性天气的监测、预报和服务过程中,CINRAD发挥了重要作用,使用效果大大超出了建设预期。

随着现代气象业务和服务不断地深化,对CINRAD的依赖程度越来越高、对CINRAD稳定可靠探测的要求也越来越高。CINRAD发生故障造成的停机在汛期不能超过24小时、在灾害性天气期间更加迫切地要求尽快地排除CINRAD故障,不能在关键时刻“掉链子”。这样对CINRAD设备的技术保障提出了很高的要求。

全国大多数CINRAD连续运行已经十年左右了,各级雷达机务员通过现场观摩和实践、有组织的交流和学习,全国CINRAD设备技术保障能力有了全面地提升,少量雷达机务员具有了CINRAD的元器件级维修排障能力,但是,由于种种原因使得我国目前CINRAD保障队伍的整体建设落后于CINRAD布点的进展,CINRAD设备技术保障存在许多问题:

1)全国CINRAD排障是建立在更换故障组件的基础上,各级保障部门未装备脱机测试维修CINRAD故障组件的平台,维修故障组件委托生产厂家完成,返修时间长、费用高。

2)CINRAD各级机务员缺乏实际维修锻炼的机会、难以跨入元器件级维修门槛。

3)CINRAD机务培训缺少仿真演示平台,受训人员无法真正地掌握CINRAD的排障技术。

4)虽然,处于故障U形曲线低发阶段的全国大部分CINRAD可用性在95%以上,随着部分CINRAD接近大修年限及大修改造后,CINRAD不可避免地会再次出现故障U形曲线的高发阶段。

5)美军大型电子装备在整个寿命期间的保障费用占全部费用的70%～80%以上、并证明当雷达等大型电子设备装备了30～50台以上后,仅靠生产厂家进行设备技术保障是不够的,需要全方位地增加设备技术保障的比重。

6) 美国天气雷达NEXRAD(WSR－88D)的技术保障始终同步于组网建设、其维修排障是建立在气象部门自主进行的基础之上。在NWS(国家气象局)的培训中心开设了雷达机务(实体)培训课程、在设备维修中心建立了2台雷达联机测试维修平台。

根据上述情况和国内多达6种类型CINRAD的现实、基于电子设备规范化维修的理念与方法,研制CINRAD通用型脱机测试维修平台和测试维修数据库。为CINRAD设备技术保障提供一种系统的和科学的方法:在排障过程中理论指导实践并结合经验和技巧。本书将详细介绍CINRAD通用型脱机测试维修平台和测试维修数据库,本书共分7章,内容包括:

第1章 大型电子设备规范化维修的理念和方法。阐述大型电子设备规范化维修的理论基础、工具助手和实现方法。

第 2 章 CINRAD 故障组件脱机测试维修平台。介绍平台硬件两大部分(平台的公共接口及装置和平台的专用接口及装置)的原理、组成和结构。

第 3 章 平台的软件系统。介绍平台通信协议的作用与设计方法;叙述 TPS(测试程序集)的工作原理、一般应用和实际运行。

第 4 章 CINRAD 测试维修数据库。介绍 CINRAD 测试维修数据库三大部分:分级资料库、案例专家库+FTD(Fault Tree Diagram,故障树图)和 2 级经验库作用与制作方法;介绍 CINRAD 测试维修数据库的两种查询系统(离线查询系统、在线查询系统)的使用方法。

第 5 章 平台对故障组件的脱机测试维修。详细介绍如何利用平台和测试维修数据库脱机测试维修相对复杂的故障组件(CINRAD/SA&SB－3A10/回扫充电开关组件)。

第 6 章 分级资料库。以 CINRAD/SA&SB－3A4/RF 激励放大组件为例,给出了 CINRAD 数据库离线查询系统中分级资料库和 CINRAD 脱机测试维修平台的后台数据库的查询方法。

第 7 章 经典案例。经典故障案例按照分机分系统归纳,兼顾报警信息序列。本书共编写了 34 篇 CINRAD/SARSB 的经典案例,在每个案例中强调规范化的维修理念和方法的运用。

第 8 章 FTD。只是演示性地给出 10 篇 FTD 图,FTD 更需要逐步增加。

在研制平台和建设数据库以及编写本书过程中,编者阅读了参考文献中列举的大量文献、参考了《WSR－88D 的用户手册》、优选整理了在参考文献中和发表在中国气象局气象雷达年会上有关 CINRAD/SA&SB 的排障论文,在此表示感谢。

由于本平台是首台研制产品、不是很成熟、需要逐步改进;测试维修数据库资料更是不够完善、需要逐步充实;而且本书编辑时间匆忙、个人水平有限,难免有些错误和遗漏之处,真诚欢迎读者和同行批评指正。

编者

2014 年 10 月 杭州

目 录

第1章　大型电子设备规范化维修的理念和方法

1.1　规范化维修的提出

由于大型电子设备结构和电路非常复杂，所以在大型电子设备的综合保障中，用传统的方法进行组件级故障定位就很困难，元器件级维修排障的难度更大。虽然可能有少数高水平的电子工程师只需根据电子设备的故障现象和图纸资料就可完成大型电子设备的测试和维修排障，但是易走弯路，非常难于普及，而且同种故障，可能用不同的维修方法，随意性大、无用功多，甚至可能会产生二次故障。总之，大型电子设备的维修排障难度大、进入门槛高、排障时间长、效率低、排障费用高，一直以来是用户所面临的实际问题。

本章针对批量装备的大型电子设备技术保障所面临的上述问题，总结高水平电子工程师排障方式和过程并在实际排障过程中反复检验、归纳和优化，提出规范化维修的一整套理论基础、工具助手和实现方法，目的是在排障过程中逐渐习惯于理论指导实践并结合以往的排障经验和实用的排障技巧。初步使用规范化维修已经证明能够明显地降低大型电子设备的排障门槛，减小排障过程中二次故障的产生，尽快提升普通电子工程师的排障水平，减少大型电子设备的排障费用，提高大型电子设备排障的科学性和用户的技术保障能力。

1.2　规范化维修的理论基础

批量装备的大型电子设备规范化维修的理论基础是建立在2个规范化维修的流程之上的(图1-1和图1-2)。

规范化维修流程是：由充要的故障现象＋参考相应的案例专家库或故障树图(fault tree diagram，FTD)＋排障技巧→制定测试方案(确定排障路径和被测节点)→通过初步测试→将被测节点实测参数与分级资料库中对应节点的参数范围进行比较，根据：

IF right THEN continue ELSE analysis

的方法进行逻辑判断，决定下一步维修进程，层层剥离地找出电子设备的故障原因。这样，结合测试维修数据库可以提高大型电子设备的排障效率，降低排障难度并减少误操作。

根据故障电子设备组成的分系统、组件是“级联”或“并行”分布的，对应规范化维修的流程图如图1-1和图1-2所示。

上述图中所指电子设备的每个分系统或组件的排障流程的顺序应结合以往的排障经验和实用的排障技巧来理解：如故障发生概率最高处、对分法、方便测试点等原则进行排障流程排序，以提高设备的排障效率。

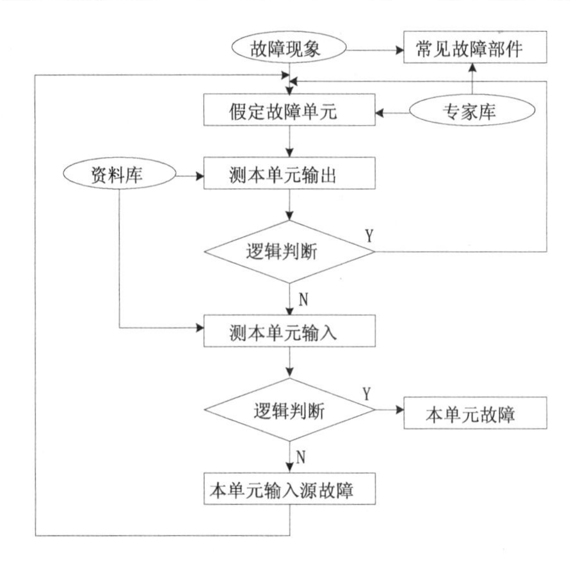

图 1-1 “并行”分布电子设备的规范化维修排障流程

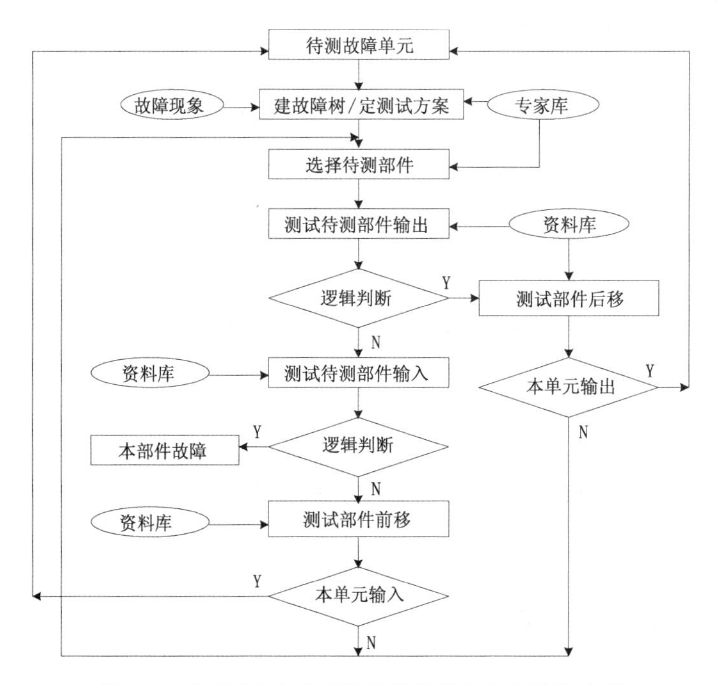

图 1-2 “级联”分布电子设备的规范化维修排障流程

1.3 规范化维修的工具助手

在批量装备的大型电子设备规范化维修排障流程中需要根据设备充要的故障现象参考相应的案例专家库和 FTD 来制定测试方案，需要参考分级资料库比较测试节点的实测参数来判断电子设备该节点输出参数正常与否？即使参加大型电子设备故障远程会诊的专家系统的那些电子设备技术保障的专家们也需要对应电子设备的分级资料库分析对应设备的故障情况，需要案例专家库或FTD进行排障参考，所以分级资料库和案例专家库和FTD是批量装备的大型电子设备规范化维修的工具助手，不可或缺，值得花大力气制作。

为了能够说明大型电子设备的分级方式，将大型电子设备结构层次分为4级：分机、分系统、组件、功能部件。制作批量装备大型电子设备的分级资料库和案例专家库或FTD时，根据电子设备的代号/关键词分为4级子目录。

1.3.1　分级资料库

设计、制作大型电子设备的分级资料库需要提供设备每一级充分必要的资料，包括：该级的电路原理图、元件表、原理框图和工作原理、接口与性能参数（波形、功率、电压、电流等）、测试与调试、结构照片（甚至测试位置）、历史资料、特殊电路说明和本级的经典故障案例＋FTD等。分级资料库中当前节点的资料既是充分的，不可缺少、可按需选择；又是必要的，剔除无用的资料，免得在排障过程中还要寻找、甄别资料，浪费时间。

大型电子设备技术保障的电子工程师可以方便快捷地查阅到当前节点所需的资料，记录并将待测节点的实测数值与资料库中对应节点部分的性能参数和经典案例＋FTD及历史资料进行逻辑比较，由此可指明排障方向，缩小电子设备的排障范围。

分级资料库的完整性很大程度上决定了批量装备的大型电子设备各级保障部门电子工程师的维修能力：是组件级还是功能部件级或是芯片/元器件级。

采用方便的下拉式菜单调用分级资料库。对于基层用户来说，分级资料库的增加或更新是通过网络获取，由各用户自己下载并更新。

1.3.2　案例专家库

案例专家库内容主要从高级经验库的资料中选取，再经过大型电子设备技术保障专家团队按照规范化维修理论和方法进行整理优化、论证、审核通过后才能进入案例专家库。

1.3.2.1　两级经验库的建设

经验库是汇集批量装备的大型电子设备已发生过的故障案例集合。将经验库设置成初级经验库和高级经验库。由初级经验库→高级经验库→案例专家库。

两级经验库和专家库的建立流程如图1-3所示。

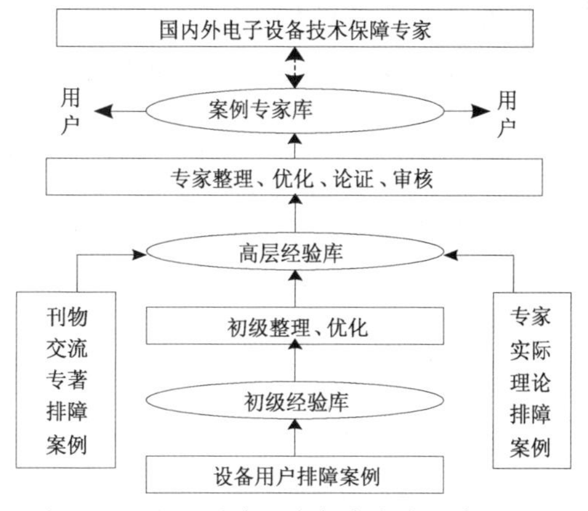

图1-3　两级经验库和案例专家库的建立流程

(1)初级经验库

初级经验库是本区域批量装备的大型电子设备维修排障案例的上传资料，要求使用大型电子设备的电子工程师规范化地、准确地记录设备型号、故障时间，尽量充分和必要的故障现象，排障过程中的故障分析、维修流程和故障定位，最后的故障成因分析、注意事项和应急开机等；用户应该及时地将维修排障案例上传到初级经验库中。

初级经验库中的每个案例需经过区域电子工程师按照规范化维修的理念和方法进行整理和修改，决定是否上传到高级经验库。初级经验库案例是高级经验库案例的主要来源。

初级经验库可以培养基层电子工程师自觉地规范排障思路，进而有效快捷地提升电子工程师的排障水平。

(2)高级经验库

高级经验库由以下几方面组成：

1)各个初级经验库上传的排障案例资料的集合；

2)技术刊物、学术会议和技术专著中所发表的该大型电子设备维修排障论文的汇总；

3)该电子设备生产部门的设计、维修人员和用户的电子设备技术保障专家们的维修排障案例集合和推演出来的大型电子设备仿真模拟维修排障案例的组合。

(3)专门区域

在经验库中要开辟一个专门区域，反映大型电子设备的用户对案例专家库和分级资料库等内容的看法和改进意见，供该大型电子设备技术保障的专家团队参考采纳和修改。

1.3.2.2 案例专家库的建设

由于在高级经验库的排障案例和相关书籍、刊物、年会交流等已发表的批量装备的大型电子设备技术保障的相关论文存在许多不足，所以，案例专家库不能是该大型电子设备的高级经验库的案例和已发表的维修排障论文的简单汇总。案例专家库的每份入库资料需要该大型电子设备技术保障专家组根据规范化维修的理念和方法对设备的高级经验库每个案例和所有相关维修排障论文再进行整理、优化、论证和审核，通过后才能入库。

案例专家库集该大型电子设备的设计(生产、安装)、调试，专业维修人员和用户的维修排障理论、技术和经验于一体；案例专家库引导大型电子设备的电子工程师进行规范化地维修排障；案例专家库是该设备用户的学习资料，能够作为排除该大型电子设备对应故障的参考路径；指明了该大型电子设备技术改进和科研开发的方向。

案例专家库的案例按照关键词的顺序排列在案例专家库中，也分别出现在各自发生故障组件的分级资料库中。

1.3.2.3 故障树图

故障树图(fault tree diagram，FTD)给出每个节点所有可能发生故障的单元，给出排障的路径参考，列出发生故障的概率等，FTD示意图如图1-4示。

图1-4中，有

$$x\% + y\% + z\% = 1$$

即

$$\sum_{i=1}^{n} x_i = 1 \tag{1-1}$$

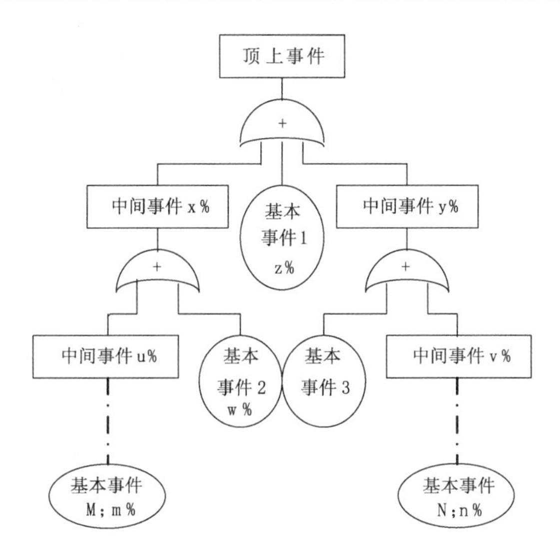

图1-4　电子设备的FTD示意图

FTD工作在“故障空间”，描述因故障事件而失效的系统。FTD是一种倒立树状逻辑因果关系图，从上到下逐级建树并由事件而联系，用图形化来“模拟”排障参考路径。它用事件符号、逻辑门(与、或等)符号和转移符号描述系统中各种事件之间的因果关系。在FTD中最基础的构造单元为门和事件，门是条件。

制作FTD的电子工程师须熟悉电子设备故障组件/功能部件的原理框图，故障现象的实际意义；基于规范化维修流程，由故障现象确定FTD的顶上事件；从顶上事件起，根据故障系统的原理框图逐级找出直接关联的中间事件，而将故障案例发生的可能根源作为基本事件，直至所有的基本事件；按其逻辑关系，画出FTD；最后对FTD结构进行简化，根据故障发生的概率或频度确定各基本事件的重要性，给出方便测试点。每个FTD具有专用性，存于电子设备的案例专家库和对应故障组件的分级资料库中，FTD特别适合于指导批量装备的大型电子设备的一般电子工程师的现场维修排障。FTD可以大大降低排障难度，减少排障过程中的二次故障发生率。

1.4　规范化维修的实施方法

规范化维修的实施方法是为批量装备的大型电子设备维修排障提供最佳路径，可减少维修排障的曲折性，提高维修排障的科学性，减少误操作，易被借鉴。规范化维修的实施方法分为三个过程。

1.4.1　充要的故障现象

先给出大型电子设备故障发生时间、用户名、设备型号，再说明大型电子设备发生故障前后的充分必要的故障信息。既要求是充分的、不漏掉设备故障的任何源发性信息；又要求是必要的，去除那些多余的继发性故障信息。要特别重视设备故障的物理现象(声、光、电、味)，首先找出其发源处；即要抓住设备故障的主要矛盾，突出设备故障的关键报警信息；还要借鉴该大型电子设备故障的历史信息。

给出充要的故障现象往往能够对大型电子设备的排障进程有着事半功倍的效果。

详细说明故障现象后或许还要经过简单的测试，一般就能锁定大型电子设备的故障分机或者分系统。

1.4.2 故障分析

按照大型电子设备规范化的维修流程，根据故障现象和初步测试的数据，查阅组件级FTD或经典案例库，查阅分级资料库的原理框图和性能参数，再进一步测试对照，逻辑分析后往往可以判定故障组件。

再由测试数据，查阅功能部件级 FTD 或案例专家库，参照分级资料库中功能部件的原理框图、电路图及 I/O 参数进行测试、分析，往往可锁定故障的功能部件。

如是常见故障，由故障现象查阅案例专家库或 FTD 时，可立即定位故障元器件；如故障功能部件结构简单，查阅分级资料库，就可定位故障元器件；一般情况下，根据分级资料库中该功能部件的资料，经过简单地测试或替换就可定位故障元器件；更换了故障的元器件后，再联机调试，确定该大型电子设备是否完成维修排障并性能良好。

1.4.3 小结

(1)故障的成因分析——反馈给其他用户或厂方作参考，可针对性地采取措施，减少同类故障再次发生；

(2)排障过程中的注意事项和经验技巧——值得被该大型电子设备其他用户借鉴；

(3)应急开机方法——由于缺少备件等原因，大型电子设备即使定位了故障元器件，可能也无法恢复正常状态，但是可以针对性地用一些方法进行临时应急开机，这样可减少停机时间。

1.5 规范化维修的个例

以 CINRAD/SA&SB-UD3A5/RF 脉冲形成器的排障过程为例。

关键词：Alarm 201－Tr 输出功率变大－3A5/一路 PIN 调制器及驱动块故障

关键词一般由：报警信息序列－故障现象－故障原因所组成，便于排序和查阅。

1.5.1 故障现象

2010 年 7 月浙江省舟山 CINRAD/SB 运行过程中突然退出工作程序 RDASC，并报警 201 和其他报警：

Alarm 201 TRANSMITTER PEAK POWER HIGH，发射机峰值功率超限。

重启雷达工作程序(RDASC)或利用在线自检程序 RDASOT 单独启动雷达发射机后，发射机能短暂地产生高压，其余故障现象照旧。

在雷达性能参数 RDASC/Performance Data/上显示：

Trans. 1/XMTR PWR METER ZERO＝13

发射机功率计零点＝13(未有大的变化)。断定报警非内置功率计的零点漂移大所引起。

XMTR PK PWR＝930kW

发射机峰值功率=930kW(650 kW＜正常＜750 kW)；断定报警是雷达发射峰值功率超过适配数据的门限值所引起的。

Adaptation Data/Trans. 1/MAXIMUM TRANSMITTER PEAK POWER ALARM LEVEL=900 kW

发射机最大峰值功率报警门限=900 kW。

而在雷达性能参数 RDASC/Performance Data/上显示：

Cali 1/RFDi(i=1,2,3)的实测值仅比原来大 1dBz 左右,未引起相应的报警。

再用外加功率计测量发射机短暂输出的峰值功率约为 930kW,即发射机输出峰值功率确实超限了。

此次故障的源发性报警时 Alarm 201,初步锁定故障发生在发射分机。

1.5.2　故障分析和排障过程

查阅 CINRAD(中国新一代天气雷达,China New Generation Radar)专家库内的发射机输出峰值功率过大的 FTD 如图 1-5 所示。

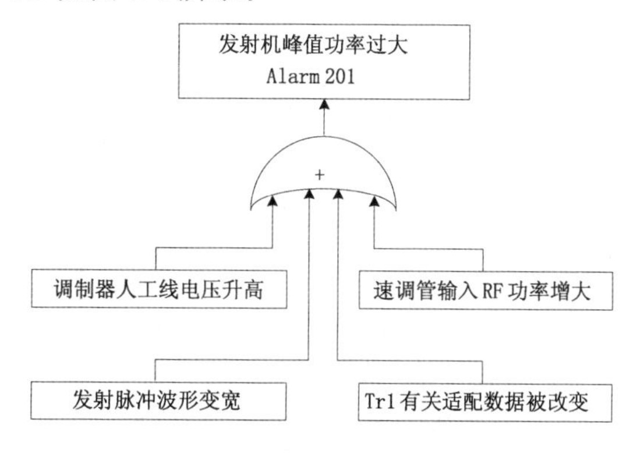

图 1-5　Alarm 201 的 FTD

可知发射机峰值功率超限这个顶上事件主要是 4 个中间事件引起:发射机调制器人工线电压升高,发射脉冲波形变宽,发射机速调管输入功率增大或发射机相关适配数据被改变。每个中间事件可能包括很多原因。

由维修方便原则,先观测:发射机调制器人工线电压指示 4800V(正常);速调管输入衰减器 3AT1 位置未变(输入功率未因衰减降低而明显增大);Trans. 1 有关适配数据未改变;再用示波器测发射脉冲波形,其 PRF(pulse repeat frequency,脉冲重复频率)未变,但脉冲波形形状却畸变了(底部变宽),如图 1-6 所示。

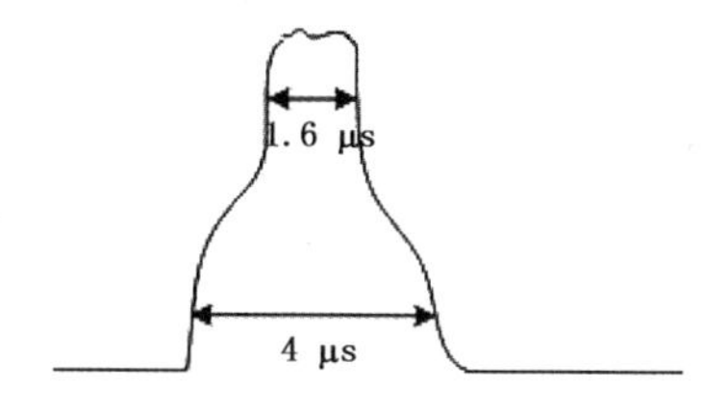

图 1-6　发射脉冲的畸变图形

由于发射脉冲底部变宽导致测量所得平均功率 P 增大；而发射机输出峰值功率 P_t 为

$$P_t = (T/\tau)P = CP \tag{1-2}$$

式中，τ 为发射脉冲宽度，T 为发射脉冲周期，$C=T/\tau$ 为适配数据内置常数。

断定是发射脉冲畸变（底部变宽），造成此故障。通常，3A5/RF（radio frequency，射频电流）脉冲形成组件输出脉冲波形变宽很大程度上决定发射脉冲波形变宽。测量 3A5/XS4 的 20dB 耦合输出，RF 脉冲波形如发射机输出，脉冲波形形状畸变（底部变宽），PRF 未变。测试 3A5 输入 RF 脉冲即 3A4/XS5 耦合端输出 RF 脉冲的波形，正常。顺便测试 PWS（pulse width state，脉冲宽度状态）和工作电压均正常。可以锁定发射机 3A5/RF 脉冲形成组件故障。

参考 CINRAD 案例专家库内的 CINRAD-SA&SB/UD3A5/RF 脉冲形成组件综合故障的 FTD 如图 1-7 所示，结合电子设备的维修经验，列出排障路径，完成芯片/元器件级的维修。

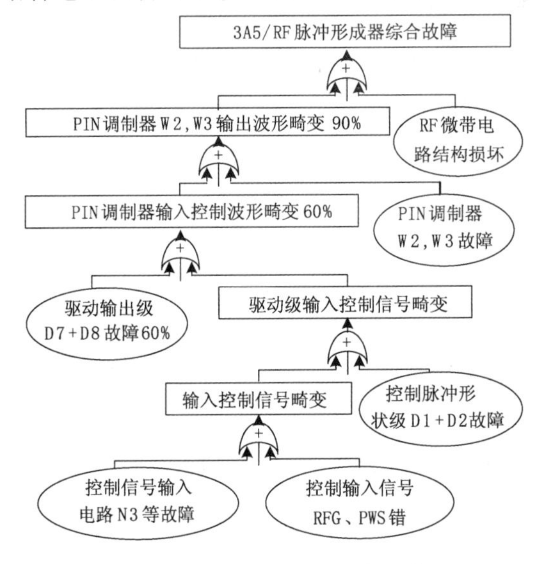

图 1-7　3A5/RF 脉冲形成器综合故障的 FTD

根据方便原则，首先脱机直观检查 3A5/RF 脉冲形成器的 RF 微带电路，无结构损坏现象；由于微带电路上两个 PIN（P 结＋I 本结半导体层＋N 结的 PIN 开关二级管）调制器的输出 RF 脉冲波形合成就是 3A5/RF 脉冲形成组件输出的 RF 脉冲波形，而 PIN 调制器输入控制波形，即驱动输出级控制波形。

调用 CINRAD/SA&SB 分级资料库中 CINRAD-SA&SB/UD3A5 组件/3A5A1 驱动块功能部件的信息资料，任选可得到 3A5A1 中驱动功能块的测试位置、波形图、原理框图和电路图，如图 1-8 所示（其中 $T=\tau$）。

如图 1-8（c）所示，拔下 PIN 调制器与驱动功能部件输出的连接 XP2，在图 1-8（d）的 PIN 调制器驱动波形测量处 R8 和 R9 测量驱动功能部件输出的控制脉冲波形。

双踪示波器测试结果：参照图 1-8（b），测试点 A/驱动脉冲波形错误（负方波宽度变大），而测试点 B/驱动脉冲波形正常。根据图 1-8（a）和图 1-8（c），由于 B 点波形正常，确定测试点 C/驱动块功能部件输入控制波形正常，锁定 D7/JLQ-7 驱动块故障。更换后，测试点 A/输出控制波形也正常。

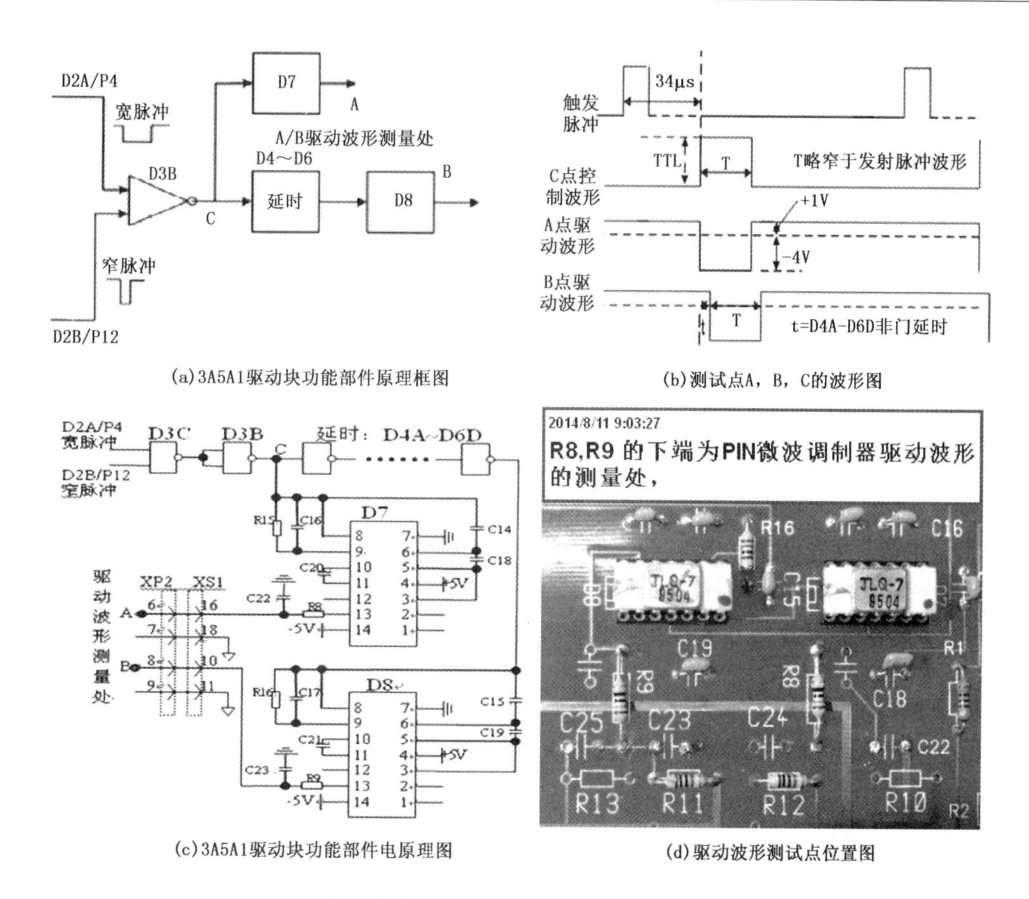

(a) 3A5A1驱动块功能部件原理框图　　(b) 测试点A，B，C的波形图

(c) 3A5A1驱动块功能部件电原理图　　(d) 驱动波形测试点位置图

图 1-8　分级资料库中3A5A1的输出驱动块功能部件的资料

插好XP2，通电后，故障照旧。用万用表二极管档测量发现D7对应的W2/PIN调制器不符合二极管特性，更换W2后，再恢复XP2，3A5/XS4耦合输出波形正常(需在20dB定向耦合器输出端串接10dB衰减器后，才能连在检波器或功率头上)，实测发射机峰值输出功率和脉冲波形正常。故障排除。

1.5.3　故障成因分析及注意事项

(1)故障成因分析

本次故障的根源是发射机高频放大链路的3A5的W2/PIN调制器和3A5A1的D7/驱动控制块故障所致，使得发射脉冲波形底部变宽，发射脉冲的平均功率上升，造成报警201。由于3A5有2路类似的PIN调制器和驱动块，同样的工作条件，无其他外因，而实际工作中一路正常，另一路故障，所以此故障属于元器件质量问题。

(2)经验总结和注意事项

该PIN微波调制器在加上约+0.7V电压时与地短路，对RF信号产生全反射，相当于RF信号通路插入衰减达50dB以上；在加上−4V脉冲电压时与地开路，相当于RF信号几乎无衰减地通过，插入衰减在0.2dB以下。

更换PIN调制器，需在微带上进行焊接，要用低温焊锡焊接，焊接速度要快，不能烫坏微带。不仅要求PIN调制器的型号相同，尺寸也要完全相同，焊接位置与原来保持一致(处于正中间）。

(3)应急运行

如果没有3A5备用组件，为减少CINRAD台站的故障时间，可去掉故障的驱动块/D7和PIN微波调制器/W2，并使得2路PIN调制输出暂时成为1路输出。这样，需减小3AT1衰减量约3dB，使得发射机输出脉冲功率维持在正常值，脉冲波形基本满足要求，即可进行应急运行。但是，应急工作造成了雷达性能参数/Cali.1/RFDi(i=1,2,3)首次实测值变小约3dB，发射机输出信号极限改善因子略微变差等。

1.6　结论

上节的个例表明：批量装备的大型电子设备规范化维修能够减少大型电子设备的排障维修难度，降低对电子工程师技术水平的要求和排障进入门槛，因而适合于许多大型电子设备和大部分用户电子工程师；规范化维修可以尽快地和有效地提升电子设备技术保障人员的整体技术保障水平，可以减少维修排障曲折性，提高维修排障效率，减少电子设备的故障时间和维修排障费用，增加大型电子设备的正常率和可靠性并延长大型电子设备的寿命。

第 2 章 CINRAD 故障组件脱机测试维修平台

2.1 概述

CINRAD 故障组件脱机测试维修平台(以下简称平台)。

2.1.1 平台的作用

平台的作用有三个:

(1)利用平台在脱机状态下测试维修 CINRAD 大部分故障组件;

(2)减小 CINRAD 的排障难度,减少二次故障发生率,提高排障效率,降低 CINRAD 元器件级维修排障的进入门槛;

(3)为全国 CINRAD 高级机务培训提供仿真排障的平台,为 CINRAD 组件设计研制提供试验改进的平台。

2.1.2 平台的工作原理

平台的工作原理有三条:

(1)在 CINRAD 故障组件的脱机测试维修的过程中,自始至终地贯彻大型电子设备规范化维修的理念和方法;

(2)利用平台通过其公共接口(MUX)(multiplexer)与专用接口仿真产生 CINRAD 各个被测组件在雷达联机状态下的工作环境,仿真产生各个被测组件的故障发生以及测试结果的获取,允许进行脱机测试维修(图 2-1);

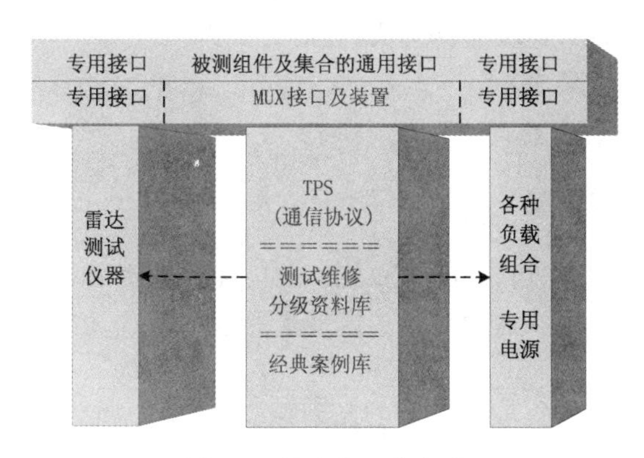

图 2-1 平台的工作方式

(3)依靠 CINRAD/SA&SB 测试维修数据库不仅作为平台运行的支撑软件而且可作为各级 CINRAD/SA&SB 设备综合保障(验收测试、维护维修)的工具助手。

2.1.3 平台的主要组成

平台的主要组成有三个部分(图 2-2):

(1)平台硬件部分:架构被测组件仿真工作环境的输入/输出接口的设置与产生电路;

(2)平台软件部分:支撑并控制平台的硬件部分工作,完成被测组件仿真工作环境;

(3)测试维修数据库部分:支持平台运行,指导 CINRAD 各级用户进行设备的测试、维修与维护。

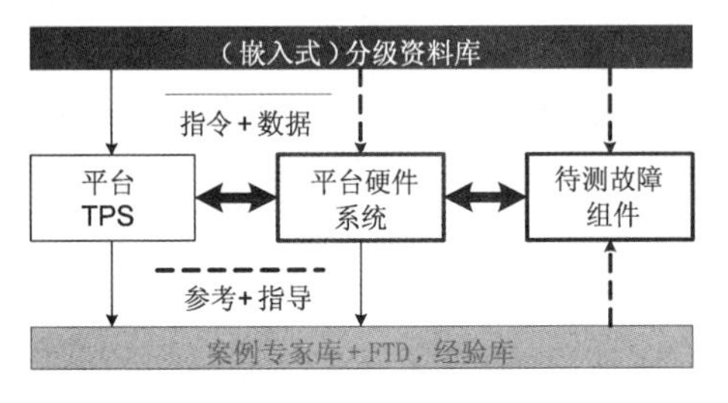

图 2-2　平台的结构组成

2.2 平台的硬件部分

2.2.1 概述

被测组件的工作环境仿真可通过输入/输出被测组件的通用接口和专用接口所需的各种信号来实现,而被测组件的通用接口和专用接口所需的各种信号的物理意义统计、归类如下:

(1)被测组件的通用接口的输入输出信号:可控的输入输出(差分、数字、模拟等)各种通用信号和低压电源组合以及现场调试电位器等装置;

(2)被测组件的专用接口的输入输出信号:输入输出(高压电源、专用电源、市电电源、RF 信号、高压脉冲,外接无源负载及负载组合、RF 负载等)各种专用信号或特殊电路。

综上所述,平台硬件部分主要包括两大内容:

(1)平台的公共接口及装置;

(2)平台的专用接口及装置。

2.2.2 平台的公共接口及装置

平台公共接口(MUX)通过自制电缆和接头链接各种被测组件的通用接口,MUX 与被测组件的通用接口之间输出/输入各种所需的或发生的通用信号,仿真产生被测组件通用接口的工作环境。

2.2.2.1 平台的公共接口及装置的组成和功能简述

平台公共接口及装置的主要组成和功能包括:

(1)产生多路输入/输出数字(或状态)信号的电路,多路输入/输出模拟信号的电路,多路输入/输出差分信号的电路，多种现场微调装置和监控的电路等。这些电路均集成在GPI(general purpose input ports，通用输入端口)和GPO(general purpose output ports，通用输出端口)两个机箱内；

(2)产生LVP(low voltage powers，低压电源组合)及监控的电路，集成在LVP机箱内；

(3)MCS(microprocessor control system，微处理器控制系统)及外围电路与通信接口，集成在MCS机箱内；

(4)公共接口MUX(multiplexer)集成在MUX机箱(包括连接到各种被测组件通用接口的电缆和接头)。

MCS、GPI、GPO和LVP及MUX均集成在平台的电控机柜中，如图2-3所示。

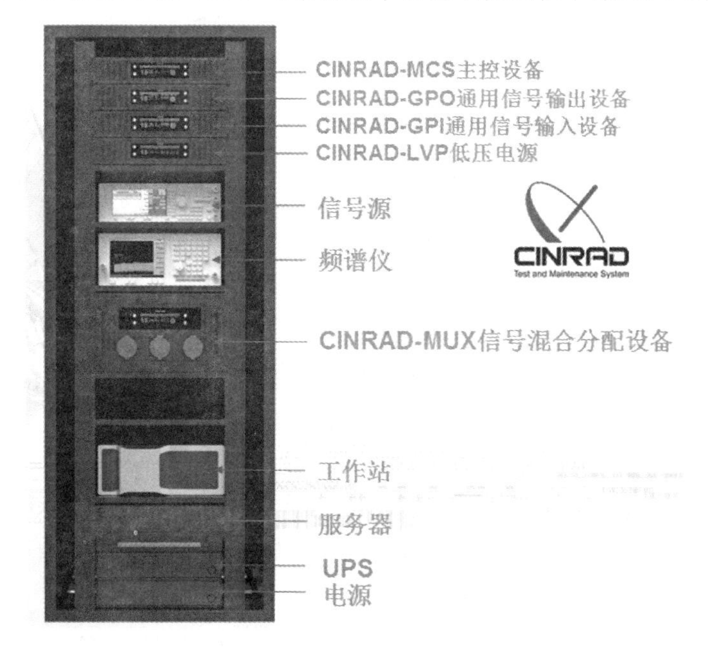

图2-3 平台的电控机柜

平台的电控机柜还包括：微波信号源、频谱仪，平台的工作站计算机，测试维修数据库的服务器和UPS电源等。

为了便于携带，需要缩小体积，可以将MCS＋GPI＋GPO＋LVP＋MUX集成在一个6U的机箱内(U是机柜上常用的单位，1U＝1.75英寸＝44.45mm，6U的机箱就是指面板高度为6U＝266.7mm的机箱；机箱面板的长度尺寸一般统一为19英寸，即482.6mm)；可以将工作站计算机与服务器集成在一台计算机内；在测试现场，只需将这个6U机箱与工作站和服务器＋信号源＋频谱仪根据需要连接即可。

2.2.2.2 平台的公共接口及装置的工作原理

平台的公共接口及装置简要的原理框图如图2-4所示。

(1)MCS的工作原理简介

MCS的原理框图如图2-4所示。MCS是平台公共接口及装置的硬件核心。MCS包括微处理器ARM，现场可编程门阵列FPGA器件与辅助电路。工作站计算机向MCS的ARM发送测试指令，接收测试结果；ARM根据通信协议运行测试程序，启动FPGA器件通过MCS的

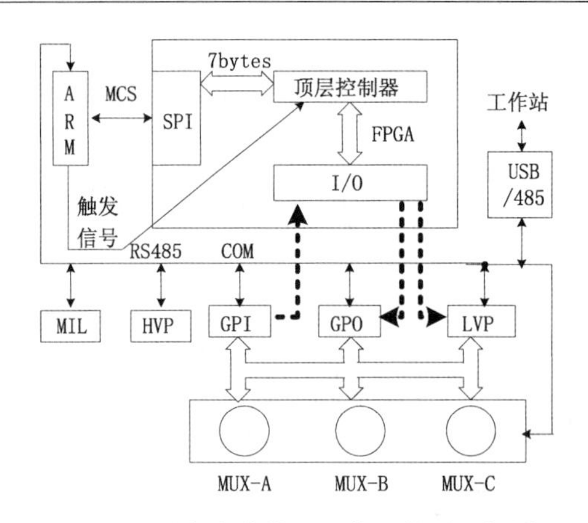

图 2-4　平台公共接口及装置的原理框图

I/O接口配置GPI、GPO电路板和LVP,GPI、GPO和LVP的各种信号再通过MUX接口向被测组件的通用接口输出测试信号、接收测试结果。FPGA的高速运行可靠地保证了平台I/O接口信号的时序精度≤10ns要求。

另外,MCS具有独立的电源供给,具有开机自检功能和"启动"运行前自检功能。

(2)平台的通信链接

平台的通信链接着重于选择通信方式,使得通信畅通,抗干扰能力强,可靠性高。

平台的通信链接中工作站计算机与平台设备各机箱之间的链接采用RS485的通信方式,工作站与其他测试设备和网络及服务器的通信链接主要采用LAN(local area network,局域网)的通信方式。

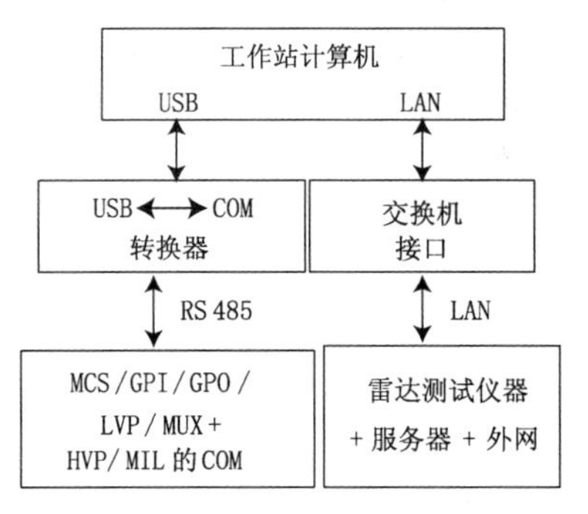

图 2-5　平台的通信链接

图2-5中:MCS+GPI+GPO+LVP+MUX+HVP+MIL以RS485方式并接到485←→USB转接口←→工作站。

交换机接口上:

RF信号源/LAN24口=IP:172.45.129.202;

频谱仪/LAN16口=IP:172.45.129.203;

示波器/LAN18口=IP:172.45.129.204;

工作站/LAN20口=IP:172.45.129.201;

服务器/LAN22口=IP:172.45.129.200;

外网为气象局内网/LAN2口=IP:×××.××.×××.×××。

(3)GPO 与 GPI 的工作原理简介

GPI 和 GPO 在图 2-4 中归纳为输入/输出电路板。GPI 和 GPO 中均包括差分电路、数字/状态逻辑、模拟电路等输入/输出电路,还包括调试电位器等的插入。其 I/O 信号可用 4 个变量来大致描述:A_m,信号幅度;τ,脉冲宽度;PRT,信号周期;ΔT,信号延迟时间。另外还有信号的起始状态、工作状态、命令状态和模拟信号形状的归类等参数。GPI 和 GPO 电路接收 MCS 通过其 I/O 接口发送的配置命令,根据命令激活 GPI 和 GPO 电路板中对应的信号处理或产生电路;GPO、GPI 再与 MUX 接口连接输出或输入被测组件或组件集合所需的工作参数或发生的测试结果。

将 GPI 与 GPO 分成 2 个机箱是为了有利于板间功耗热量散发;为了增加电路的可靠性并缩短调试过程,在 GPI 和 GPO 中均采用成熟的差分电路、数字电路、标准的函数发生器与 A/D 转换器与模拟信号监测电路;并在每路数字电路或状态逻辑电路的 I/O 通道中均采用光电隔离和电源隔离,在每路差分电路与模拟电路的 I/O 通道中均采用抗电磁干扰等措施,提高了平台公共接口的适用性、安全性、稳定性与可靠性。

GPI 和 GPO 具有独立的电源供给,具有开机自检功能和“启动”运行前的自检功能。

(4)LVP 的工作原理简介

LVP 接收 MCS 通过其 I/O 接口发送的配置命令,根据命令连通 LVP 中对应的低压电源,LVP 与 MUX 接口连接再向 CINRAD 被测组件或组件集合输出所需的低压电源组合。LVP 必须满足 CINRAD 被测组件对输入的低压电源组合的性能要求,如表 2-1 所列。

表 2-1　CINRAD 被测组件所需 LVP 的技术指标

序列	名称	电压(V)	电流(A)	电压纹波(mV)	备注
1	+5V	+5	3	10	
2	−5V	−5	2	20	
3	+15V	+15	3	20	可调
4	−15V	−15	3	20	可调
5	+28V	+28	5	300	3A12A10 启动电流大
6	+40V	+40	2	50	

如表 2-1,LVP 输出电压的纹波参数要求较高,是 LVP 设计和调试的重点。利用微处理器对每个 LVP 独立电源的性能参数进行长时间地检测、记录、分析和调试。

LVP 的每组独立电源产生电路基本类同、均采用成熟电路,以缩短调试过程,增加可靠性。LVP 具有电压指示、过流保护和输出电压失常保护和提醒,由继电器吸合决定输出。

另外,平台中 MCS、GPI、GPO 和 MUX 电路板所需要的专用低压电源和监控装置供电由各自机箱内独立电源自己提供与 LVP 无关。

LVP 具有开机自检功能和“启动”运行前的自检功能。

2.2.2.3　平台公共接口及装置的信号种类和数量

(1)平台接口具备的信号种类和数量

首先,根据 CINRAD 所有将要被测组件或组件集合通用接口统计所得的种类和数量,结合 MCS 的接口资源列出平台 MUX 接口实际具备的输入输出信号的种类和数量如表 2-2 所列。

表 2-2　平台 MUX 接口所需的和实际具备的信号种类和数量

序号	信号名	最多输入信号	最多输出信号	可输入信号	可输出信号	备注
1	差分信号	7	0	12	4	
2	模拟信号	4	2	12	10	含电位器调节等
3	状态信号	11	6	12	12	可用模拟信号替代
4	低压信号	6	0	6	0	+/－15V 可调节
5	其他信号	0	0	1	1	

由于区域级平台的 MUX 接口共计有 5 大类 70 对输入输出信号，而 CINRAD 的将要被测的组件或组件集合通用接口共计只有其中的 4 大类 36 对信号，所以 MUX 接口完全可满足 CINRAD 大部分组件或组件集合一次测试 I/O 信号最多种类和数量的需求，可满足 CINRAD 被测的组件通用接口扩展性的需求；由于平台是根据被测的组件通用接口各种 I/O 信号的排列在 TPS(test program set，测试程序集)上现场配置 MUX 接口信号，所以可满足所有 CINRAD 将要被测的组件通用接口兼容性的需求；由于大部分大型电子设备组件的通用接口信号基本上也由这 5 个种类组成(特殊种类需要在设计前预先提出来)，结合 TPS 现场配置 MUX 接口信号的能力，所以平台 MUX 接口对大型电子设备的通用接口也具有通用性。

(2)平台的 GPI、GPO 和 LVP 各机箱接口输入输出的信号参数

平台的 GPI、GPO 和 LVP 各机箱接口现有的 I/O 参数列于表 2-3。

表 2-3　GPI、GPO 和 LVP 各机箱接口的 I/O 信号参数表

接口	信号类型	信号通道	管脚	线色
CINRAD-GPO 1#	开漏输出	DO1	19	黄白
		DO2	23	绿白
		DO3	4	黄
		DO4	8	黄黑
		DO5	12	灰
		DO6	16	灰黑
	5 V 电平输出	PDO1	20	黑白
	负极	DGND	18	红白
	差分输出	DDO1P	1	棕
		DDO1N	5	棕黑
		DDO2P	9	绿
		DDO2N	13	绿黑
		DDO3P	17	白
		DDO3N	21	白黑
		DDO4P	2	红
		DDO4N	6	红黑
		DDO5P	10	蓝
		DDO5N	14	蓝黑
		DDO6P	3	粉
		DDO6N	7	粉黑
		DDO7P	11	紫
		DDO7N	15	紫黑

续表

接口	信号类型	信号通道	管脚	线色
CINRAD-GPO2＃	高速方波负压输出	FNO1	1	棕
	高速方波正压输出	FPO1	5	棕黑
	模拟精度负压输出	ANO1	2	红
		ANO2	6	红黑
	模拟精度正压输出	APO1	3	粉
		APO2	7	粉黑
		APO3	4	黄
		APO4	8	黄黑
	负极	AGND	9—12	绿
CINRAD-GPI1＃	干接点输入	DI1	3	粉
		DI2	7	粉黑
		DI3	11	紫
		DI4	15	紫黑
		DI5	19	黄白
		DI6	23	绿白
		DI7	4	黄
		DI8	8	黄黑
		DI9	12	灰
		DI10	16	灰黑
		DI11	20	黑白
	负极	DGND	18	红白
	差分输入	DDI1P	1	棕
		DDI1N	5	棕黑
		DDI2P	9	绿
		DDI2N	13	绿黑
		DDI3P	17	白
		DDI3N	21	白黑
		DDI4P	2	红
		DDI4N	6	红黑
CINRAD-GPI2＃	模拟高电压输入（±15 V）	AHI1	17	白
		AHI2	21	白黑
		AHI3	18	红白
		AHI4	22	橙黑
	模拟低电压输入（±5 V）	ALI1	19	黄白
		ALI2	23	绿白
		ALI3	20	黑白
		ALI4	24	黑
	负极	AGND	13—16	绿黑
CINRAD-LVP	＋5 V	＋5 V	10	
	－5 V	－5 V	18	
	＋15 V	＋15 V	9	
	－15 V	－15 V	17	
	＋28V	＋28V	1	
	＋40V	＋40V	2	
	负极	GND	5,6,13,14,21,22	

所幸的是，在 GPI 和 GPO 电路板中，上述种类信号的实际通道数要大于表中的数值，只是暂时空置在那里。

(3)平台 MUX 接口的信号分配

平台中 GPI 和 GPO 各接口中的 I/O 信号和 LVP 各电源合理地分配到三个公共接口 MUX-A、MUX-B 和 MUX-C 中,共计 78 对 I/O 信号(包括复用信号),如表 2-4 所列。

表 2-4　3 个 50 芯 MUX 接口的分配表

序号	公共接口	差分发送	状态输出	模拟输出	状态输入	差分输入	模拟输入	低压电源	其他
1	MUX-A	4	4	4	4	0	4	5	1
2	MUX-B	7	4	3	4	0	4	4	1
3	MUX-C	1	4	4	4	4	4	4	0
4	TOTAL	12	12	11	12	4	12	13	2

表 2-4 中:MUX-C 接口的 4 路差分输入只作备份;

低压电源只表明需要的种类:+40V、+28V、±15V 可变和±5V,可共享;

状态信号可能是 TTL 电平的状态信号,也可能是数字信号,还可以是其他电平的状态信号;

如果数字信号的数量不足,可由模拟信号经过调试后代替。

总之,平台 MUX 接口的硬件资源丰富,冗余量大,对大型电子设备通用接口而言确实具有兼容性、扩展性和通用性。

平台三个 PIN53 的 MUX 接口的信号参数分别如表 2-5、表 2-6 和表 2-7 所列。

表 2-5　MUX-A 接口表

MUX-A	1	2	3	4	5	6	7	8	9	10
信号名	接地	—	—	—	—	+40V	+28V	+5V	PGND	-5V
MUX-A	11	12	13	14	15	16	17	18	19	20
信号名	PGND	+15V	PGND	−15V	DO1	DO2	DO3	DO4	DO5	DO6
MUX-A	21	22	23	24	25	26	27	28	29	30
信号名	PDO1	GPO-DGND	DI1	DI2	DI3	DI4	—	—	GPI-DGND	DDO1P
MUX-A	31	32	33	34	35	36	37	38	39	40
信号名	DDO1N	DDO2P	DDO2N	DDO3P	DDO3N	DDO4P	DDO4N	DDO5P	DDO5N	DDO6P
MUX-A	41	42	43	44	45	46	47	48	49	50
信号名	DDO6N	DDO7P	DDO7N	—	A12-1P	A12-1N	A12-2P	A12-2N	A12-3P	A12-3N
MUX-A	51	52	53	—	—	—	—	—	—	—
信号名	P1	P2	EGND	—	—	—	—	—	—	—

表 2-5 中:PGND 为电源地,DO1—DO6 为开漏(数字/状态信号)输出 1—6,PDO1 为 5V 电平输出(专用于数字信号输出的+5V 电平),GPO-DGND 为 GPO 的数字地,DI1—DI4 为干接点(数字/状态信号)输入 1—4,GPI-DGND 为 GPI 的数字地,(DDO1P+DDO1N)—(DDO7P+DDO7N)为差分输出 1—7,[(A12−1P)+(A12−1N)]—[(A12−3P)+(A12−3N)]+P1+P2 为 from 3A12 output analogy signal. ,EGND 为充电电压取样地,RTN 为外壳

地，蓝色字为在信号名上通用。

可将开漏（数字/状态）输出信号 DOi 在每个 MUX 接口输出不一样的 6bit 数字信号。

表 2-6 MUX-B 接口表

MUX-B	1	2	3	4	5	6	7	8	9	10
信号名	接地	220VACN	—	220VACL	—	+40V	+28V	+5V	PGND	−5V
MUX-B	11	12	13	14	15	16	17	18	19	20
信号名	PGND	+15V	PGND	−15V	DO1	DO2	DO3	DO4	DO5	DO6
MUX-B	21	22	23	24	25	26	27	28	29	30
信号名	PDO1	GPO-DGND	DI5	DI6	DI7				GPI-DGND	DDO1P
MUX-B	31	32	33	34	35	36	37	38	39	40
信号名	DDO1N	DDO2P	DDO2N	DDO3P	DDO3N	DDO4P	DDO4N	ANO1	APO1	AO GND
MUX-B	41	42	43	44	45	46	47	48	49	50
信号名	AHI1	AHI2	ALI1	AI GND			A11−1P	A11−1N	A11−2P	A11−2N
MUX-B	51	52	53	—	—	—	—	—	—	—
信号名	P1	P2	EGND	—	—	—	—	—	—	—

表 2-6 中，PIN4&2＝220VACL&N 时，需要格外引起重视，免得引起意外事故。平时在 TPS 中将它们设置成 0，在测试和维修 3PS3—3PS7 电源组件时，才在确认连接正确时，在 TPS 中启动/连通它们；使用完毕，首先关闭/断开它们。

表 2-6 中，DI5—DI7 为干接点（数字/状态信号）输入 5—7，ANO1&APO1 为模拟精度负 & 正压输出，AOGND 为模拟输出地，AHI1—AHI2 为模拟高电压输入 1—2，ALI1 为模拟低电压输入 1，AIGND 为模拟输入地，[(A11－1P)＋(A11－1N)]—[(A11－2P)＋(A11－2N)]＋P1＋P2 为 from 3A11 output analogy signal.，外触发设置 FPO1 为 AMP＝12 V，DT＝0，PW＝23（用于模拟外电路故障发生并在本电路中检测到）。

表 2-7 MUX-C 接口表

MUX-C	1	2	3	4	5	6	7	8	9	10
信号名	接地	220VACN	—	220VACL	—	+40V	+28V	+5V	PGND	−5V
MUX-C	11	12	13	14	15	16	17	18	19	20
信号名	PGND	+15V	PGND	−15 V	DO1	DO2	DO3	DO4	DO5	DO6
MUX-C	21	22	23	24	25	26	27	28	29	30
信号名	PDO1	GPO-DGND	DI8	DI9	DI10	DI11			GPI-DGND	DDO1P
MUX-C	31	32	33	34	35	36	37	38	39	40
信号名	DDO1N	DDO2P	DDO2N	DDO3P	DDO3N	DDO4P	DDO4N	ANO1	APO1	AO GND
MUX-C	41	42	43	44	45	46	47	48	49	50
信号名	AHI1	AHI2	ALI1	AI GND	A10−1P	A10−1N	A10−2P	A10−2N	A10−3P	A10−3N
MUX-C	51	52	53	—	—	—	—	—	—	—
信号名	P1	P2	EGND	—	—	—	—	—	—	—

注：电位器两端分别接＋15 V、PIN32，抽头接 PIN13（充电参考电平）。

表 2-7 中：DI8—DI11 为干接点（数字/状态输入）信号 8—11，[（A10－1P）＋（A10－1N）]—[（A10－2P）＋（A10－2N）]＋P1＋P2 为 from 3A10 output analogy signal。

根据被测 CINRAD 组件或组件集合的通用接口的参数，参照 MUXA＋MUXB＋MUXC 三个公共接口的信号名已经制作 MUX 接口与被测组件通用接口的连接 DL 和接头如表 2-8 所列。

表 2-8　MUX 接口与被测组件通用接口连接表

MUX 接口	MUX－A1	MUX－B1	MUX－B2	MUX－C1	MUX－C2
通用接口	3A12(DB15 母)	3A11(DB37 母)	3PS1(DB37 公)	3A10(DB37 公)	3A2(DB9 公)
	3A12(DB37 母)	4A24(DB9/	3A8(DB25 母)	4A22(DB15 公)	3A5(DB15 母)
	4A23(DB9 母)	DB15)两种	3A6(DB15 母)		3PS2(DB37 公)
	4A23(DB15 母)		3A6(DB9 公)		3PS3(CA－20 母)
			3A4(DB15 母)		3PS4～7(CA－14 母)
					3PS8(X14J7AJ)

显然，只要大型电子设备被测组件或组件集合的通用接口的种类和数量在 MUXA＋MUXB＋MUXC 三个公共接口信号的范围之内，就可以在 TPS 中配置出被测组件通用接口的所需 I/O 信号来。

改进 MUX 接口的结构形式，采用高质量的“香蕉插座和插头”按照 12×12 矩阵按序排列并将测试电缆中的每根导线标上号码，可减少测试电缆的数目，便于检测。

（4）自检功能

平台的公共接口及装置具有自检功能，在平台的电控机柜启动初始完成自检，并在各个机箱中分别显示；TPS 进入组件测试运行后，对电控机柜有关机箱再次根据配置的参数进行自检。完成自检后，其所需工作机箱都从“停止”状态进入“运行”状态。

2.2.3　平台的专用接口及装置

2.2.3.1　平台的专用接口及装置的组成和功能

平台专用接口链接各种被测组件或组件集合的专用接口，从平台专用接口向被测组件或组件集合的专用接口输入/输出各种所需的信号。

平台的专用接口及装置的组成和功能简述如下：

（1）CINRAD 专用的高压电源及其他专用辅助电源设备，集成在 HVP（high voltage power，高压电源机箱）中；

（2）每个被测组件的单个仿真负载及负载组合，分别集成在 LIL（large intergrated load，大号集成负载）和 MIL（middle intergrated load，中号集成负载）机箱中；

（3）微波信号源时序同步信号，雷达测试仪器的集成通信接口等集成在电控机柜中；

（4）各种高电压、大功率专用接口的结构及监控电路。

平台的专用接口及装置具有自检功能，在平台的 HVP、MIL 机箱启动初始完成自检，并在分别显示；TPS 进入组件测试运行后，对 HVP、MIL 有关机箱再次根据配置的参数进行自检。完成自检后，所需工作机箱均从“停止”状态（　）进入“运行”状态（　）。

各专用接口均具备初步识别提示系统,以免接错。

高压电源、专用电源、各种负载和负载组合机柜如图2-6所示。

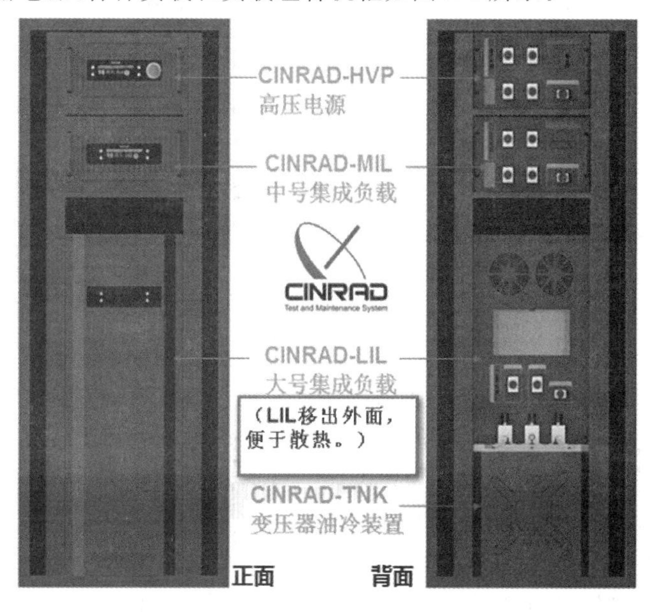

图2-6　高压电源和负载组合机柜

为了便于携带,可将高压电源和负载组合机柜分解成HVP、MIL这2个6U机箱+油箱与LIL(大负载)机箱,在测试现场,根据需要连接即可。

2.2.3.2　CINRAD被测组件专用高压电源和专用电源

CINRAD部分被测组件需要专用高压电源HVP和专用电源才能仿真出其工作环境。

CINRAD中的专用高压电源也会发生故障,也需要进行测试维修。平台的HVP和专用电源采用CINRAD中的高压电源电路和专用电源电路,并将原来的高压电源组件(3A2)和滤波电容组件(3A9)以及输入端外加的三相调压器结合在一起,只是在结构设计上,三相调压器与专用高压组件;高压电源与滤波电容组件;滤波电容与负载之间接头均采用大电流的接插件,方便断开某个接插件后按照需要变换组件连接,插入被测的高压组件(如高压组件或电容组件)再进行单个组件脱机测试维修。这样做,既便于在平台为CINRAD高压组件脱机测试维修,也便于在平台为CINRAD被测组件提供高压电源。所以平台的专用高压电源的原理框图如图2-7所示。

另外,平台的HVP和专用电源也具有监控和显示电路,HVP机箱具有开机自检和“启动”运行前的自检功能,HVP带软件关闭及硬件急停按钮双重断电控制。

HVP的调压装置也可采用三相可控硅全波整流,无级调整,由移向控制器控制可控硅的导通角,改变可控硅的导通时间,进而控制输出整流电压的大小。这样就可去掉大功率的三相调压器,既调整方便、又减小体积,但是,会降低功率因素,当调压装置输出的功率因素较低时,会影响到电网电压的质量。

2.2.3.3　CINRAD/SA&SB被测组件各自负载或负载组合

(1)CINRAD被测组件负载的概述

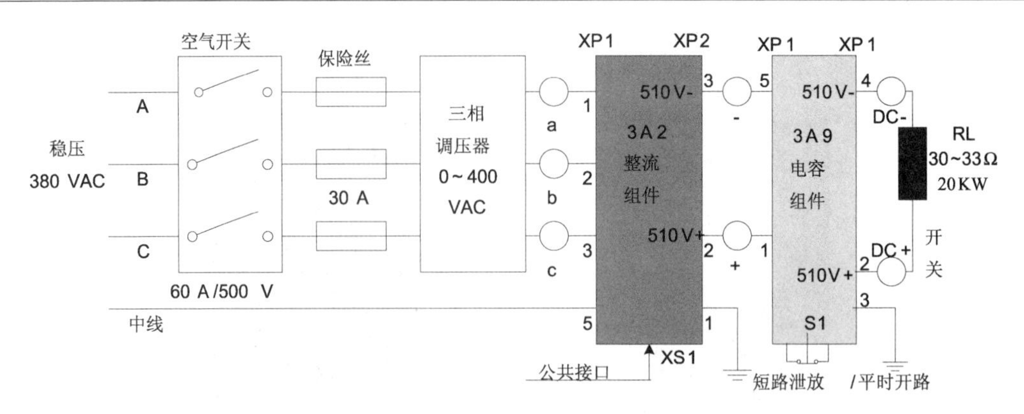

图 2-7 CINRAD 专用高压电源

在雷达联机状态时，CINRAD 某些组件通过其专用接口将大功率 RF 信号，直流电源或高电压和大电流脉冲信号等输出到下级组件，下级组件就是这些被测组件输出端各种不同性质的负载。显然，被测组件在脱机状态下的工作环境仿真只有等同于它在联机状态下全高压，满负荷的工作条件，再在平台上进行脱机测试维修，才具有实际意义。

在满足不改变被测组件主要输出特性的条件下，平台采用阻性负载和无源的负载组合来代替被测组件的下级组件，在脱机状态下完成被测组件的工作环境仿真，并且尽量独立地对被测组件进行脱机测试维修。

(2)CINRAD/SA&SB 待测组件的负载组合的设计与制作

CINRAD 待测组件的负载的形式：RF 负载、直流负载、大功率脉冲输出负载等。

1)RF 负载

RF 负载的主要性能参数是功率容量，RF 负载的阻抗均为 50Ω。大功率 RF 负载外观采用波导＋散热片形式，中小功率的 RF 负载外观采用同轴形式(常用的 N 型接头、SMA 型接头)。在脱机测试维修平台中需要采用同轴形式的 RF 负载。根据被测组件输出功率大小决定 RF 负载的功率大小。最佳的搭配是在 RF 输出端接：隔离器＋衰减器＋RF 负载，免得 RF 信号反射或超过负载承受功率情况下的运行测试。RF 负载采用外购标准件。

① 3A4/RF 激励器功率放大主输出端 XS4：$P_T \approx 48$W，$\tau = 8.2\mu$s，可以通过“隔离器＋耦合器→(ⅰ)30dB 衰减器＋功率头；(ⅱ)30dB 耦合端＋检波器＋示波器”，这样，既可作为 3A4/RF 激励器的功率输出负载，又可作为 3A4/RF 激励器功率输出监测和输出波形监测；

3A4/RF 激励器输入 10dB 耦合输出 XS3：由于其 RF 输出功率仅为 $P_T \approx 1$mW，可直接选用 SMA 型接头的小功率(≤250mW)RF 吸收负载，也可直接连接功率头进行功率测量或直接连接检波器进行波形测量；

3A4/RF 激励器输出 40dB 耦合输出 XS5：由于其 RF 输出功率仅为 $P_T \approx 4.8$mW，可直接选用 SMA 型接头的小功率(≤250mW)RF 吸收负载，也可直接连接功率头进行功率测量或直接连接检波器进行波形测量。

② 3A5/脉冲形成器 RF 脉冲主输出端 XS3：$P_T \approx 15$W，$\tau = 1.57/4.7\mu$s，不仅可以通过“隔离器＋耦合器→(ⅰ)30dB 衰减器＋功率头；(ⅱ)30dB 耦合端＋检波器＋示波器”，这样，既可作为 3A5/RF 脉冲形成器功率输出负载，又可作为 3A5/RF 脉冲形成器功率输出监测和输出波形监测；

3A5/脉冲形成器 RF 脉冲 20dB 耦合输出 XS4：$P_T \approx 150$mW，$\tau = 1.57/4.65\mu$s，可直接选用 SMA 型接头的小功率（≤500mW）RF 吸收负载，需后接 10dB 衰减器再接功率头进行功率测量或接检波器进行波形测量。

③ 2A4 场放和 4A5 混频组件的 RF 输出与 RF 输入均满足

$$P(RF_{out}) = kP(RF_{in}) \tag{2-1}$$

且 RF 输入与 RF 输出关系线性范围很大的器件，所以，在输出功率较大时进行功率测量或波形监测前，切记串接合适的衰减器，以免损坏功率头或检波器。

微波无源器件一般只需测量其插入损耗和波形畸变，可直接在器件的输入端和输出端分别用功率计测量其输入输出功率；用检波器＋示波器测量其输入输出波形情况，再进行比较分析。

另外，为了防止 RF 泄露，建议不要漏接被测组件 RF 耦合输出的小功率负载。

2）直流负载

直流负载的设计就是根据被测组件的输出性能参数和欧姆定律得到负载 R 和功率 P

$$R = V/I, P = VI\text{（并留有功耗余量）} \tag{2-2}$$

即可。另外，直流负载直接接在被测组件的输出端。

① 3PS2/磁场电源输出直流电流参数

16～25A 连续可调（由负载决定），输出电流波动≤0.2A，输出电流稳定度≤0.2A；

输出直流电压：约 80V。

输出负载电阻：R=3.2～5Ω，标称功率：P≥2kW，需要充分考虑散热问题。

② 3PS3—3PS7/低压直流电源输出参数及负载设计

3PS3/＋28V 电源 3PS3 输出：＋28V，15A；R≈2Ω，P≥500W；

3PS4/＋15V 电源 3PS4 输出：＋15V，3A；R=5Ω，P≥50W；

3PS5/－15V 电源 3PS5 输出：－15V，3A；R=5Ω，P≥50W；

3PS6/＋5V 电源 3PS6 输出：＋5V，3A；R≈1.7Ω，P≥20W（用可变 R=5Ω，P≥50W 代替）；

3PS7/＋40V 电源 3PS7 输出：＋40V，2A；R=20Ω，P≥100W。

3PS4—3PS6 的负载都用：R=5Ω，P=50W 的可变电阻代替。

③ 3PS8/钛泵电源直流输出参数及负载设计

U=(3±0.3)kV，短时间 I≥20μA；R=150MΩ，P=0.25W。

采用几个电阻串联。注意(3±0.3)kV 高压的绝缘隔离。

⑤ 3A11/触发器 2 组 20V 直流输出参数及负载设计：

2 组 U=20V 独立不接地，I=1A；R=20Ω，P≥30W。

⑥ 3A2/整流组件直流输出参数及负载设计

U=510V，I_{max}=15A；R=34Ω，P≥10kW 取 20kW；需要强迫散热，注意电压绝缘。

⑦ UD4/接收机低压直流采用外购电源，负载同样计算。

中功率（≤2kW）负载集成在平台的 MIL 机箱内；大功率负载在外面，便于强迫散热。

3）脉冲负载

脉冲负载的设计较为复杂。平台采用组合阻性负载代替被测组件的下级组件，需要根据被测组件输出特性来设立边界条件，建立数学物理方程，设计负载组合和计算负载电阻值 R_L

及功耗 P，满足被测组件输出特性的主要物理过程，并符合其他次要物理过程等条件；最后，再在平台上接入被测组件和负载及负载组合进行联调，修正这个被测组件的负载电阻 R_L 值。

负载组合指的是在外加的阻性负载和被测组件与阻性负载之间插入必要的无源附属元件的总称。目的使得负载性质改变后被测组件的输出特性不受影响。

① 3PS1/灯丝电源输出参数及负载组合及负载设计(图 2-8)

3A7A1T1 灯丝中间变压器前为灯丝逆变输出交变方波：$U_{rms}=59\sim88V$，$I_{rms}=2.48A$；

3A7A1T1 灯丝中间变压器次级后输出交变方波：$U_{rms}=239\sim351V$，$I_{rms}\approx0.6222A$；

灯丝电压：$U_{rms}=5.3\sim7.8VAC$，交流稳流电源 $I=28A$，由速调管灯丝决定。

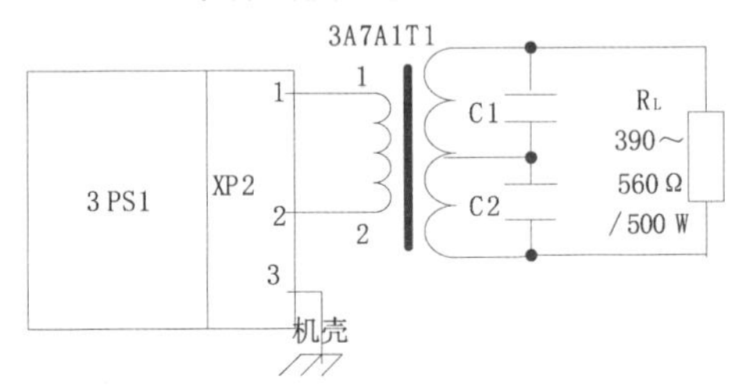

图 2-8　3PS1/灯丝电源的组合负载电路图

图 2-8 中：$C_1=C_2=2.2nf/7.5kV$，也可用 2.2nf/630V 代替。

另外，灯丝中间变压器 3A7A1T1 的初次级比为 1∶4，灯丝变压器的初次级比为 45∶1。

灯丝中间变压器输出的电流或电压均可用钳形表或示波器/电压表直接测量。

如需要精确选定灯丝组件的负载电阻值，只需要用示波器直接测量交变方波的幅度 V，再用钳形表测量其有效电流值 I，就可根据 $R=V/I$ 和 $P=VI$ 得到负载电阻的参数值。

② 3A10/充电开关组件输出参数及负载组合设计(图 2-9)

输出物理过程的主要参数与次要参数为：

充电变压器初级的性能参数：$U=510V$，$\tau\approx230$ 或 $370\mu s$，$i(t)=510t/L_1$(A)，当 $t\leqslant\tau$，为储能过程。

充电变压器次级的性能参数：储能期间负方波 $U=-6120V$，$\tau\approx230$ 或 $370\mu s$，$I=0$；

(向人工线充电)正脉冲放电：$U_{max}=4800V$，$\tau\approx420$ 或 $660\mu s$，$I_{max}=12$ 或 19A。

输出物理过程的主要参数：充电变压器储能的物理过程，正脉冲充电的持续时间。

输出物理过程的次要参数：充电电压监测与充电电流监测在各自门限的范围内并易于观测。

图 2-9 中：3A7T2 为充电变压器(浸于高压变压器油中)，注意接线的正确性；

3A12A5 为 10 组并联的高压二极管与高压电容串联而成，在 T1/次级负方波期间起隔离作用；

$R_3=R_4=R_I-7-36$(400W 线绕电阻)，$C_{11}=C_{T810}-2-10$ kV-5600pf(轮状电容)，起减小尖峰作用；

$R_x=0.5\Omega/50W$ 用于充电电流监测，原电路电流波形：$I_{max}=$(宽脉冲时)$19A\times0.5\Omega=9.5V$；

$R_L=1200\Omega\&800\Omega/20kW$，窄脉冲时 $R_L=1200\Omega/20kW$，宽脉冲时 $R_L=800\Omega/20kW$；负载电阻的功率冗余量$\geqslant100\%$。

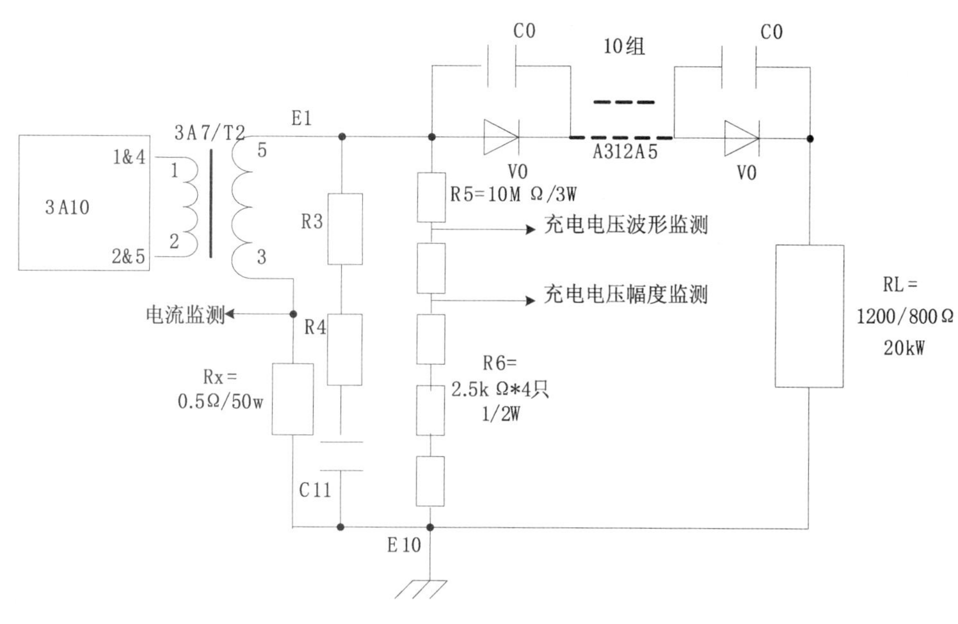

图 2-9　3A10/充电开关组件输出的组合负载电路

③3A11/触发器组件输出参数及负载组合设计(图 2-10)

SCR 触发变压器初级:负脉冲:$U=-200\text{V}$,$\tau\approx5\sim6\ \mu\text{s}$;

SCR 触发变压器次级:10 个正脉冲:SCR 导通前 $U=+20\text{V}$,导通后 $U=+5\text{V}$,$\tau\approx5\sim6\mu\text{s}$;

根据 SCR 导通电压和驱动电流决定触发变压器次级的每个 SCR 导通电压和电流大小。

图 2-10 中:3A12A13/T1 为 SCR 触发变压器;可控硅 SCR1 为 KG200－12;

$R_1=10\ \Omega/0.5\text{W}$,$R_{11}=100\Omega/0.5\ \text{W}$;$C_1=1\text{nf}/1.5\text{kV}$,$C_{11}=0.01\mu\text{f}/400\text{V}$;

$R_{L1}=50\Omega/10\text{W}$ 是代替 SCR 的负载电阻,共需 9 只;

$R_{L2}=50\Omega/10\text{W}$ 是作为 2 组 20VDC 输出的负载电阻,共需 2 只。

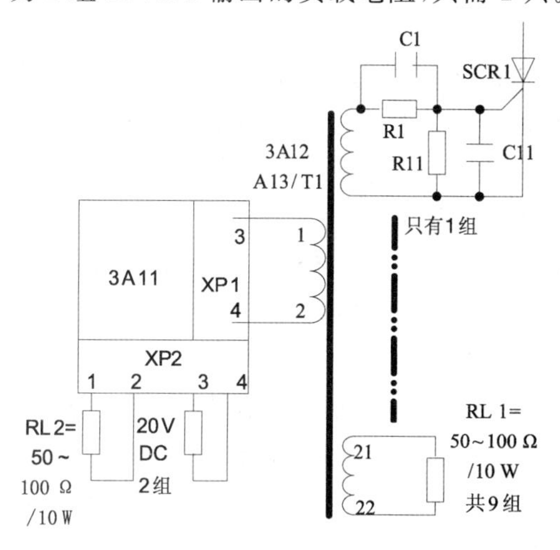

图 2-10　3A11/触发器输出的组合负载电路图

④3A12/调制器输出参数及负载组合及负载设计(图 2-11)

脉冲变压器初级负脉冲:$U=-2400\text{V}$,$\tau\approx2.65$ 或 $6.5\mu\text{s}$,$I=800\text{A}$;

脉冲变压器次级负脉冲:$U=-63000\text{V}$,$\tau\approx2.65$ 或 $6.5\mu\text{s}$,$I\approx30.5\text{A}$。

最好自制 1 : 1 的脉冲变压器来降低输出高压,再接大功率电阻作为负载组合。

因 1 : 1 脉冲变压器需要定制,比较麻烦;也可直接在 3A12 后挂接合适的大功率阻性负载,$R_L\approx3.5\Omega/40\text{kW}$(由于脉冲时间短,脉冲电流极大,为防止阻性负载的保险丝效应,所以其功率余量放得很大),对 3A12 输出的主要参数影响不大。

主要的性能参数是在 PRT－420μs 或 660μs 时间内完成 CR 放电＞＞5RC＝5τ(余量很大)。

另外,尽量缩短高压大电流引线的长度(引线电阻计入负载电阻中)和引线的绝缘隔离。

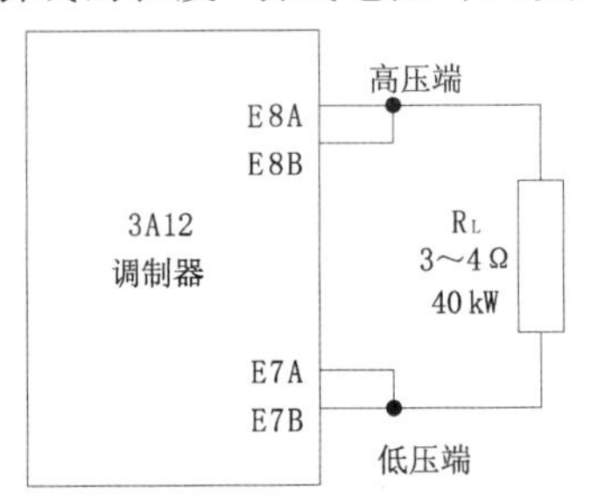

图 2-11　3A12/调制器输出的负载电路

在脉冲输出的组合负载中普遍地在被测组件输出后串接了隔离变压器,这是为了减少负载变化对被测组件输出电路的影响,保护被测组件的输出电路。

2.2.3.4　雷达测试仪器的接口集成和微波信号源的时序同步

雷达测试仪器的接口集成,主要是针对示波器、信号源和频谱仪,用于获取信号图像和状态;微波信号源的时序同步主要用于 CINRAD-RF 放大链路中要求输入的 RF 脉冲信号与控制信号严格地同步;另外,采用虚拟面板技术可完成对测试仪器的操控。

(1)雷达测试仪器的接口集成

雷达测试维修平台一共使用 5 种仪器,分别是示波器(TDS3032B)、频谱仪(E4445A PSA)、功率计(E4418B EPM)、信号源(E4428C ESG)、万用表(34410A)。仪器的接口集成方法如下:

功率计和万用表采用 COM 串口通信方式通信;

示波器、频谱仪、信号源采用 LAN 口通信,接口的 IP 地址如前所述。

具体的接口设置参考软件部分相关的内容。

(2)雷达微波信号源的时序同步电路

CINRAD/SA&SB－发射机放大链路的 RF 信号输入有严格的时序要求。必须外加调制信号给微波信号源。微波信号源的时序同步电路在平台的 CINRAD-GPO 机箱中,GPO 输出调制脉冲信号,经 CINRAD-MUX 后面板 BNC 接口进入 E4428C ESG 信号源外触发口(EXT2 INPUT)。按照要求(调制信号幅度＝1V±3%,寂静期＝0V),PRF 同,时延＝$PRT-3\mu\text{s}$,脉宽＝8.2μs,配置调制信号,平台在“启动”3A4 或 3A5 测试后自动激活外触发,即可从 E4428C 的 RF 接口输出时序受控于外加调制的 RF 脉冲信号,但是 RF 输出的频率和功率仍旧由微波信号源设置。

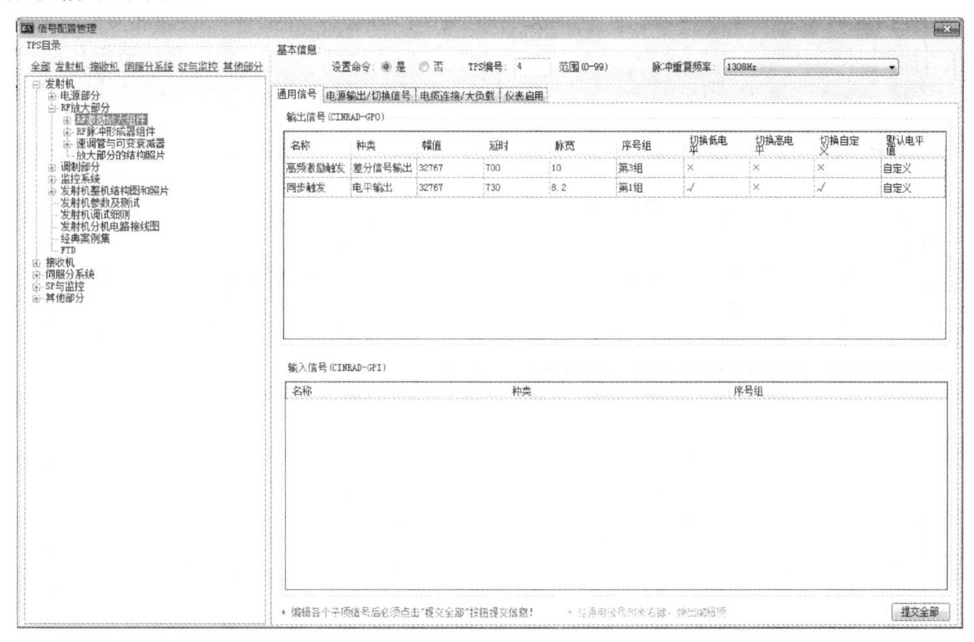

图 2-12　TPS 上 RF 激励放大组件的通用信号配置界面

如图 2-12 所示，首次设置完成后，自动存入该组件的 TPS 子集中；再次运行 TPS 管理应用软件，在左侧目录栏中选择被测组件(3A4 或 3A5)，点击“启动”按钮，系统即可按照“同步触发”信号的时序设置，触发脉冲输入信号源 E4428C/EXT2，RF OUT 输出 RF 调制信号。注意，高频激励触发(RF DRIVE TRIG→控制 3A4)与同步触发(SYCHRO TRIG→控制信号源)的时序间隔为 34.7－(1～5)μs。

特别要说明的是微波信号源外调制的使用方法如下：

设置 RF 输出频率：按下 E4428C 的 Preset 按钮，清除设置；按下 Frequency，用数字键设置输出频率，软开关选择频率单位。此时，显示屏的 FREQUENCY 区域显示频率信息。

设置 RF 输出幅度：按下 E4428C 的 Amplitude 按钮，用数字键设置输出幅度，软开关选择功率单位。此时，显示屏的 AMPLITUDE 区域显示幅度信息。

设置触发脉冲源：按下 E4428C 的 Pulse 按钮，软开关选择 on，按下 Pulse Source 按钮；按下 Ext2 DC－Coupled 按钮；将触发信号设置为从 EXT2 接口输入。

激活脉冲调制：按下 E4428C 的 Mod On/Off 按钮，激活 MOD ON；按下 RF On/Off 按钮，激活 RF On；表明已经可从 RF OUT 获得 RF 调制信号了。如果需要暂时关闭信号源，可以简单地将此 RF On/Off 按钮到 Off 就关闭 RFout。

3)仪器虚拟操作的使用

选用仪器虚拟操作方法，暂时只有信号源和示波器 2 种仪器提供虚拟操作面板。

使用方法以示波器(TDS3032B)为例说明如下：

首先要把示波器的 LAN 口的通信参数配置好(IP、端口、子网掩码、网关)。然后在 PC 机打开 IE 浏览器，输入示波器的 IP 地址，例如：192.168.0.153，打开仪器虚拟操作面板。如图 2-13 所示。

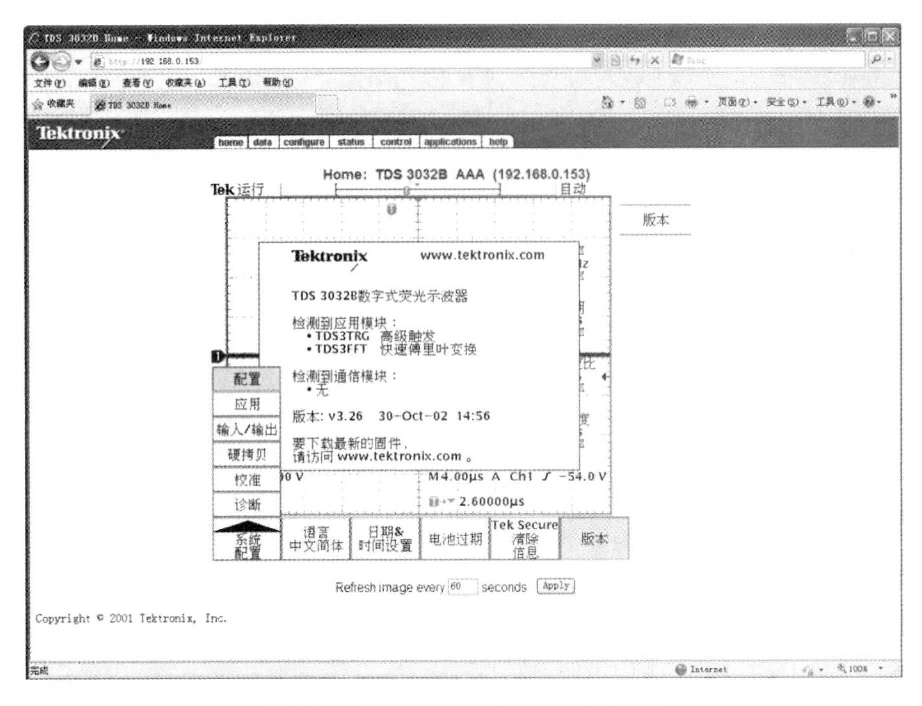

图 2-13　仪器(示波器)虚拟操作的界面

然后点击提供的菜单“home”、“data”、“configure”……后续的操作步骤和在示波器的操作面板上的操作是完全一样的。

2.2.3.5　高电压、大功率专用接口的结构制作及监控电路

(1)部分控制电路：LVP 由继电器直接控制输出电压的通断，高压电源 HVP 和专用电源以及灯丝电源组件和磁场电源组件等被测组件是继电器控制接触器控制输入电源的通断，典型电路如图 2-14 所示。

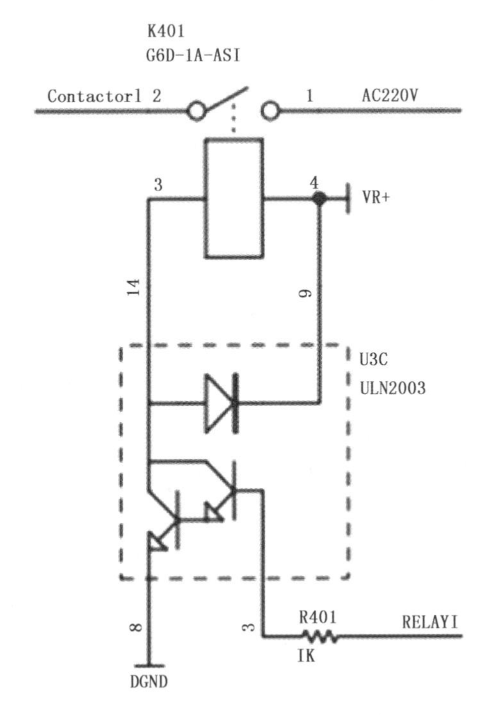

图 2-14　平台中控制继电器电路

(2)部分监视电路：利用微处理器，对平台各个机箱内的性能参数(输出电压、温度、风扇速度和接插件接入情况、运行/等待指示等)进行了监测和显示，用来初步判断各自机箱的电路工作情况。

(3)强电接口与提示：CINRAD 所有强电接口(重载连接器)的把手设计的原则是安全可靠实用，利用接口的结构特点(图 2-15)，提供接入检测提醒功能，平台可监视该接口是否插入(图 2-16)，具有初级识别系统，可有效地避免这些接口的带电插拔和插错后通电造成二次故障的现象。

图 2-15　平台强电接口的把手设计

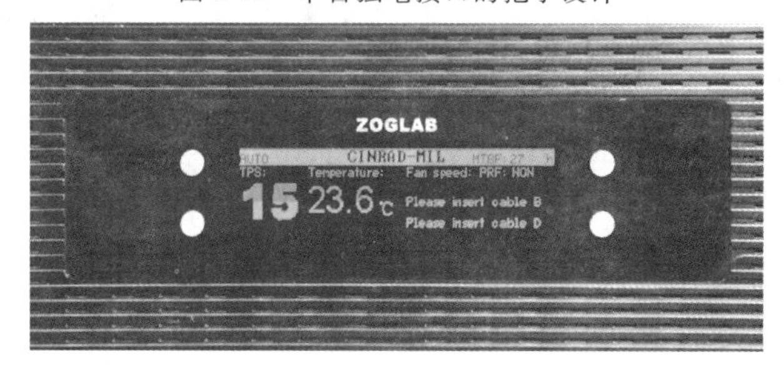

图 2-16　专用接口的插入提示

2.3　平台结构的设计制作

平台结构的设计制作不仅要求安全、可靠、结实、耐用和美观，还需要产品化与标准化。

2.3.1　平台接口

被测组件通用接口的 I/O 信号通过公共接口 MUX 统一管理，连线简单，使用方便；MUX 接口有 3 个 P53（图 2-17），采用镀金的接插件，接触可靠，耐插拔≥10000 次。

图 2-17　平台的 MUX 接插件示意图

其他大电流专用接口采用重载连接器（图 2-18），内部铝架支撑，结实耐用；接插件镀银，内阻低，承载电流冗余量大，接触可靠，绝缘性好，耐插拔≥5000 次。

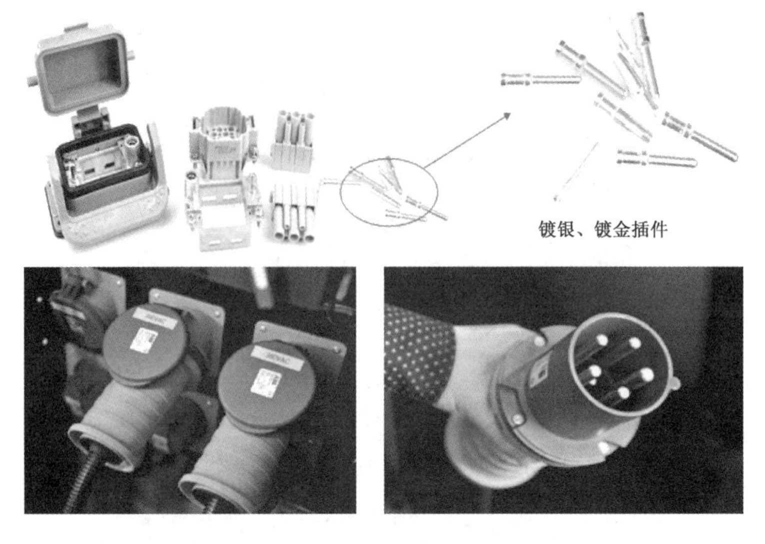

图 2-18 平台专用接口的各种接插件

2.3.2 连接电缆

平台的高压电缆均采用特氟龙(Teflon)耐高温线高压电缆(图 2-19),再用 10kV 耐高温绝缘套管保护。

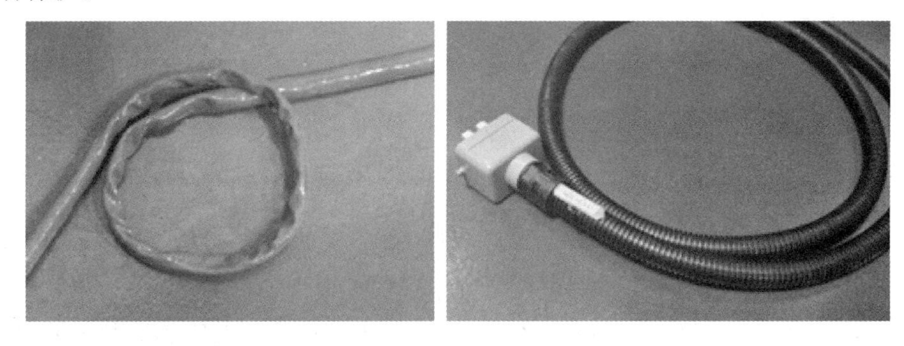

图 2-19 平台的电缆及保护措施

其他专用接口连接线,线径承载电流的冗余量大,设备连接线采用耐高温超软硅胶线,外皮抗老化,并用波纹管保护;测试电缆的扭曲能力良好、柔软(多股镀银铜丝),但是还需要将连接电缆悬挂起来,免得踩踏损坏绝缘层。

公共接口的线缆长 1.2m,专用接口的线缆长 1.2m;差分信号用双绞线;敏感的模拟信号用屏蔽线;整条测试电缆采用多股编织,以提高控制信号的抗干扰能力。

2.3.3 机柜及机箱等

(1)机箱:要求工艺精致、材料厚实、结构牢靠,美观方便,如图 2-20 所示。

高强度的钣金机箱,数控机床加工的铝制多孔面板,提供了充分的散热通风面积并有效地减少电磁辐射干扰。

(2)油箱([彩]图 2-21):由于 3A10/回扫充电组件的负载组合含充电变压器 T1,T1 的初

级 $I_{max}=240A$；次级 $U_{max}=\pm6200V$，$I_{max}=19A$，为了防止高电压/大电流可能的电弧打火，将 T1 置于绝缘的变压器油箱内。

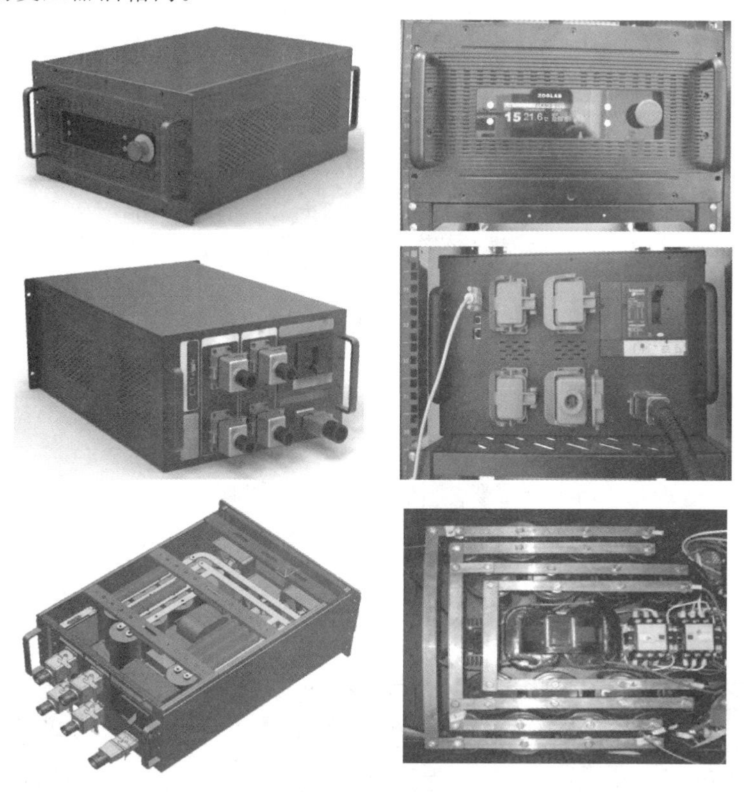

图 2-20　设计与制作 6U 机箱

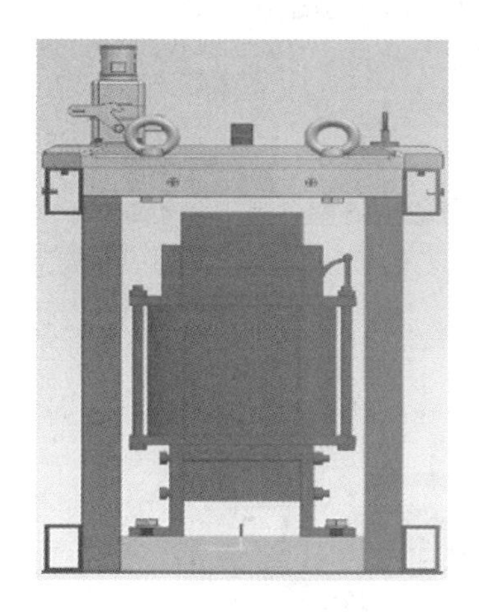

图 2-21　油箱的设计制作

(3)机柜(图 2-22)：采用威图机柜，强度高，承重≥1000kg，高 42U(可按照要求降低)，美观大方，可以满足机柜的结构要求；顶端 4 个排风扇，散热通风良好。

(4)其他：工作台：尺寸：180cm×80cm×80cm，承重≥500kg，上铺防静电橡皮垫；

调压器：三相输出插入 0～400V/10kW 三相调压器；

图 2-22　威图机柜

开关、仪表、稳压装置等电器设备均采用名牌设备，如[彩]图 2-23、图 2-24 所示。

图 2-23　名牌电表与开关

图 2-24　平台的外观结构

2.4　平台的软件部分

平台的软件部分支撑并控制平台的硬件部分工作，完成被测组件仿真工作环境。

平台的软件部分，包括平台的TPS将在第3章中介绍。

2.5　测试维修数据库部分

CINRAD测试维修数据库支持平台脱机测试维修故障组件，指导CINRAD各级用户联机测试维修雷达故障，并定期进行雷达设备的测试、维修与维护。CINRAD测试维修数据库部分将在第4章中介绍。

2.6　平台的性能参数

(1)CINRAD维修维护测试平台的工作条件

工作环境温度：＋15～＋25℃；

工作相对湿度：20％～80％；

存放环境温度：－25～＋45℃；

存放相对湿度：0～90％；

工作电源电压：三相五线制380VAC±10％，(50±2.5)Hz；

供电功率：＜20kW；

工作海拔高度：低于3500m；

强迫风冷装置：对HIL(高功率负载)配置高低搭配的300W鼓风机2台；

内置UPS：U＝220VAC，I≥2A，电池寿命10年。

(2)测量精度

平台I/O接口信号的控制时序精度≤10ns。

电压、电流、电阻测量精度由4位半数字万用表34410A决定；

波形测量精度由双踪示波器TDS3032B或频谱仪E4445A PSA决定；

RF功率测量精度由功率计E4418B EPM决定；

RF信号功率输出精度由信号源E4428C ESG输出功率决定。

以上这些仪器是省级大气探测技术保障中心标准配置的雷达测试仪器。

2.7　CINRAD脱机测试维修平台的使用管理

(1)使用平台的工作人员必须先进行培训，获得必要的资质才能上平台排障操作。

(2)测试工作站操作系统应该及时地查漏洞打补丁，对病毒库升级与防病毒攻击。

(3)带高压的被测组件进行脱机测试维修时，必须有两名工作人员在场，严格按照测试步骤进行，特别注意高压防护，以防万一。

(4)在对故障组件进行脱机测试维修时应该尽可能地向组件所属台站了解被测组件的故

障现象,通读被测组件的经典案例和分级资料库,做到胸有成竹。必须按照分级资料库中的“测试、调试”和“性能参数、接口与时序”等内容进行脱机测试维修。

(5)平台使用时,先对 MUX 开关输出的 I/O 接口信号进行确认,对连接电缆进行确认;再对被测组件的低压电源输入端口测量,确信未有短路现象;然后再将 MUX 开关输出的电缆连接到被测组件的通用接口上。

(6)对高压专用接口的连接需要严格按照对应组件测试原理框图和说明进行,并反复检查连接电缆和连接端口,以确保接线正确;带高压的被测组件进行脱机测试时,必须严格按照测试步骤进行(如逐步升高电压),不得违反。

高压短路隔离块必须在准备测试前就插入;在全部测试完成关掉电源后必须先对高压端放电后再进行操作,免得大电流短路电弧或残存高压电击伤人。

(7)要求平台操作人员严格填写平台开机记录,开启雷达专用高压的时间记录,规范化地填写被测组件的排障记录。

(8)测试完成后,退出“测试”,退出平台的 TPS 子集,关闭服务器,关闭工作站,关闭电控机柜的 UPS 电源,关闭各电源总开关,最后关闭平台的总电源。整理测试工作台和机房,整理并打印故障组件的测试维修过程和性能参数。

第 3 章　平台的软件系统

3.1　概述

平台的软件系统支撑并控制平台的硬件部分工作。在平台通信协议的支持下，测试程序集(test program set，TPS)按需配置平台硬件设备的接口参数，仿真被测组件的工作环境。在 CINRAD 故障组件的脱机测试维修过程中，按需调阅后台的测试维修数据库，为脱机测试维修 CINRAD 故障组件提供技术指导；依靠雷达测试仪器集成，显示/记录被测组件的测试过程和测试结果。

平台的软件系统主要内容有四个方面：

(1)平台的通信协议；

(2)测试程序集；

(3)测试仪器的集成；

(4)后台数据库。

平台的软件架构由 B/S 软件与 C/S 软件合成。平台的 TPS 在 C/S 软件上完成，开发工具为 VS2008，编程语言为 asp. net C#；后台数据库为 MS SQL2005，测试维修数据库的管理在 B/S 软件上完成，采用 MVC 三层结构开发，方便程序框架扩展和维护。

3.2　通信协议的设计方法

平台的通信协议规定了 CINRAD 被测组件在平台上进行脱机测试维修的所有可能的对象、步骤和结果，即对被测组件所有 I/O 信号和低压电源的处理。只有完善的通信协议，才能允许在工作站的 TPS 人机交互的界面上任意配置所有被测组件的 I/O 接口信号和低压电源组合等。通信协议的制定要适应动态添加被测组件的要求，使得平台具有通用性。

本通信协议基于 MODBUS-RTU 协议，用于工作站和平台 MCS(主控系统)设备及其他设备之间的命令/数据交互。平台的通信链接中工作站计算机与平台设备各机箱之间的链接采用 RS485 的通信方式，工作站与雷达其他测试设备和网络及服务器的通信链接主要采用 LAN 的通信方式。

3.3　TPS 软件的工作原理

TPS 的流程图如图 3-1 所示。

在平台通信协议的支持下，TPS 配置平台硬件设备接口参数，仿真被测组件的工作环境，

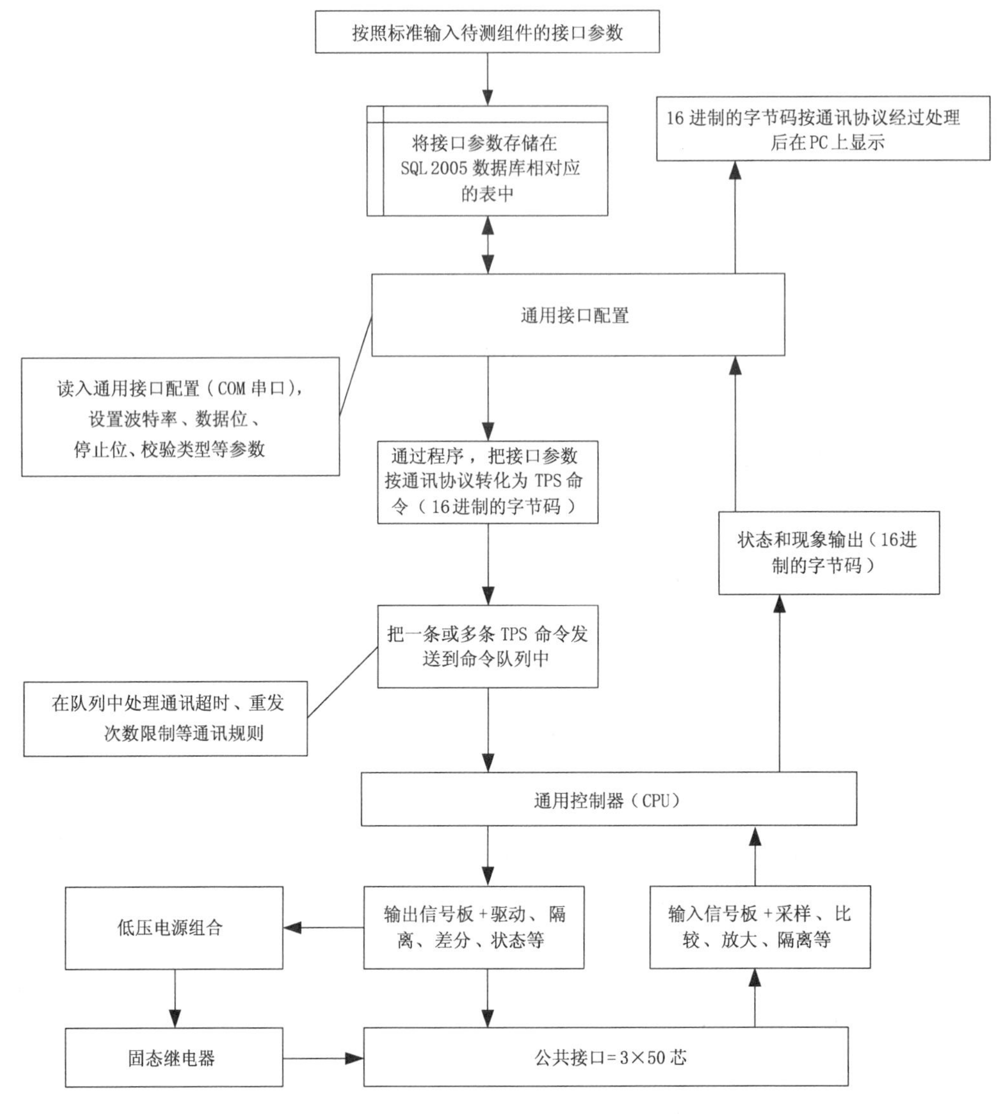

图 3-1　TPS 的工作原理流程图

允许进行脱机测试维修。不仅可在平台设置被测组件 I/O 接口参数，而且还可在平台发布实时命令信号给被测组件，以观测被测组件的测试结果。

设计的思路重点考虑 TPS 的扩展性与通用性。在工作站的 TPS 人机交互界面上，现场配置 CINRAD 被测组件 I/O 接口参数，在完成了被测组件的第一次设置后，存入 TPS 子集中；以后的测试就可直接调用该子集，以减少现场配置被测组件 I/O 接口的工作量；如果变更被测组件或其接口信号发生变化，只要在平台的硬件资源允许的范围内，就可方便地重新配置接口 I/O 参数，完成被测组件工作环境的再次仿真，允许上平台进行脱机测试维修，因此具有兼容性和扩展性。推而广之，如果大型电子设备的某些被测组件的 I/O 接口参数在平台的硬件资源范围内，也可由 TPS 现场配置，完成该组件工作环境的仿真，允许上平台进行脱机测试维修，因此具有通用性。

3.4　TPS 的安装

安装过程简单，点击 CinRadTestSetup\Release\setup. exe，安装步骤如图 3-2 至图 3-7 所示。

图 3-2　点击 TPS 安装程序(setup. exe)

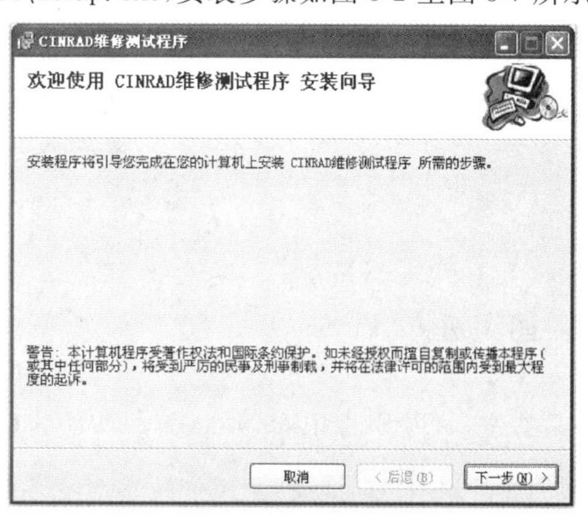

图 3-3　阅读安装须知

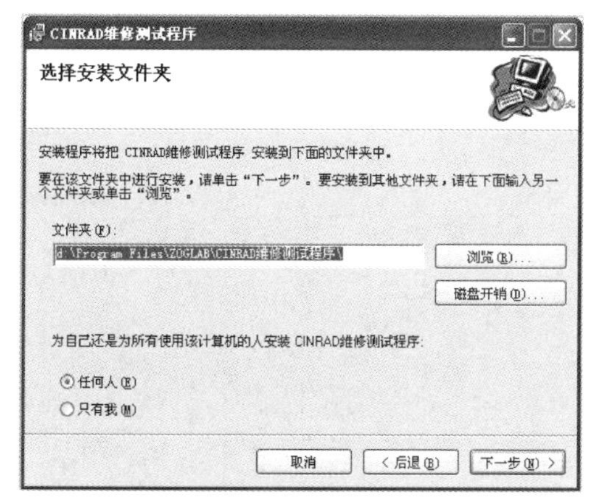

图 3-4　选择安装 TPS 的目录

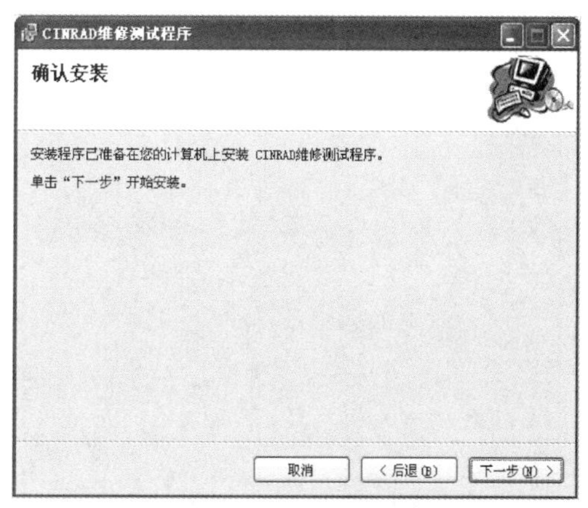

图 3-5　确认安装 TPS

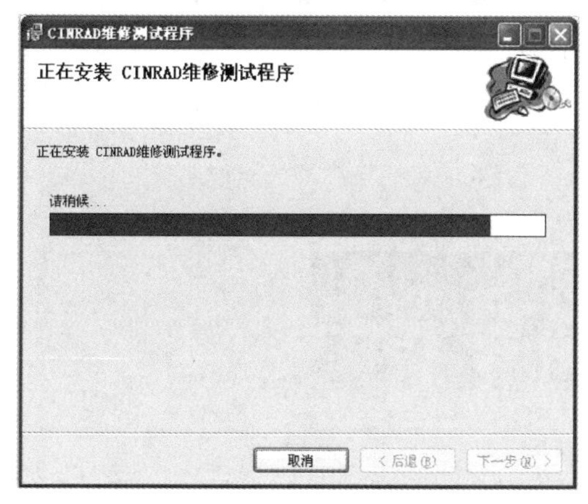

图 3-6　正在安装 TPS

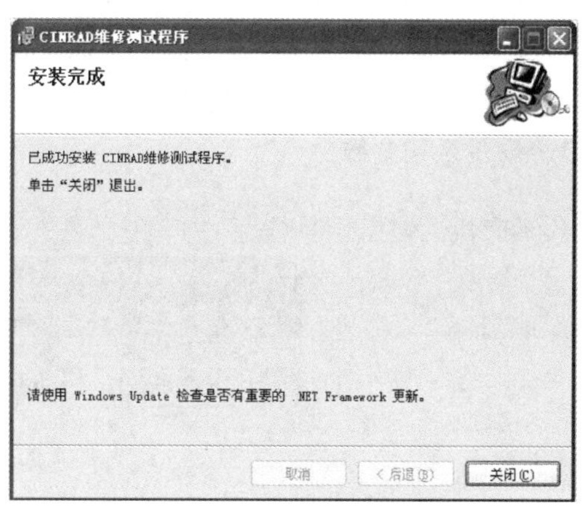

图 3-7　完成安装 TPS

在桌面上生成 CINRAD-TPS 快捷图标(图 3-8)。

图 3-8　CINRAD-TPS 快捷图标

3.5　首次进入 TPS

首次进入 TPS,点击 CINRAD TPS 的快捷图标,初始化后,进入 CINRAD-TPS 的人机交互主界面(图 3-9)。

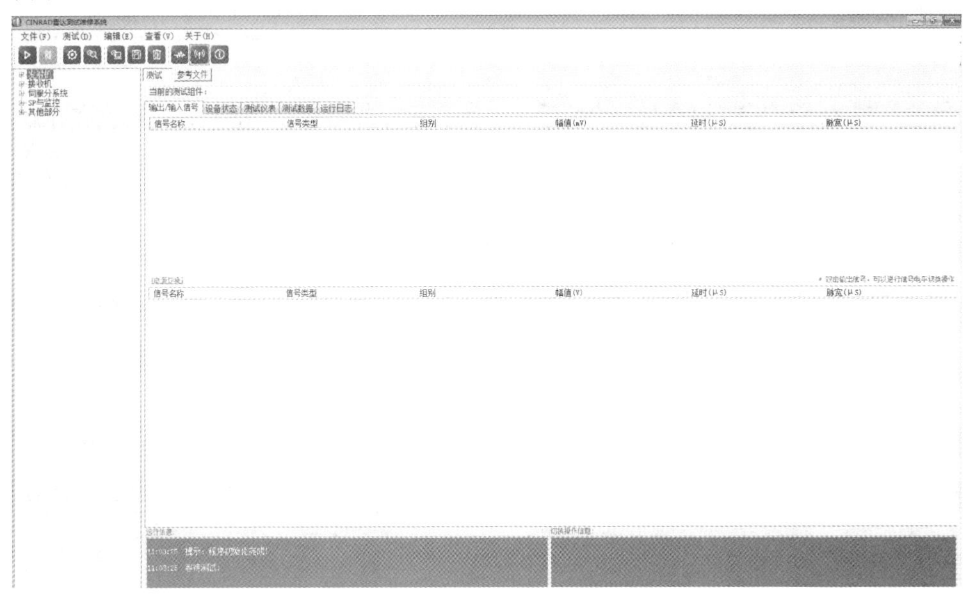

图 3-9　TPS 的人机交互主界面

3.5.1　设置系统参数

在菜单栏“文件”中选择“系统参数”,如图 3-10 所示。

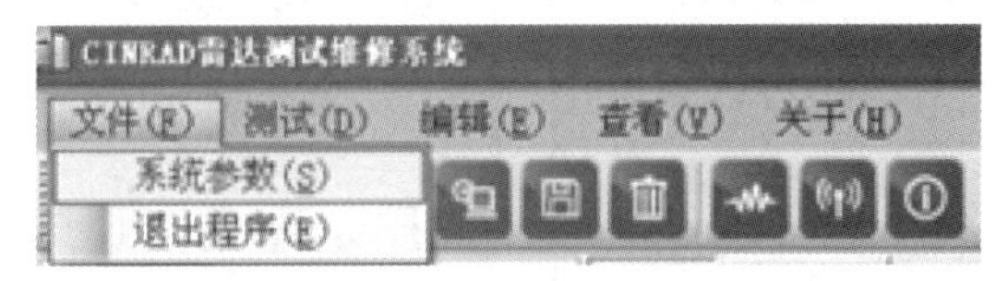

图 3-10　选择“系统参数”

进入系统参数设置,先要进行“TPS 信号管理员验证”,输入“管理口令”,点击“确认”后,在进行系统参数设置，如图3-11所示。

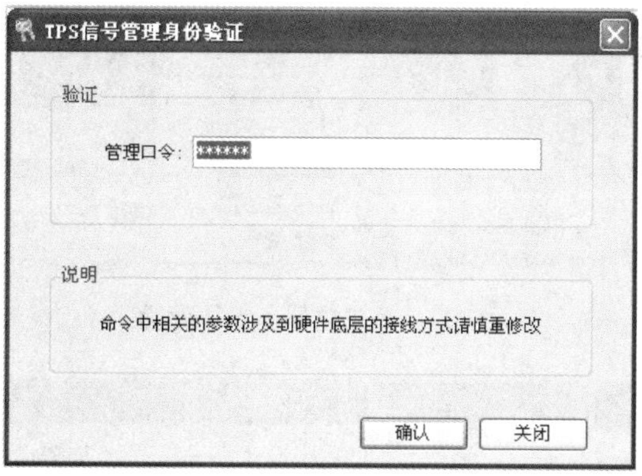

图3-11　管理员身份验证

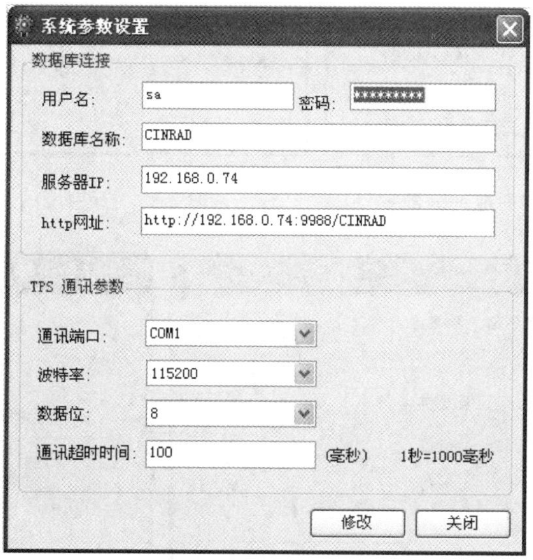

图3-12　系统参数设置

如图3-12所示。系统参数设置分为：数据库的连接，TPS通信参数的设置。系统参数设置完成，连接成功后，一般不会改动此设置，除非数据库连接或TPS通信参数发生了变化。另外，点击“系统参数设置”的快捷工具栏图标（  ），也可进行系统参数的设置。

3.5.2　设置测试仪器参数

在菜单栏“编辑”中，进入测试仪器参数的设置，如图3-13所示。

分别选择待设置的测试仪器，进行参数设置（图3-14至图3-18）。测试仪器有串口的就用其串口，没有串口的用局域网。测试仪器参数设置的实质就是对待设置的测试仪器进行地址分配。

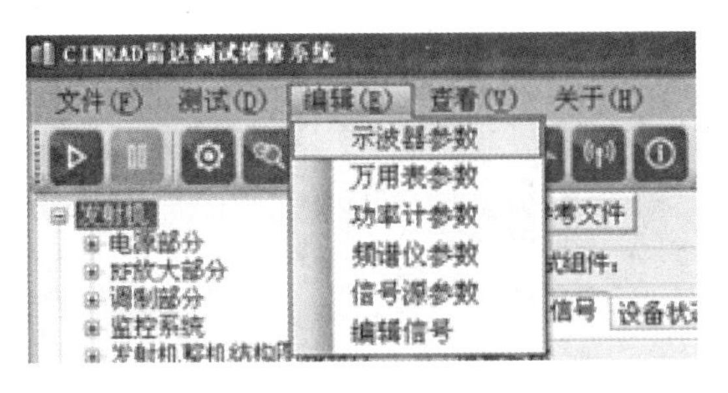

图 3-13　测试仪器参数的设置

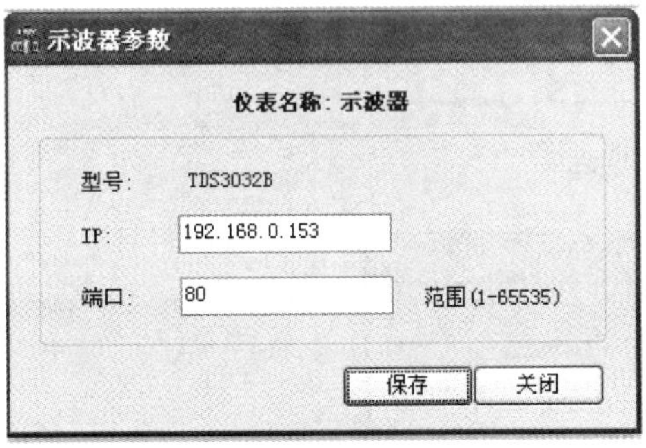

图 3-14　示波器的地址分配

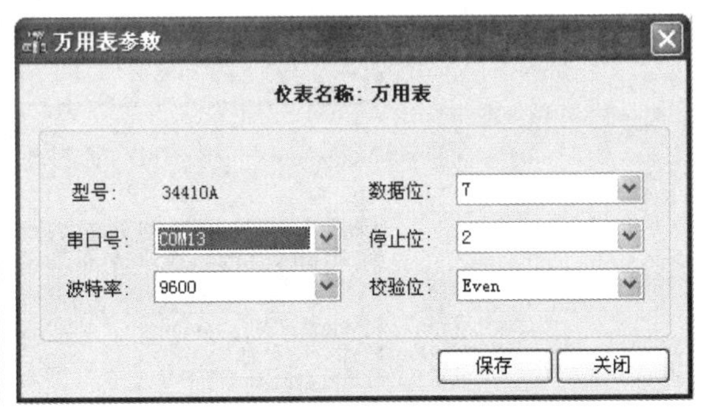

图 3-15　万用表的通信接口分配

图 3-16　功率计的通信接口分配

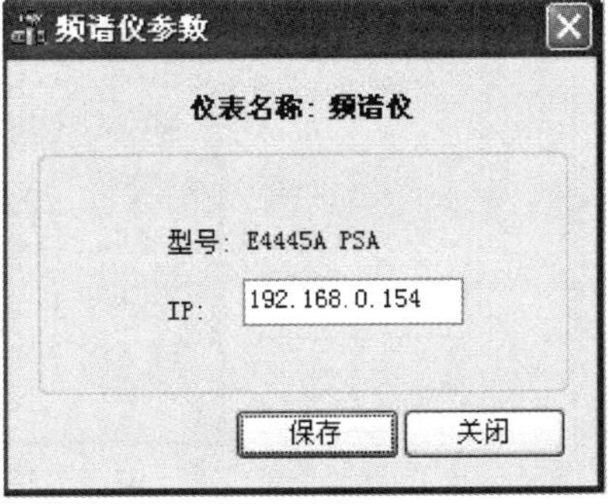

图 3-17　频谱仪的地址分配

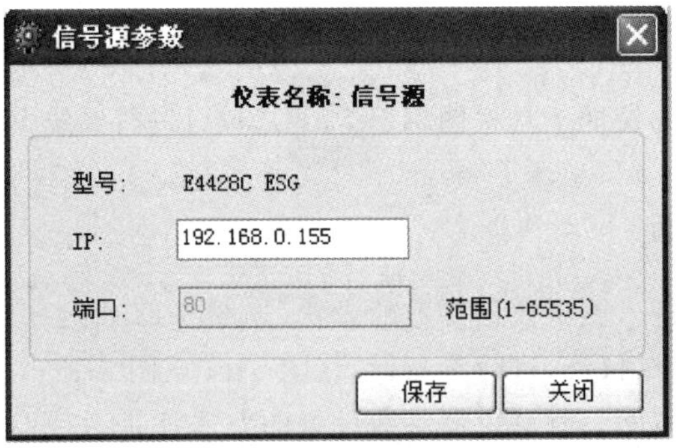

图 3-18　信号源的地址分配

3.6　TPS 软件的应用

3.6.1　TPS 的功能模块

TPS 的功能模块集成在 TPS 人机交互主界面上，TPS 采用 C/S 架构。功能模块如下：

(1)TPS 管理(本地管理)：系统参数、用户管理、运行管理等；

(2)被测组件接口设置和信号处理：通用信号、电源输出/切换信号、电缆连接/大负载、仪表启用等；

(3)测试过程(日志)、数据和图片的保存和查看、测试报告形成、接收返回的测试结果，比较得出被测节点输出是否正常或故障的结论等；

(4)进入后台数据库(分级资料库)，查看对应被测组件或功能模块的参考文件。

3.6.2　TPS 的一般应用

3.6.2.1　启动服务器

进入 TPS 前，需先启动后台数据库服务器。点击分级资料库服务器的快捷图标(图 3-19)，连接上后台服务器后(图 3-20)，再输入正确的口令(图 3-21)，确认后就能启动后台服务器。

图 3-19　分级资料库服务器的快捷图标

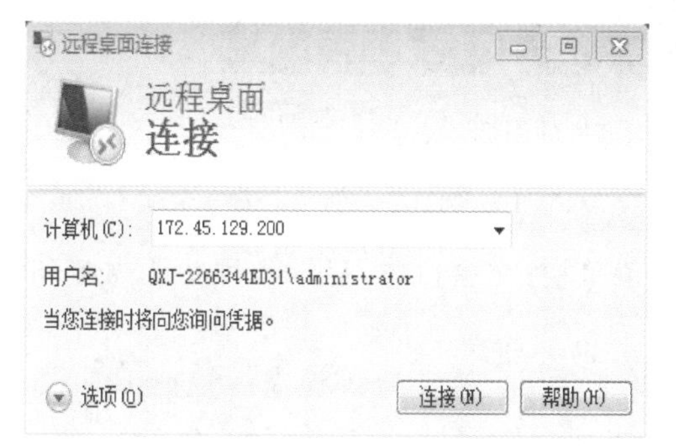

图 3-20　连接后台服务器

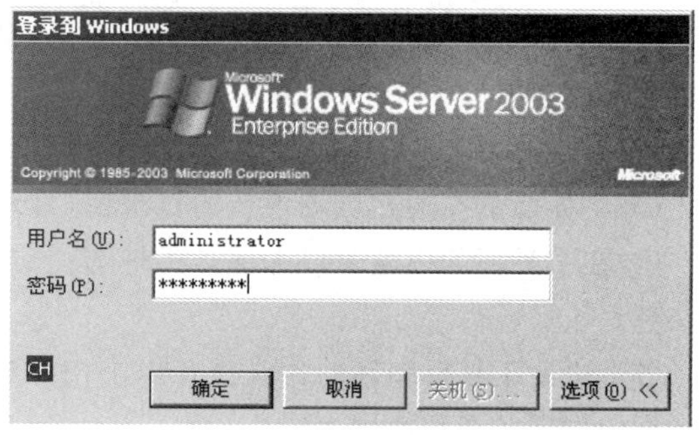

图 3-21　登录服务器

3.6.2.2　再次进入 TPS

正常地启动后台数据库的服务器后，才可进入 TPS。点击 TPS 的快捷图标(图 3-22)，进入 TPS 人机交互主界面(图 3-23)。

图 3-22　TPS 快捷图标

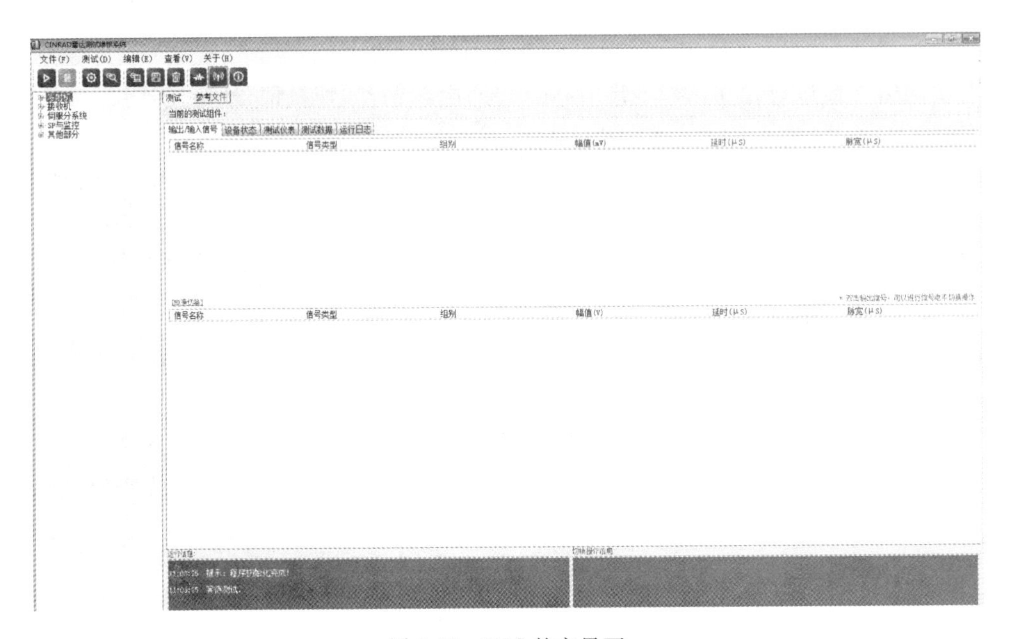

图 3-23　TPS 的主界面

图 3-23 中：

(1)窗口上面一行是菜单栏，包括：文件(F)　测试(D)　编辑(E)　查看(V)　关于(H)。

(2)窗口第二行是快捷工具栏，共 10 个快捷工具栏图标，如图 3-24 所示。

图 3-24　TPS 的快捷工具栏的图标

(3)主界面的左边是被测设备的目录栏，目录层次包括：分机/分系统/组件/功能部件。

(4)在主界面的内容窗口上部是各种选择功能菜单栏；在窗口中，显示各种功能内容和参考文件。

各个快捷工具栏图标的含义将在以下内容中详细介绍。需要熟练地掌握快捷工具栏 10 个图标的物理意义和使用方法。

3.6.2.3　设置被测组件的接口参数

平台首次对被测组件进行测试，需要根据被测组件的接口参数预先设置平台的接口参数，满足被测组件仿真工作环境的要求。在完成了平台接口参数的设置后，存入 TPS 子集中；对该组件进行测试时，可直接调用该子集，无需再次设置，以减少现场重复设置被测组件接口参数的工作量。只有 TPS 管理员才能对平台新的被测组件进行设置。设置被测组件的接口参数过程如下。

在 TPS 的主界面上,点击快捷工具栏“设置”的图标(图 3-25)。

图 3-25 TPS 的快捷工具栏“设置”的图标

(1)“身份验证”

设置参数前,同样需要先确认 TPS 管理员身份,输入密码验证。由于首次进入 TPS 时,在菜单栏“文件”中选择设置“系统参数”已经过 TPS 管理员身份验证,输入过管理口令,此口令一般仍旧保留着,所以直接点击“确认”就可完成 TPS 管理员身份验证。

TPS 设置命令中相关数据涉及平台硬件底层的接线方式请慎重修改。

(2)“通用信号”的设置

身份确认后,需要先在 TPS 的目录栏选择被测组件(如:发射机/电源部分/灯丝电源组件),才能弹出接口参数设置界面。先进行“通用信号”设置,如图 3-26 所示。

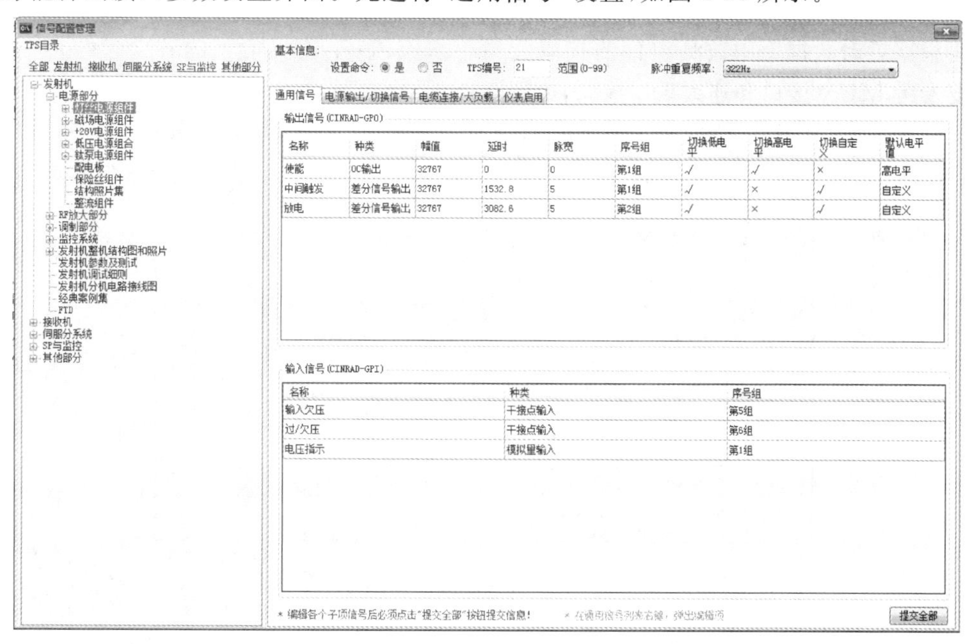

图 3-26 设置 TPS-SA3PS1 子集的通用信号子项

“添加”或“修改”被测组件某个接口信号的参数,只需要用左键选中该参数所在栏,用右键弹出编辑项(图 3-27),有“添加”、“修改”、“删除”三项选择。如选择“添加”或“修改”,会弹出该接口参数的所有基本信息框,再根据后台数据库中被测组件的接口资料,进行“添加”或“修改”。

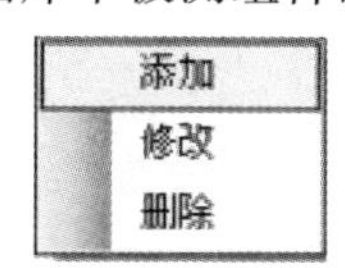

图 3-27 用右键弹出编辑项

例如“添加”CINRAD/SA&SB－3PS1 的输入信号的参数：在“通用信号”列表/输出信号(CINRAD-GPO)，点右键，会弹出编辑项，选择“添加”后，得到空白的通用输出信号参数框，如图 3-28 所示。

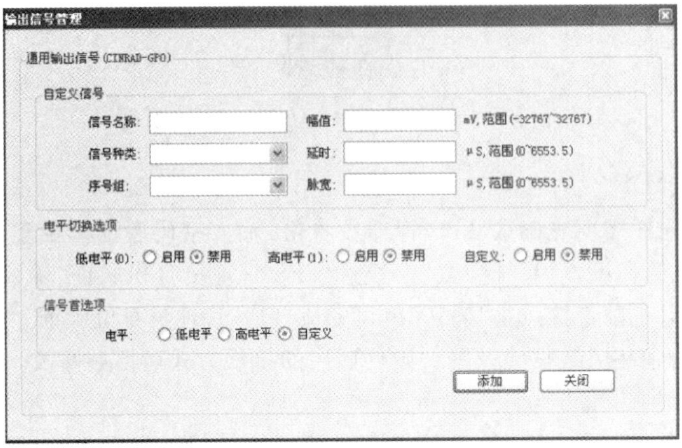

图 3-28 通用输出信号(CINRAD-GPO)空白参数框

再根据后台数据库中被测组件的接口资料写入 GPO 某输出信号的各项参数，序号组的选择要参考 MUX 接口和连线 DL 情况，如图 3-29 所示。

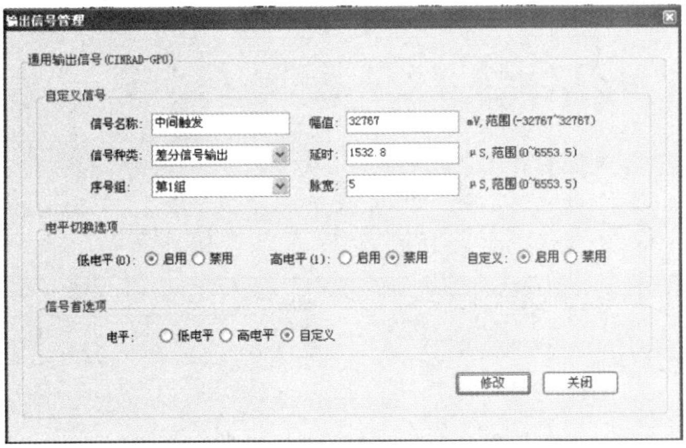

图 3-29 写入 GPO－中间触发输出信号的参数

写入完毕，点击右下角的“修改”后，表示初步完成中间触发输出信号的“添加”。

如果需要再次“添加”或“修改”，在”通用信号”列表/输出信号(CINRAD-GPO)处，点击右键，弹出编辑项，选择“添加”后，类似地写入 GPO 第二个输出信号的参数。直至将所有 GPO 输出信号全部写入为止。

例如“添加”CINRAD/SA&SB－3PS1 的输出信号的参数：在“通用信号”列表/输入信号(CINRAD-GPI)，点击右键，会弹出编辑项：选择“添加”后，得到空白的通用输入信号参数框，如图 3-30 所示。

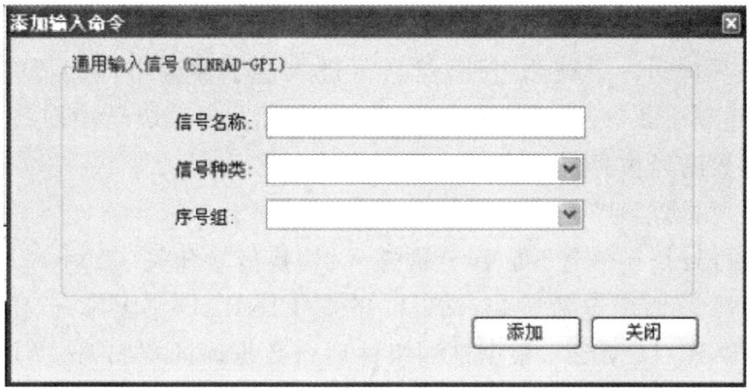

图 3-30　通用输入信号(CINRAD-GPI)空白参数框

同样，再根据后台数据库中被测组件的接口资料写入 GPI 某输入信号的各项参数，序号组的选择要参考 MUX 接口和连线 DL 情况，如图 3-31 所示。

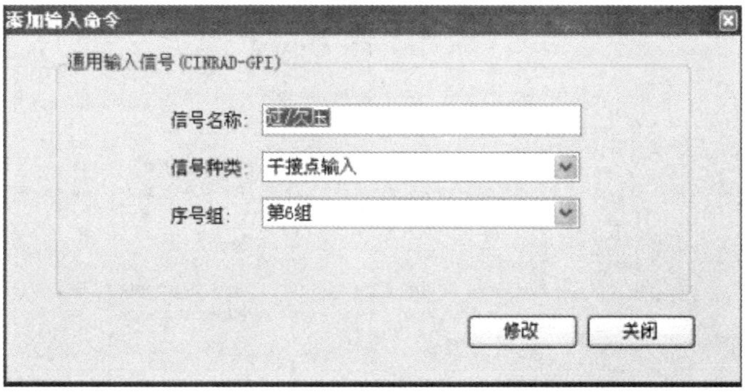

图 3-31　写入 GPI—过/欠压输入信号的参数

写入完毕，点击右下角的“修改”后，表示初步完成过/欠压输入信号的“添加”。

如果需要再次“添加”或“修改”，在“通用信号”列表/输入信号(CINRAD-GPI)处，点击右键，会弹出编辑项，选择“添加”后，类似地写入 GPI 第二个输入信号的参数。直至将所有 GPI 输入信号全部写入为止。

当“通用信号”列表所有的输入输出信号全部写入完毕，确认无误后，点击列表的右下角“提交全部”后，再“确定”TPS 命令信息更改成功！(图 3-32)。至此，此表的所有信号完成输入保存。

图 3-32　“确定”TPS 命令信息更改成功！

被测组件所有信号的参数“添加”或“修改”完成后，需对系统刷新。刷新的方法：只需点击 TPS 人机交互的主界面另一个被测组件，然后再进入这个被测组件即可完成刷新；如果此时退出 TPS，然后再重新进入 TPS，选择被测组件后，也可发现系统已被刷新；此时，可在相应的参数栏中发现该参数已经被“添加”或“修改”完成。

(3)“电源输出/切换信号”的设置

再选择“电源输出/切换信号”列表，分别进入：切换信号开关(CINRAD_MUX)，低压电源输出(CINRAD_LVP)，高压电源输出/MUX 开关(CINRAD_MUX)＋高压电源(CINRAD-HVP)＋小负载(CINRAD_MIL)，根据被测组件后台数据库的资料，选择是否“启用”或“不启用”，该列表全部选择完毕，点击右下角“提交全部”，如图 3-33 所示。

图 3-33　设置 TPS-SA3PS1 子集的“电源输出/切换信号”子项

图 3-33 中，窗口内容中所有参数后的说明，只是平台安装时预先设置完成的被测组件的接口说明，后续设置完成的被测组件暂时并不包括在内，所以没有包括后续组件，并不说明连接错误。

(4)“电缆连接/大负载”的设置

再选择“电缆连接/大负载”列表，分别进入：大负载(CINRAD_LIL)，切换信号电缆(CINRAD_MUX)，高压电源电缆(CINRAD_HVP)，小负载电缆(CINRAD_MIL)，根据被测组件后台数据库的资料和平台的公共接口、专用接口和电缆的连接情况，选择是否“启用”或“不启用”以及“连接”或“不连接”。如图 3-34 所示。

图 3-34 中，窗口内容中所有参数后的说明，只是平台安装时预先设置完成的被测组件的接口说明，后续设置完成的被测组件暂时并不包括在内，所以没有包括后续组件，并不说明连接错误。

图 3-34　设置 TPS-SA3PS1 子集的“电缆连接/大负载”的子项

(5)仪器启用

最后选择“仪器启用”列表，分别进入仪表项下的：示波器、万用表、功率计、信号源、频谱仪，根据被测组件输入输出的要求，选择是否“启用”或“不启用”。如图 3-35 所示。

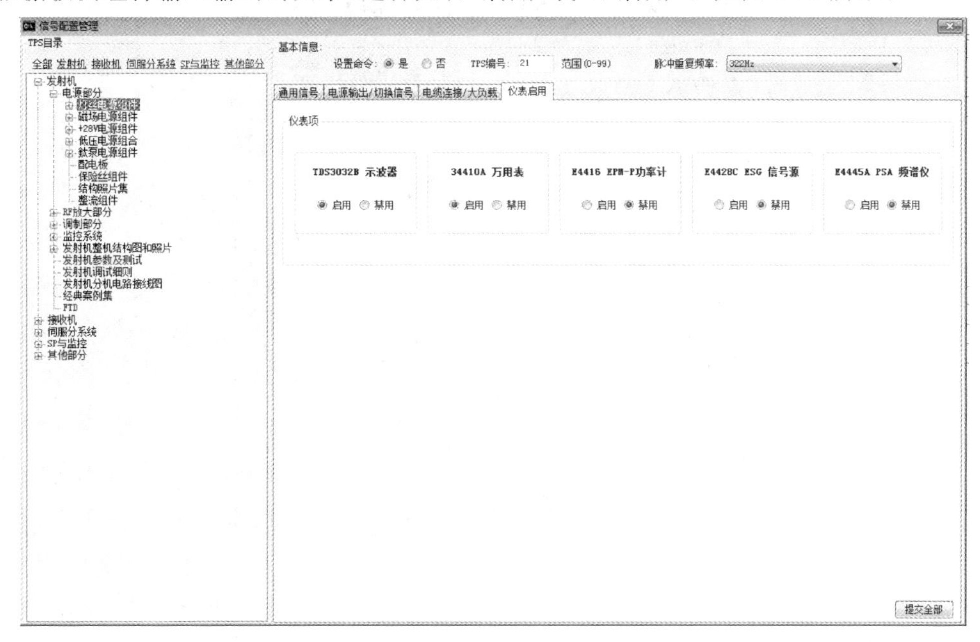

图 3-35　设置 TPS-SA3PS1 子集的“仪器启用”的子项

最常用的仪表设置是示波器、信号源和频谱仪。仪表启用就是该仪表和平台之间通信接口的连接和驱动程序的运行。启用仪表保存了本身所有功能以外，额外具有下列功能：

① 启用示波器主要是对测试节点的波形进行保存和再读取；

② 启用信号源主要是用外加调制信号(波形和时序)控制 RF 脉冲信号输出；

③ 启用频谱仪主要是对测试节点的波形进行保存，再读取和分析。

3.6.2.4　查看被测组件的接口参数

在 TPS 的主界面上，点击快捷工具栏“查看”的图标(图 3-36)，就可查看被测组件的接口参数，无需 TPS 信号管理员身份验证。“查看”得到的内容形式等于上述“设置”的内容形式。

图 3-36　TPS 的快捷工具栏“查看”的图标

3.6.2.5　设置平台的系统参数

在 TPS 的主界面上，点击快捷工具栏“系统参数设置”的图标(图 3-37)，就可设置系统参数，如图 3-38 所示。

图 3-37　TPS 的快捷工具栏“系统参数设置”的图标

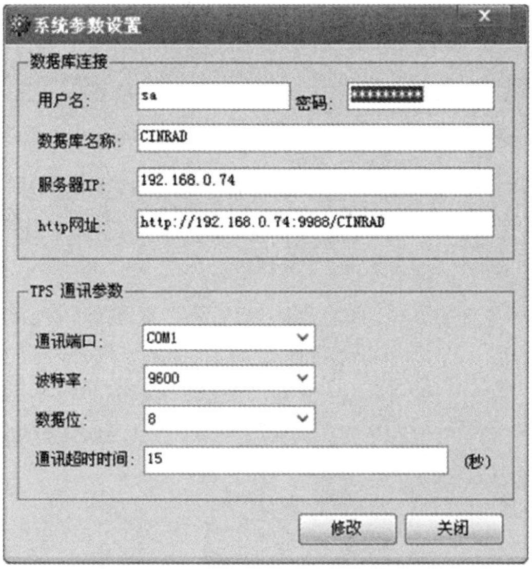

图 3-38　“系统参数设置”界面

平台安装完成后，进入 TPS，自检后，首先设置系统参数，系统参数设置完成，连接成功后，一般不会改动此设置，除非数据库连接或 TPS 通信参数发生了变化。

3.6.2.6　日志保存

在平台上，每天工作完毕或者组件的测试维修工作一个阶段结束，应保存日志。在 TPS

的主界面上，点击快捷工具栏“日志保存”的图标(图 3-39)。“日志保存”的文件名格式如图 3-40 所示，也可以改变文件名，以便更为有意义并容易记住，“日志保存”自动另存在文档库中，以备查看。

图 3-39　TPS 的快捷工具栏“日志保存”的图标

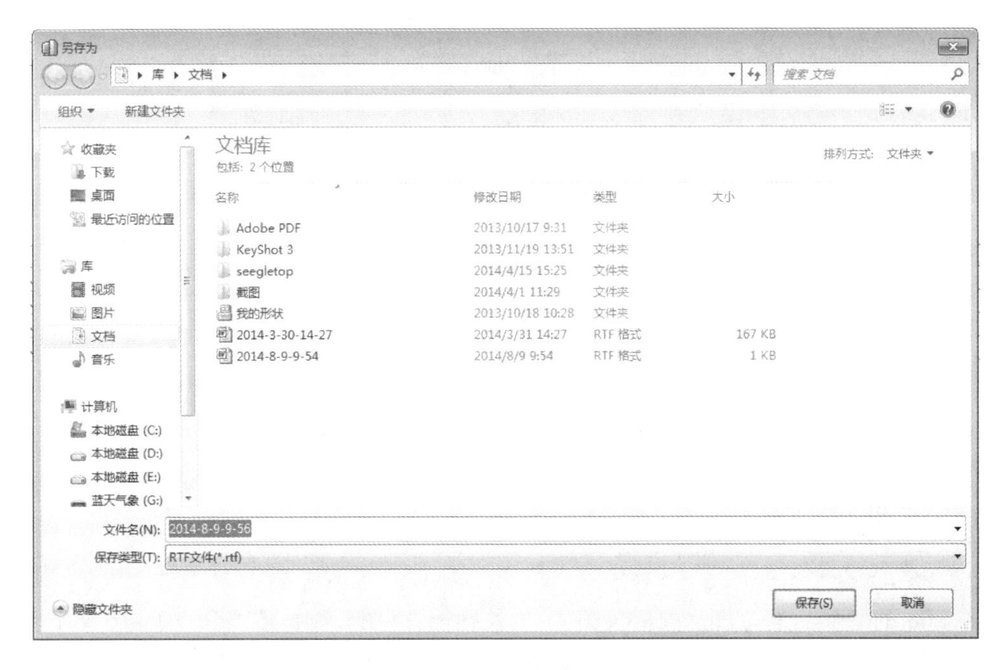

图 3-40　“日志保存”界面

3.6.2.7　清空运行日志

在 TPS 的主界面上，点击快捷工具栏“清空日志”的图标(图 3-41)，按照提示，“确定”您确认要清空系统运行日志吗？就可完成。清空日志前需要慎重考虑，免得清空了需要保存的文档。

图 3-41　TPS 的快捷工具栏“清空日志”的图标

3.6.2.8　获取示波器图像

在 TPS 的主界面上，点击快捷工具栏“示波器图像”的图标(图 3-42)，在 TPS 主界面上叠加显示当前示波器上的图像，如[彩]图 3-43 所示。

图 3-42　TPS 的快捷工具栏“示波器图像”的图标

图像每 2 分钟刷新一次。可以“保存”当前的测试图像，也可以打开保存的图像，对保存的测试图像进行分析。

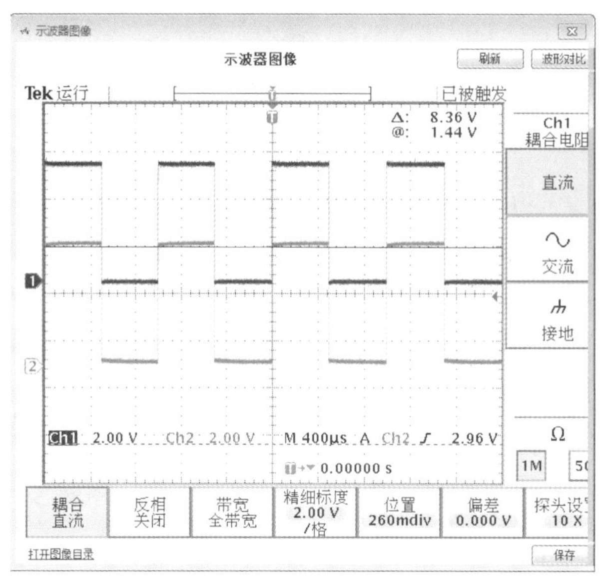

图 3-43　显示示波器当前测试的图像

在平台上，当工作一个阶段结束，应该“打开图像目录”，整理保存的图像，并备份，规定文件名(如组件－节点－g/b－时间)，免得过段时间，自己都不知道保存的是哪个组件、哪个节点、哪个时间的测试波形图像了。

3.6.2.9　获取频谱仪图像

在 TPS 的主界面上，点击“频谱仪图像”的快捷图标(图 3-44)，在 TPS 的主界面上显示当前频谱仪上的图像(图 3-45)，图像每 2 分钟刷新一次。可以保存当前的图像，也可以打开保存的图像。形式如“获取示波器图像”。

图 3-44　TPS 的快捷工具栏“频谱仪图像”的图标

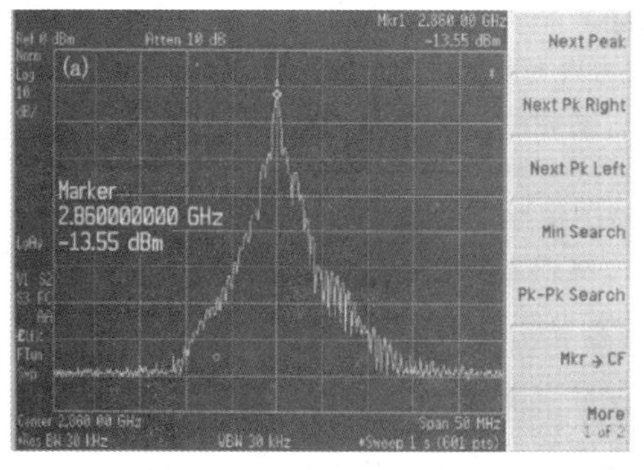

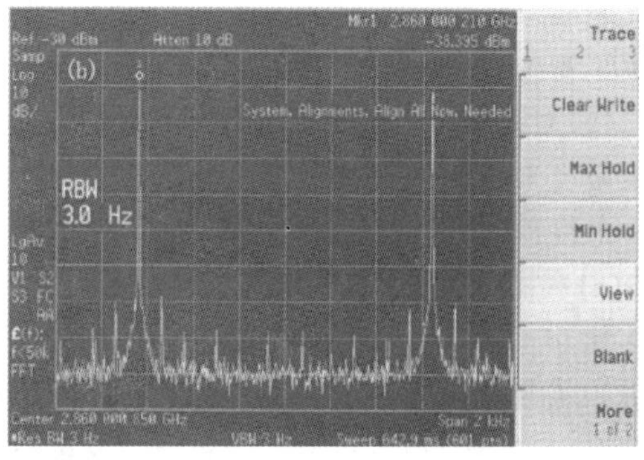

图 3-45　显示频谱仪当前测试的图像

3.6.2.10　关于

在 TPS 的主界面上，点击“关于”的快捷工具栏图标(图 3-46)，可看到 CINRAD 测试维修系统的开发单位，发布时间和版本说明等(图 3-47)。

图 3-46　TPS 的快捷工具栏“关于”的图标

图 3-47　关于 CINRAD 测试维修系统说明

3.6.3　TPS 软件的实用过程

3.6.3.1　进入“启动”状态

在平台接口所有的参数设置完成后，重新在 TPS 的主界面左边目录栏中选定被测组件(如发射机/电源部分/灯丝电源组件)，才可以将 TPS 的运行状态由停止状态(　)，进入 3PS1 的启动状态(　)，界面如图 3-48 所示。

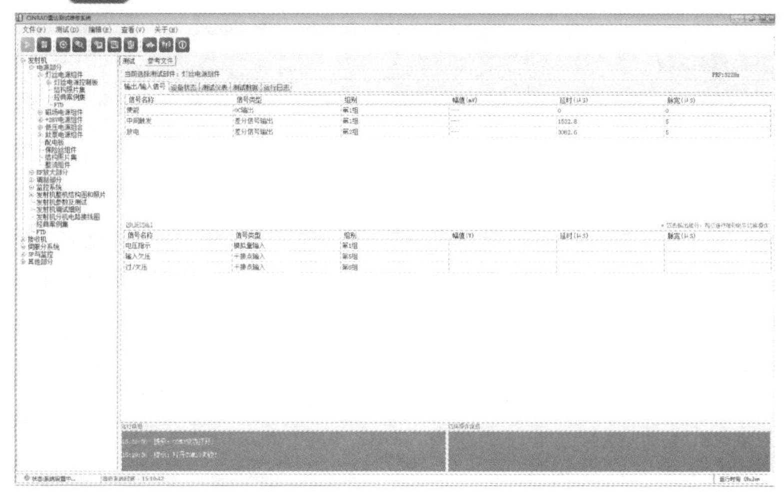

图 3-48　TPS 中 3PS1 的“启动”状态

TPS 由“停止”状态进入“启动”状态期间，TPS 窗口的底部蓝色框中显示各种关联设备打开运行均需正常，平台的各机柜中有关机箱均由待机状态( )改为启动状态( )，说明平台可以正常地对该被测组件进行脱机测试维修和调试。

3.6.3.2　调用后台数据库

TPS 后台数据库的内容资料实际就是平台的测试维修数据库的分级资料库中内容资料。在平台上对被测组件进行脱机测试维修过程中，根据需要不断地打开被测组件对应的后台数据库，查阅分级资料库的内容。如在 TPS 的主界面的目录栏选择：发射机/电源部分/灯丝电源组件，再点击“参考文件”，可以选择需要打开的灯丝电源组件本级资料库中多个内容：3PS1 电路图、3PS1 元件表、原理框图及工作原理、测试与调试、性能参数接口与波形、3PS1 电路图 new，如图 3-49 所示。

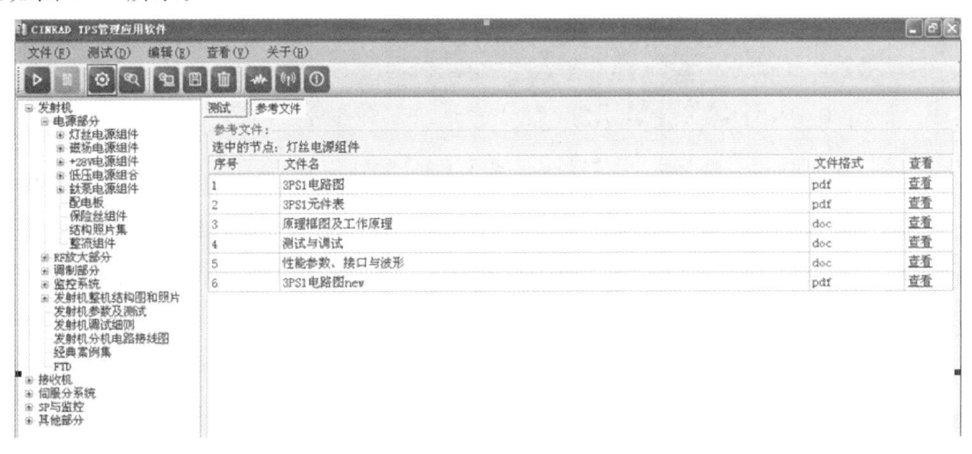

图 3-49　选择 TPS 子集 TPS-SA3PS1 的本级参考文件

如在 TPS 的主界面的目录栏，点开灯丝电源组件前的侧边栏图标，出现 4 个下级目录：灯丝电源控制板、结构照片集、经典案例集、FTD，可选择进入，如：灯丝电源控制板如图 3-50 所示。

图 3-50　选择 TPS 子集 TPS-SA3PS1 的下级参考文件

3.6.3.3　平台监控与测试数据记录

在平台上有三个显示器，主要目的是为了同时显示尽可能多的资料。中间的显示器一般显示 TPS 的主界面；两边的显示器，可以都显示分级资料库的内容，也可以显示其他内容。

在脱机测试维修和调试被测组件的过程中，平台具备：输出/输入信号、设备状态的监控、测试记录（测试数据、示波器和频谱仪图像、运行日志）的截取和查看等功能，分别介绍如下。

(1)在测试维修和调试过程中，“输出/输入信号”窗口的上半部分为平台的输出信号 GPO（图 3-51），随时可以按照需要检查或改变平台输出的指令信号；左键双击需要操作的 GPO 的那条指令，就可打开这个窗口查看或修改和发送这条指令，但是每次只能打开一条指令，需要关闭原先的指令窗口才能打开另一条指令窗口进行操作。而“输出/输入信号”窗口的下半部分是平台的输入信号，可实时观测被测组件输出的测试结果，判断测试结果是否正常。

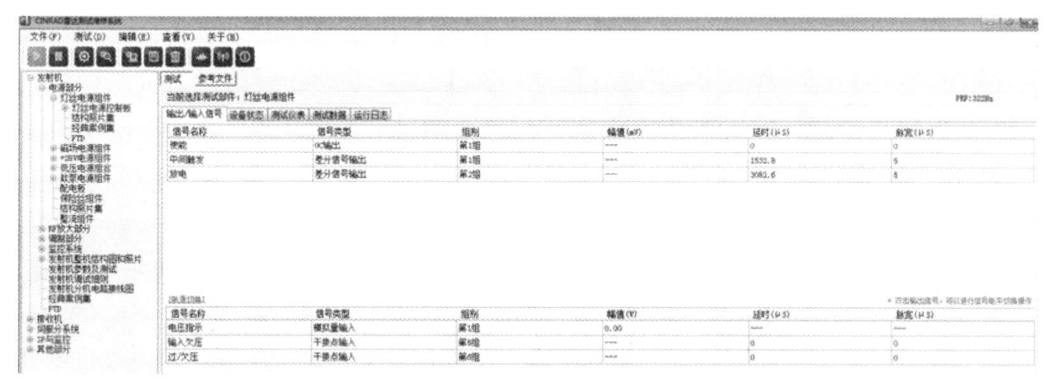

图 3-51 测试维修过程中的“输出/输入”信号

如图 3-52 和图 3-53 所示，还可查看“充电触发信号”的参数是否符合要求，甚至自定义“触发信号”的参数。

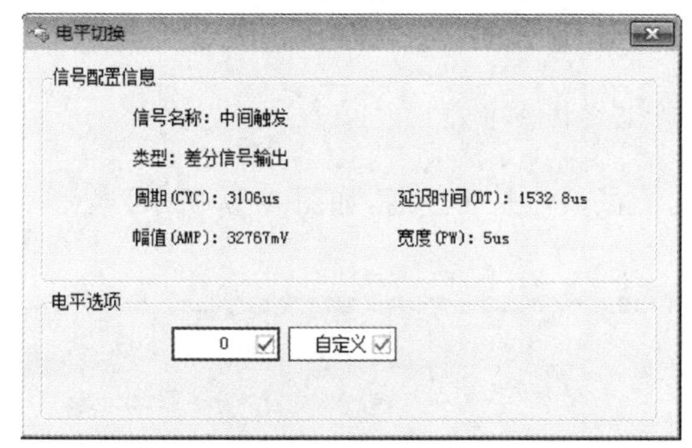

图 3-52 查看“中间触发“信号的参数

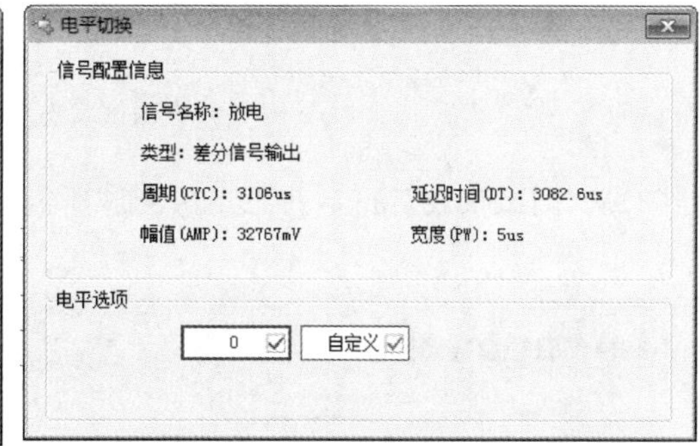

图 3-53 查看“放电”触发信号的参数

如图 3-54 所示，平时“使能信号”=1 即不使能，只有当被测组件未出现报警和高压均正常加上后，或去掉高压进行前级测试时，才允许使能，使能期间，“使能信号”=0；使能以后，被测部件应能正常工作。

对于 3PS1 组件，平台只输出 3 个 GPO 指令，但是还可以加上电源切换=电源输出（图 3-55），特别是专用电源可以根据测试、调试的需要，针对性地点击开启（绿色）或关闭（红色），免得频繁地开、关整个平台。

平台的 GPI 的 3 个输入信号：电压指示、输入欠压、过/欠压分别指示测量时被测组件 3PS1 的工作状态是否正常。

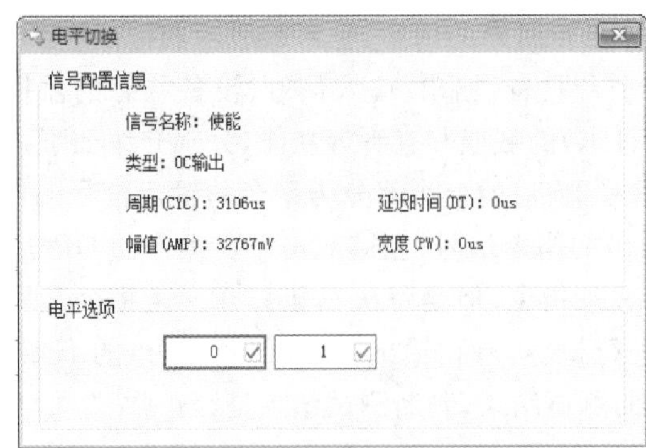

图 3-54　使能信号的应用

图 3-55　电源切换的使用

(2)从“设备状态”窗口可以明确地获悉本次测试所需机箱的工作状态，如图 3-56 所示。

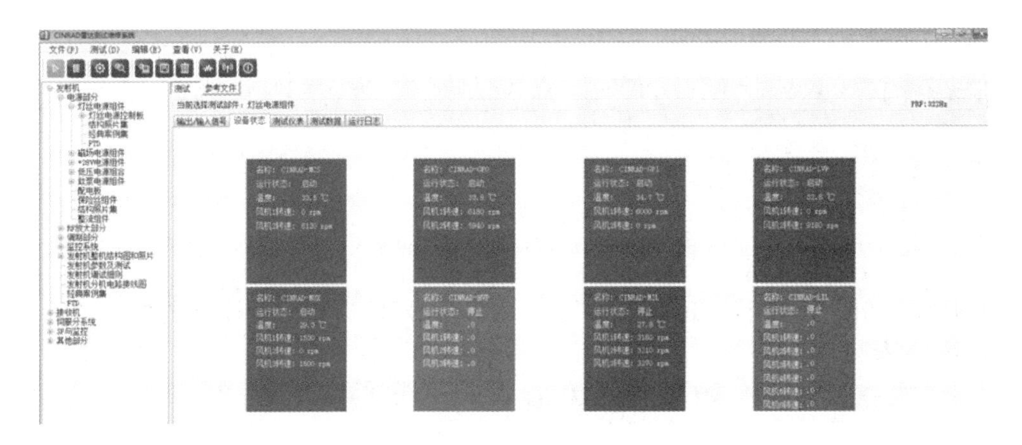

图 3-56　测试状态中的“设备状态”窗口

(3)从“测试仪表”窗口，获悉本次测试所需的测试仪器是否连通，如图 3-57 所示。

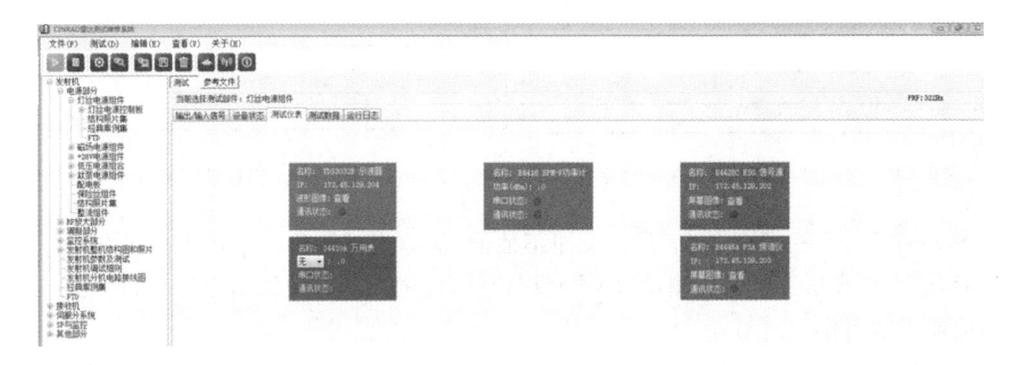

图 3-57　测试状态中的“测试仪表”窗口

(4)从“测试数据”窗口，获悉测试状态中的测试数据，见图 3-58 所示。

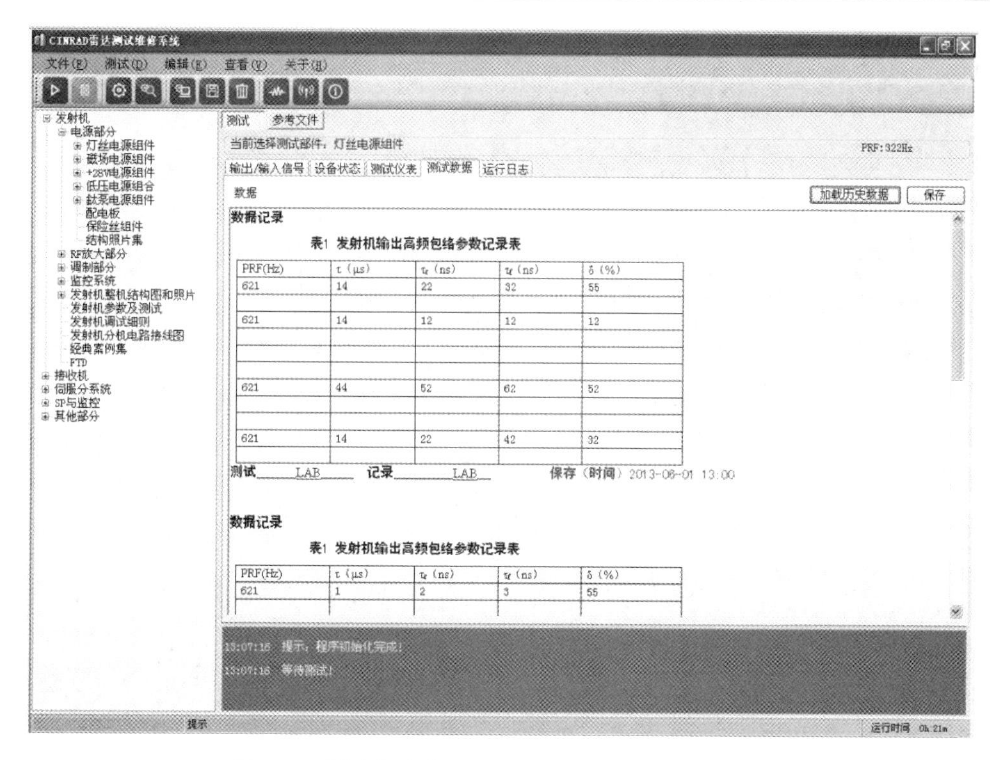

图 3-58　测试状态中的“测试数据”窗口(非实际数据)

(5)查看日志内容,点击“运行日志”即可,如图 3-59 所示。

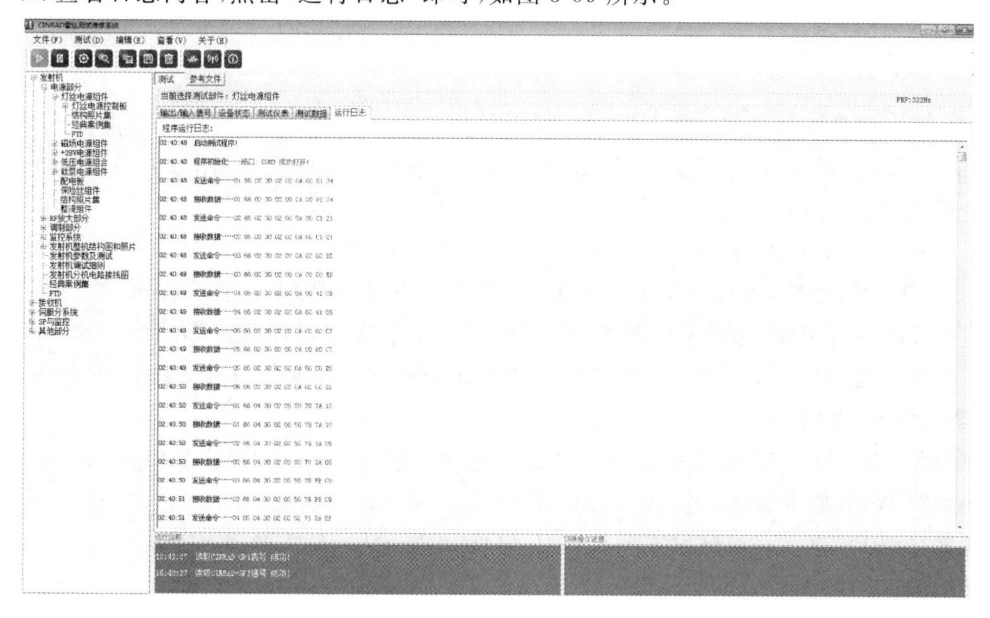

图 3-59　测试状态中的“运行日志”窗口

如果平台在运行过程中出现故障,可以从“运行日志”中判断平台各机箱和通信接口运行情况和故障部件。如[彩]图 3-60 所示。

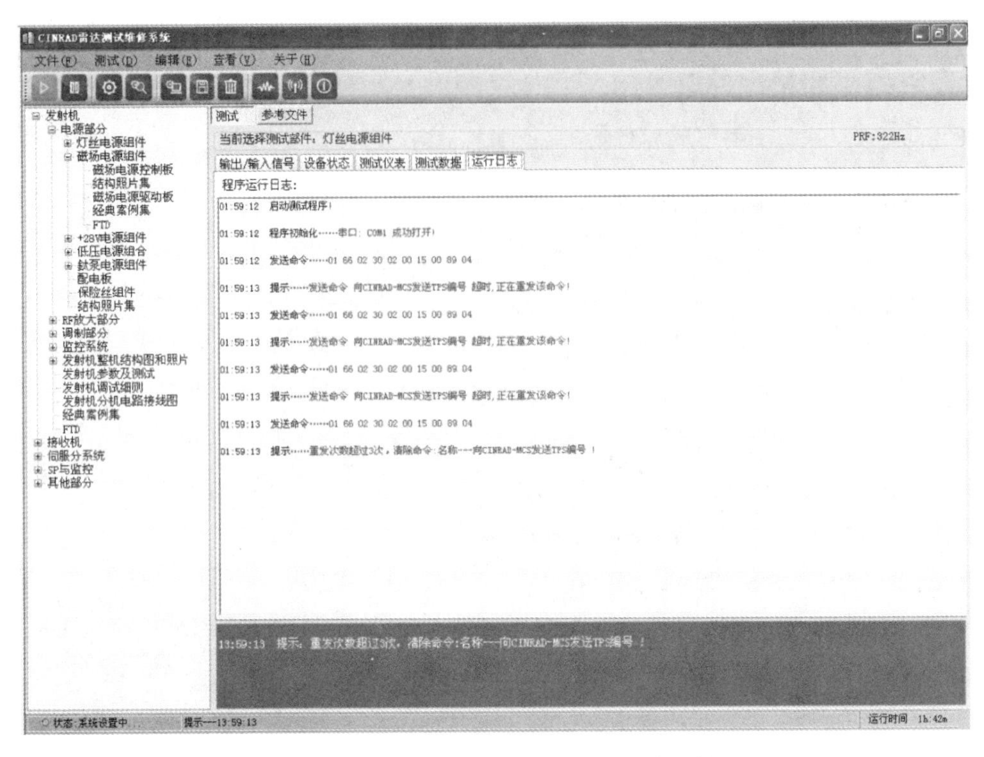

图 3-60　从"运行日志"判断平台的故障部件

3.7　测试仪器的软件集成

雷达测试仪器的软件集成就是其通信接口的配置和驱动程序的自动运行，主要是针对示波器、信号源和频谱仪，用于截取信号图像和状态，用于记录和事后分析等；另外，虚拟面板也可对这些测试仪器进行操控。

示波器(TDS3032B)：该型号示波器提供的通信方式 RS－232、GPIB、LAN 口等，内置有小型的 WEB 服务程序，所以 PC 机可以通过 TCP/IP 协议和 WEB 服务程序通信。通过编程可截取示波器屏幕图像，通过 I/O 控制流，可把图片生成文件保存到工作站中。这样反映在示波器屏幕上的图片可定时在工作站软件上同步定时更新。在通信设置参数有 IP 地址、子网掩码、默认网关、通信端口。

信号源(E4428C ESG)：该型号的信号源提供的通信方式有 COM、LAN、GPIB 等。因内置有小型的 WEB 服务程序，可以采用和 TDS3032B 型号的示波器一样方式取到屏幕图像并把图像保存到 PC 机。在通信设置参数有 IP 地址、子网掩码、默认网关、通信端口。

频谱仪(E4445A PSA)：这种型号的频谱仪提供的通信方式有 LAN、GPIB、USB 等。内置有 FTP 服务器，屏幕图像需要保存时，手动在仪器中设置保存到默认的工作站 C：盘中，通过 FTP 协议，编程可以读到保存在工作站 C：盘的图片文件，在需要的时候通过编程可把图片下载到资料库中。在通信设置参数有 IP 地址、子网掩码、默认网关、用户名。

对要用到的雷达测试仪器：频谱仪、微波信号源和双踪示波器等进行参数设置。频谱仪的接口设置如前所述，频谱仪的图像截取方法如图 3-61 所示。

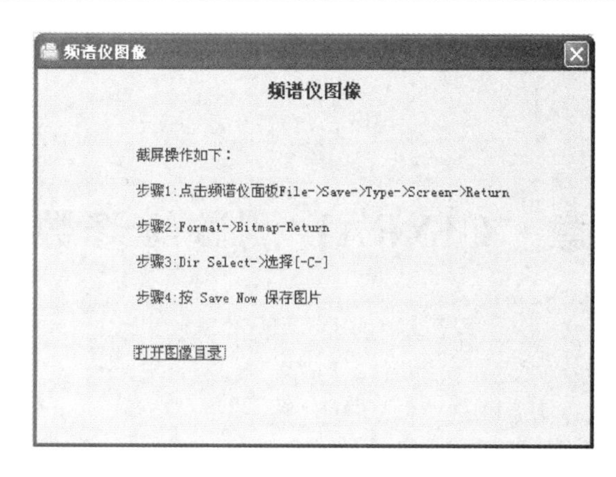

图 3-61　频谱仪的图像截取方法

功率计(E4418B EPM)：配 E8481A 功率头。该型号的功率计提供的通信接口有 COM 口、LAN 口等，涉及一个功率参数，支持 SCPI 语言。所以在需要的时候可通过编程，发送 SCPI 语言命令，可以读到功率参数，显示到 PC 软件上。需要设置波特率、数据位、停止位、校验位等通信参数。

万用表(34410A)：该型号的功率计提供的通信接口有 GPIB、RS－232，支持 SCPI 语言。所以在需要的时候可通过编程，发送 SCPI 语言命令，读到电压、电流、电阻等数据，显示到 PC 软件上。需要设置波特率、数据位、停止位、校验位等通信参数。

第4章　CINRAD测试维修数据库

4.1　概述

CINRAD维修维护测试平台需要借助于测试维修数据库才能对被测组件进行脱机测试维修;CINRAD故障远程会诊期间,使用测试维修数据库能达到事半功倍的效果;测试维修数据库也是基层台站在联机维修排除CINRAD故障时的得力助手,基层台站的雷达机务员能在CINRAD测试维修数据库的帮助指导下,降低CINRAD的维修难度,降低元器件级维修的进入门槛,降低维修成本,提高CINRAD维修效率,减少CINRAD的故障率,延长其使用寿命。

CINRAD测试维修数据库应得到各级管理部门和使用单位足够的重视,值得花大力气去不断地完善它。测试维修数据库包括三大部分:

(1)CINRAD分级资料库;

(2)CINRAD案例专家库+FTD(fault tree diagram,故障树图);

(3)CINRAD初级经验库+CINRAD高级经验库。

制作CINRAD测试维修数据库中的资料,需要始终贯彻大型电子设备规范化的维修理念与实施方法,使得每个部分的资料对CINRAD机务员来说既是必要的又是充分的。在第1章中详细地介绍了大型电子设备测试维修数据库的制作和相互之间的关系,本章主要介绍CINRAD测试维修数据库的两种查询系统:

(1)CINRAD测试维修数据库离线查询系统;

(2)CINRAD测试维修数据库在线查询系统。

4.2　CINRAD测试维修数据库离线查询系统

4.2.1　进入离线查询系统

CINRAD测试维修数据库离线查询系统需经过专业安装,在桌面上形成CINRAD雷达数据库离线查询系统的快捷图标(图4-1),使用时只需点击桌面上的快捷图标就可进入CINRAD测试维修数据库离线查询系统。

图4-1　CINRAD雷达数据库离线查询系统快捷图标

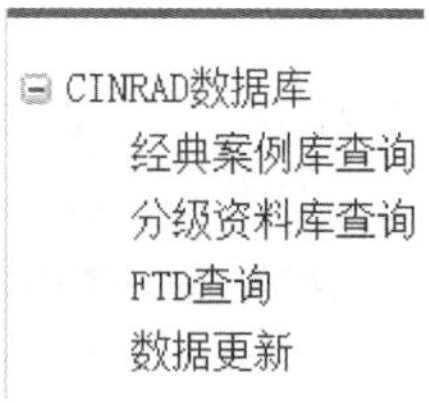

⊟ CINRAD数据库
经典案例库查询
分级资料库查询
FTD查询
数据更新

图 4-2　CINRAD 数据库离线查询路径

4.2.2　选择离线查询路径

如图 4-2 所示，在 CINRAD 数据库中离线查询的路径归纳成 4 条：

(1)经典案例库查询；

(2)分级资料库查询；

(3)FTD 查询；

(4)数据更新。

由鼠标选择点击确定。

CINRAD 测试维修数据库离线查询系统能够查询或下载 CINRAD 分级资料库和案例专家库＋FTD 的内容；还可通过在线查询系统利用网络从上级 CINRAD 测试维修数据库中下载 CINRAD 最新的分级资料库和案例专家库打包的资料，对离线查询系统进行资料更新。

4.2.3　经典案例库查询

选择“经典案例库查询”如图 4-3 所示。

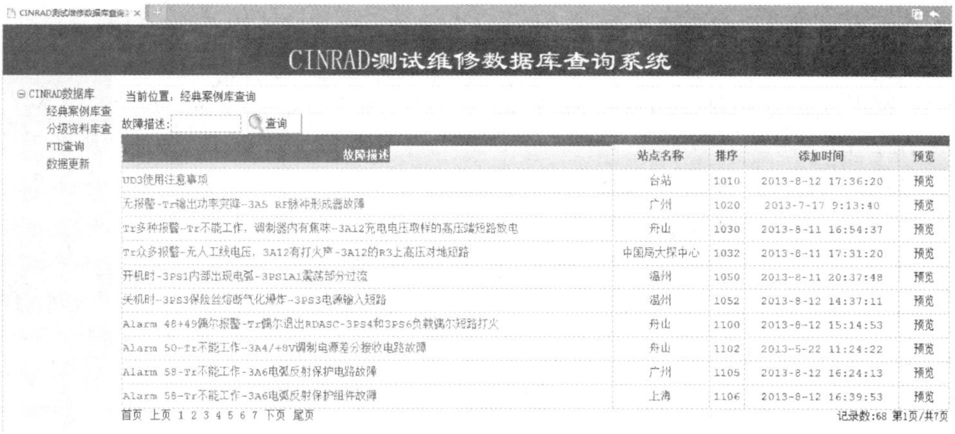

CINRAD测试维修数据库查询系统

⊟ CINRAD数据库
经典案例库查
分级资料库查
FTD查询
数据更新

当前位置：经典案例库查询

故障描述：　查询

故障描述	站点名称	排序	添加时间	预览
UD3使用注意事项	台站	1010	2013-8-12 17:36:20	预览
无报警-Tr输出功率突降--3A5 RF脉冲形成器故障	广州	1020	2013-7-17 9:13:40	预览
Tr多种报警--Tr不能工作，调制器内有焦味--3A12充电电压取样的高压端短路放电	舟山	1030	2013-8-11 16:54:37	预览
Tr众多报警-无人工线电压，3A12有打火声-3A12的R3上高压对地短路	中国局大探中心	1032	2013-8-11 17:31:20	预览
开机时-3PS1内部出现电弧-3PS1A1震荡部分过流	温州	1050	2013-8-11 20:37:48	预览
关机时--3PS3保险丝熔断气化爆炸-3PS3电源输入短路	温州	1052	2013-8-12 14:37:11	预览
Alarm 48+49偶尔报警-Tr偶尔退出RDASC-3PS4和3PS6负载偶尔短路打火	舟山	1100	2013-8-12 15:14:53	预览
Alarm 50-Tr不能工作--3A4/+8V调制电源差分接收电路故障	舟山	1102	2013-5-22 11:24:22	预览
Alarm 58-Tr不能工作-3A6电弧反射保护电路故障	广州	1105	2013-8-12 16:24:13	预览
Alarm 58-Tr不能工作-3A6电弧反射保护组件故障	上海	1106	2013-8-12 16:39:53	预览

首页 上页 1 2 3 4 5 6 7 下页 尾页　记录数:68 第1页/共7页

图 4-3　CINRAD 数据库离线查询系统中的经典案例库查询

经典案例库的排序以报警信息的顺序排列并将各个分机的经典案例尽量地组合在一起。经典案例也出现在分级资料库相应组件的下级目录中。查询经典案例库的案例也可以用故障描述中的关键词进行搜索查询。

经典案例的文件名(故障描述)一般以关键词表示：报警信息号－故障现象－故障原因。

经典案例的内容实例如下所示：

Alarm 527 等－回波强度突变－4A1/RF TEST 输出功率突变

(1)故障现象

2008 年 8 月,舟山 CINRAD/SB 在台风观测期间,注意到雷达显示回波信号强弱偶尔发生突变。同时,在雷达的性能参数 RDASC/Performance Data/上偶尔显示:

接收机反射率定标 CW 变化±3.5dB 左右,雷达定标常数 SYSCAL 显示值也会跟着变化。

查 RDASC/Calibration.log 文件中 ΔCW 先是随机地大于原值 3.5dB,但反射率定标参数 RFDi 未与 CW 作同步变化,再随机地恢复原值;SYSCAL 略有变化,并伴有报警:

Alarm 527 LIN CHAN TEST SIGNALS DEGRADE,线性通道测试信号报警。

故障现象均由接收分机产生,所以可以锁定故障发生在接收分机。

(2)故障分析与排障过程

由于 ΔCW 突变,但 ΔRFDi 未变,会产生报警 527;未报警 527 前会使得 SYSCAL 发生变化,雷达回波强度也会发生突变,然后随着接收通道增益的自动补偿,几个体扫后,又会使得 ΔCW 差值有所减小,报警 527 会消除,SYSCAL 会恢复,所以,只需重点检查 CW 测试信号通道。接收机 RF Test(CW)测试通道的路径图如图 4-4 所示。

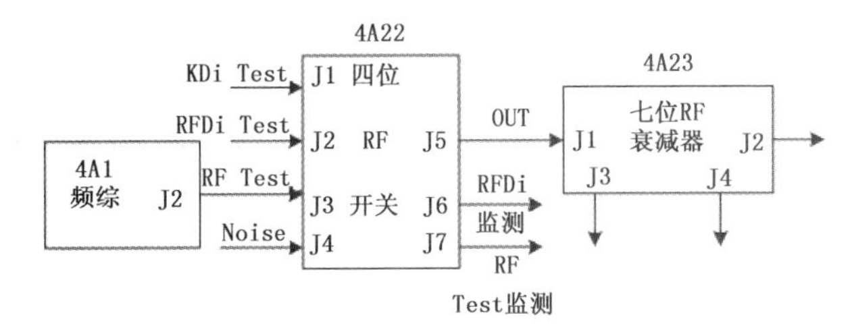

图 4-4　接收机 RF Test(CW)测试通道路径图

由于该故障是偶尔随机发生的,难以捕捉,只能用小功率计挂在 CW 测试通道的耦合监测点,一旦发现报警 527,就利用雷达体扫的间隙 VCP 定标期间,读取小功率计上 CW 的读数。从 4A22/J3(从 4A22/J7 读数)开始到 4A22/J5(从 4A23/J3 读数)测试 CW 信号功率。根据适配数据,可计算出 VCP 定标期间 CW 的正常输出值:

P(4A22/J3)=R34(适配数据/接收机第 34 项)≈20～25dBm,

检查 P(4A22/J3):P(4A22/J7)=P(4A22/J3)+R62≈P(4A22/J3)−30dB,

检查 P(4A22/J5):P(4A23/J3)=P(4A22/J5)+R64=P(4A22/J3)+R59+R64≈P(4A22/J3)−2dB−30dB。

在测试耦合功率输出时发现每当机房的温度变化显著时,就会发生上述故障现象。人为地改变机房温度的变化,逐步追踪到频综 4A1/J2 输出 RF TEST(CW)的功率突变,因此锁定频综 4A1 组件故障。

运行 TestSignal.exe 程序;选择 RF 衰减=0dB,RF 源=频率产生器,选择信号类型=CW 或 PULSE;分别用小功率计进行测量观测并大幅度改变机房温度。实测 4A1/J2/RF Test(CW)输出功率随机突变,而 4A1/J1/RFD 输出功率几乎不变。为了分析故障节点,给出 4A1 电路原理框图,如图 4-5 所示。

根据频综电路原理框图可知:RF Test 和 RF DRIVE 分别是由同一路输入信号经过 4A1/A9 两路功放组件的放大和功放而成,由此,断定 4A1/A9/XS2 输入端正常,仅仅是 4A1/A9

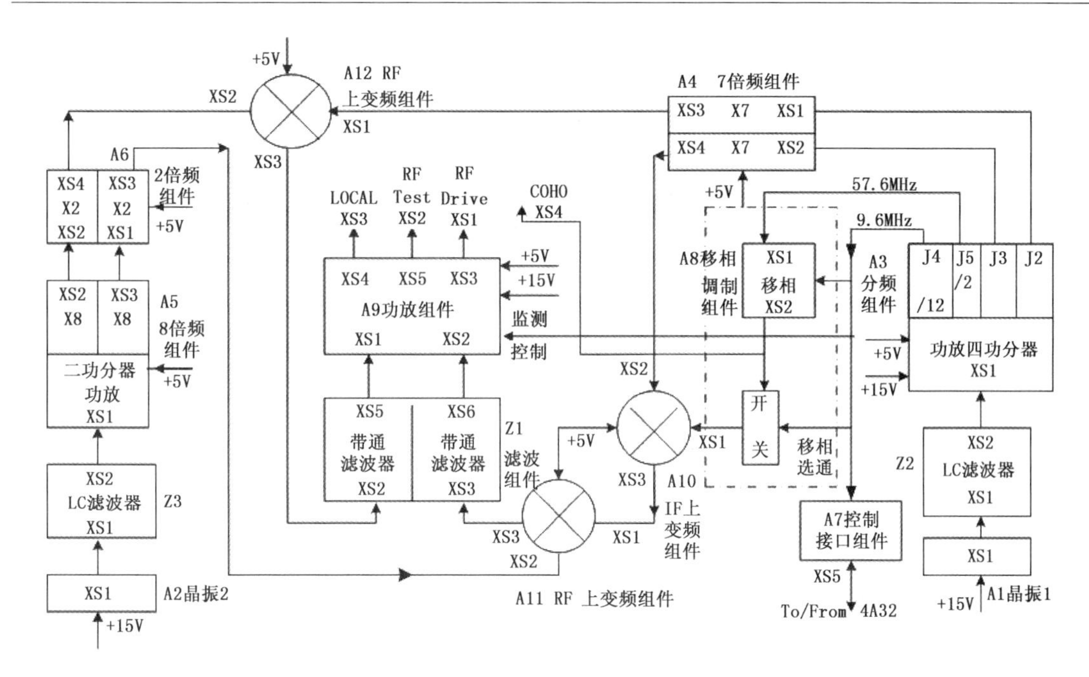

图 4-5　频综 4A1 电路原理框图

功放组件故障。根据规范化维修的方法，此时先从故障部件简单的表面现象着手，打开频综的 A9 功放组件，在用放大镜观测微带电路的物理损伤时发现频综功放中间级输入耦合电容的引线漏焊仅仅压在微带上，时间一长后必然发生氧化，受热胀冷缩影响，造成接触不良，使得 RF TEST 输出的功率发生突变，ΔCW 值突变，引起 SYSCAL 和雷达回波图像强度也发生变化。直接将此耦合电容的引线快速地焊在微带上，故障排除。

(3)故障成因分析及注意事项

故障成因分析：这是由于频综组件 4A1/A9/中间级输入耦合电容的引线漏焊，仅仅将引线压在微带上，时间长了产生氧化，受温度影响热胀冷缩后造成接触不良，使得频综 RF Test (CW)的输出功率偶尔突变 3.5dB 以上引起得故障隐患。这是个典型的安装工艺问题。

注意事项：焊接微带最好采用低温(≤180℃)焊锡，速度要快，免得烫坏微带；电烙铁外壳需接地良好，免得静电或漏电损坏微带中的敏感元器件。微带中的元器件要焊在原来的位置上。虽然，4A1/频综是由大量的微波器件组成，是分布参数电路，非常难以定量地分析和维修，但每个器件相对独立，输入/输出关系明确，所以，对一般机务员来说，能够进行故障定位和替换故障部件，完成排障。不过，替换故障部件后，尚需对相关输出进行测量(如这里测试 4A1/J2)，甚至改变对应适配数据(如 R34)。

临时开机方法：由于本次故障并未导致强制退出 RDASC 工作程序，所以台风期间雷达一直坚持开机，只是机务员利用在山上台风值班期间根据规范化维修的方法逐级测试排障，最终定位到 4A1/A9 是故障根源，在台风结束后才停机打开 4A1/A9 进行排障。

经典案例库的每个案例都是基于大型电子设备规范化维修的理念和实施方法，是将高级经验库中的每个案例经过规范化的选择、整理、优化再论证后确定是否能进入经典案例库。每个案例形式都是：充分必要的故障现象＋严谨的故障分析和最佳的排障路径＋事后的故障根源分析，经验共享与临时开机的方法。使得经典案例库真正地做到不仅授人以鱼，而且授人以渔。

4.2.4　分级资料库的查询

选择分级资料库查询如图4-6所示。

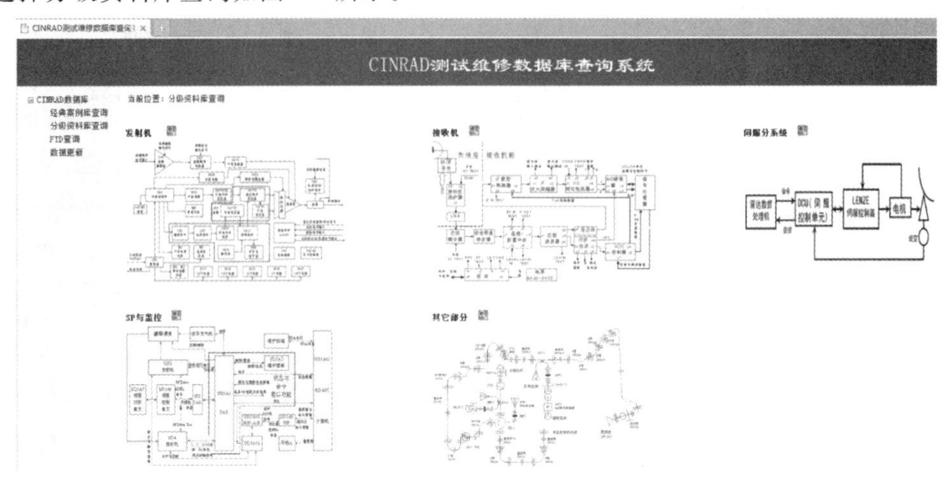

图4-6　CINRAD数据库离线查询系统中的分级资料库查询

如图4-6所示，分级资料库以快捷图标形式分为5个部分：(1)发射分机，(2)接收分机，(3)伺服分机，(4)SP与监控部分，(5)其他部分。

由鼠标左键点击选择确定。

分级资料库将每个分机再细分为分系统、组件、功能部件三个部分组成。

下面分别说明各个分机本级的分级资料库。

4.2.4.1　发射分机的分级资料库

如图4-7所示，发射分机由10个下级目录组成，为：(1)RF放大部分，(2)调制部分，(3)电源部分，(4)监控系统，(5)发射机整机结构图和照片，(6)发射机参数及测试，(7)发射机调试细则，(8)发射机分机电路接线图，(9)经典案例集，(10)FTD。

图4-7　发射分机的分级资料库

没有将(5)—(10)条目录归纳到发射分机的本级文件中，是因为这里每条目录包含的文件太多，把它作为1个目录方便调阅多个文件。

4.2.4.2　接收分机的分级资料库

如图4-8所示，接收分机由12个下级目录组成，为：(1)频率综合产生器组件(SA频综、SB频综)，(2)RF测试源选择通道，(3)主信号通道，(4)数字中频组件，(5)监控部分，(6)电源部分，(7)接收机整机结构图和照片，(8)接收机参数及测试，(9)接收机调试细则，(10)接收分机电路连接图，(11)经典案例集，(12)FTD。

图 4-8　接收分机的分级资料库

没有将(7)—(12)条目录归纳到接收分机的本级文件中，是因为这里每条目录包含的文件太多，把它作为 1 个目录方便调阅多个文件。

4.2.4.3　伺服分机的分级资料库

伺服分机的分级资料库又分为 CINRAD/SA 伺服分系统和 CINRAD/SB 伺服分系统。

如图 4-9 所示，SA 伺服分系统的组成为：(1)分系统，(2)数字控制单元 DCU，(3)功率放大器 PAU，(4)天线座。

图 4-9　伺服分机的分级资料库

如图 4-9 所示，SB 伺服分系统的组成为：(1)分系统，(2)数字控制单元 DCU，(3)LENZE 功率放大器，(4)天线/位置状态显示单元，(5)天线座。

2 种伺服分系统均应该包括：电源部分，伺服分系统整机结构图和照片，伺服分系统参数及测试，伺服分系统调试细则，经典案例集和 FTD，需要及时补充。

4.2.4.4　SP 与监控系统的分级资料库

其中 CINRAD/SA 的“SP 及监控”的分级资料库还包括上光端机和下光端机。

如图 4-10 所示，SP 与监控系统的组成为：(1)HSP(HSP/A 板＋HSP/B 板＋经典案例集)，(2)DAU 组合(DAU 数字板＋DAU 模拟板＋SA 下光纤板－DAU 连接板＋直流监控电源)，(3)PSP，(4)性能参数，(5)适配数据，(6)RDASC 应用程序功能，(7)报警信息查询表(包括经典案例+FTD)。

图 4-10　SP 与监控系统的分级资料库

没有将(4)—(7)条目录归纳到 SP 与监控系统的本级文件中，是因为这里每条目录包含的文件太多，把它作为 1 个目录方便调阅多个文件。

4.2.4.5　其他部分的分级资料库

如图 4-11 所示，其他部分的组成为：(1)SA 电源机柜，(2)SB 电源机柜，(3)波导充气装置，(4)波导开关，(5)波导传输系统。

图 4-11　其他部分的分级资料库

分级资料库都包括每个待查阅部分充分必要的数据资料：电路图+元器件表+原理框图与工作原理+性能参数与接口+测试与调试+故障案例+FTD 和结构照片等。这些资料既是充分的(没有遗漏)，又是必要的(没有多余)。这样就可以解决在设备排障时一时找不到合适资料的苦恼。

4.2.4.6　举例

以 3A10/回扫充电开关组件的组件级分级资料库的数据文件内容为例，如图 4-12 所示。

图 4-12　3A10/回扫充电开关组件的分级资料库

在 3A10/回扫充电开关组件的下级目录中，包括：(1)回扫充电开关控制板，(2)结构照片集，(3)经典案例库，(4)FTD。

在 3A10/回扫充电开关组件的本级文件中，包括：(1)3A10 电路图，(2)3A10 元器件表，(3)原理框图和工作原理，(4)性能参数、接口与波形，(5)测试与调试，(6)充电变压器工作原理，(7)3A10 新电路图。

每份资料既可预览也可下载。

组件的下级目录——充电开关控制板的资料(图 4-13)也被分成：(1)3A10A1 电路图，(2)3A10A1 元器件表 1,2，(3)3A10A1 电路图 new，(4)功能部件的原理框图与工作原理(逐步添加照片和测试位置)。

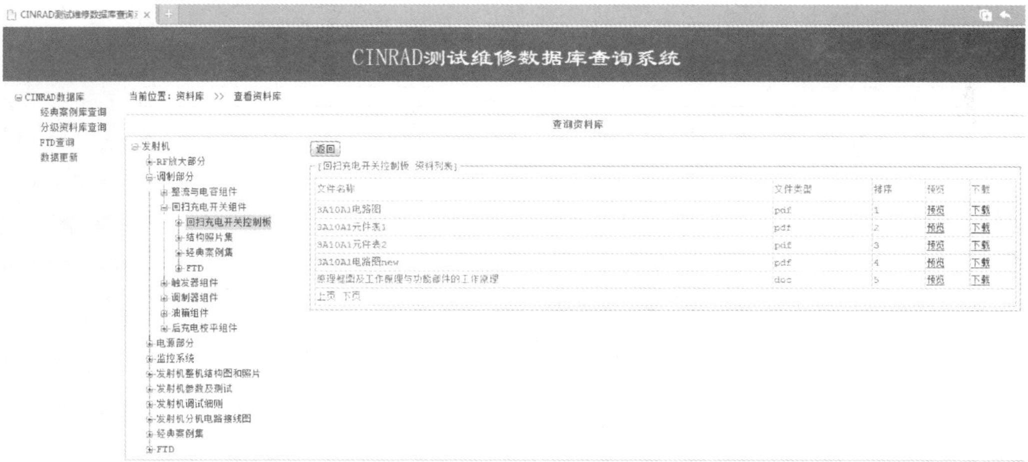

图 4-13　3A10A1/回扫充电开关控制板的分级资料库

分级资料库的分级层次很大程度上决定了 CINRAD 的维修层次：组件级、元器件级。

不同的维修对象，需要对应的分级资料库的内容支撑。对于批量装备的大型电子设备来说，不仅故障组件的脱机测试维修，还是电子设备故障的联机测试维修，均需要对应的分级资料库支撑。根据分级资料库中被测组件的接口参数，平台就可以在现场配置出被测组件的接口装置，仿真出被测组件的工作环境，在平台进行脱机测试维修。

4.2.5　FTD 的查询

虽然到目前为止，CINRAD/SA&SB 测试维修数据库中入库的 FTD 数量较少，只能起示范作用，还需投入大量的经费和人力才能逐步完善它。进入 FTD 数据库如图 4-14 所示。

图 4-14　进入 FTD 数据库

FTD 的排列以报警信息的顺序进行，同时将 FTD 的资料进入相应组件的下级资料中。

【举例】发射机 3A10/回扫充电开关组件综合故障的 FTD 如图 4-15 所示。

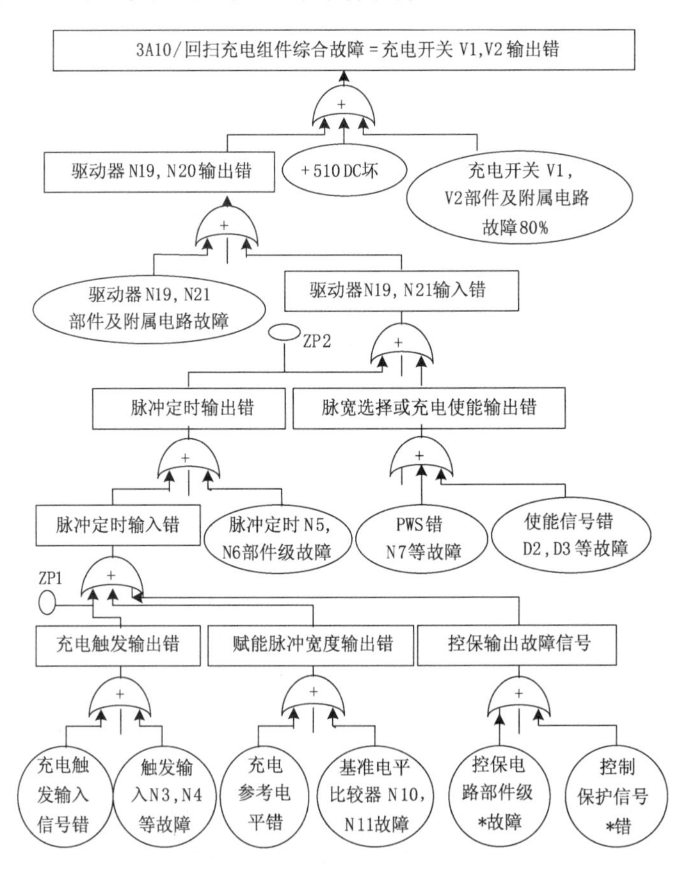

图 4-15　3A10/回扫充电开关组件综合故障的 FTD

4.2.6　数据更新

离线数据库更新的过程：先从网上找到在线数据库中已经更新的文件资料（参考在线查询系统）的压缩包，下载后放在桌面；再点击数据更新页面（图 4-16）上“浏览”按钮，找到该压缩包，“打开”，点击“更新”，等待更新完毕后，再“提交更新”按钮，直到更新完成即可。同样数据库的更新指的是该设备的资料库和经典案例库＋FTD 内容的整个数据包的更新。

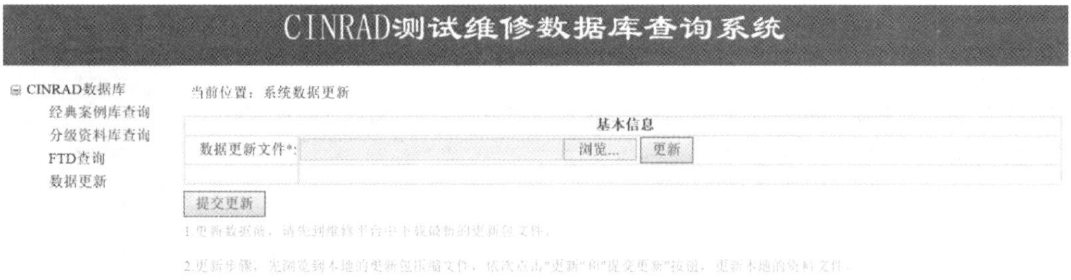

CINRAD测试维修数据库查询系统

⊟ CINRAD数据库
经典案例库查询
分级资料库查询
FTD查询
数据更新

当前位置：系统数据更新

基本信息

数据更新文件*:　浏览...　更新

提交更新

1.更新数据前，请先到维修平台中下载最新的更新包文件。

2.更新步骤，先浏览到本地的更新包压缩文件，依次点击"更新"和"提交更新"按钮，更新本地的资料文件。

图 4-16　进入数据更新

4.3　CINRAD 测试维修数据库在线查询系统

4.3.1　进入在线查询系统

CINRAD 测试维修数据库在线查询系统需经过专业安装，在桌面上形成 CINRAD 雷达数据库在线查询系统的快捷图标（图 4-17），使用时只需点击桌面上快捷图标并进行登录，才能对 CINRAD 测试维修数据库进行操作。

图 4-17　CINRAD 雷达数据库在线查询系统快捷图标

CINRAD 测试维修数据库的登录用 B/S 软件写成。需要填入被认可的用户名和对应的密码，再输入验证码才能登录在线查询 CINRAD 测试维修数据库。如图 4-18 所示。

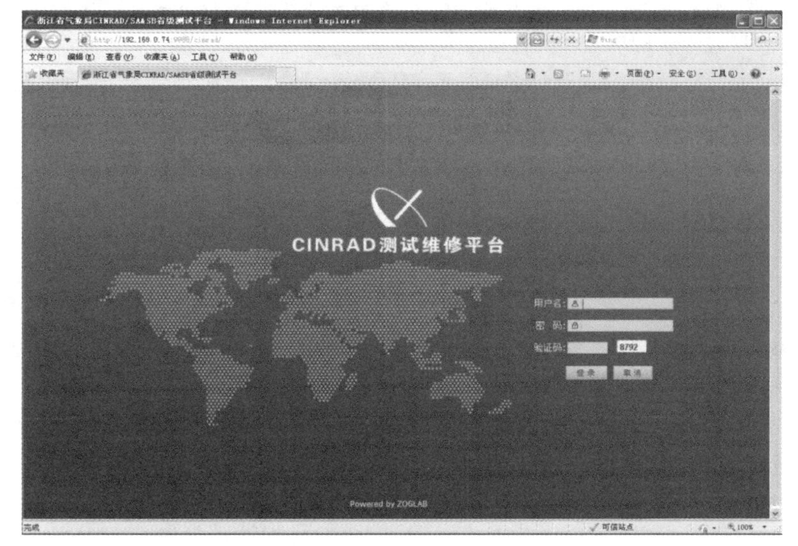

图 4-18　CINRAD 测试维修数据库在线用户登录界面

4.3.2 选择在线查询路径

由系统管理员身份进入 CINRAD 测试维修数据库的在线查询内容如图 4-19 所示。

如图 4-19 所示，在 CINRAD 数据库中在线查询路径有 8 条：

（1）我的桌面（故障报告、初级经验库）；

（2）公共平台（意见反馈、**反馈管理**、资料下载）；

（3）资料库（**资料库管理**、资料库查询）；

（4）经验库（初级经验库、高级经验库、**审核初级库**、查询）；

（5）专家库（**审核高级库、经典案例库管理、FTD 管理**、经典案例库查询、FTD 查询）；

（6）排障报表（**报表管理**、报表查询）；

（7）库房管理（**货品管理、入库列表、出库列表**、库存查询）；

（8）系统管理（**用户管理、角色管理、站点管理、系统参数、日志管理、密码修改、数据备份、数据文件管理**）。

根据需要和权限（**黑体字部分**需要相应的权限：系统管理员权限或区域级经验库管理员权限等），由鼠标左键选择点击确定。

下面将对上述 8 条路径的各个功能的使用方法逐一进行介绍。

⊞ 我的桌面
⊞ 公共平台
⊞ 资料库
⊞ 经验库
⊞ 专家库
⊞ 排障报表
⊞ 库房管理
⊞ 系统管理

图 4-19 CINRAD 数据库在线查询路径

4.3.3 我的桌面

我的桌面包括两个内容：故障报告、初级经验库。

4.3.3.1 故障报告

故障报告是 CINRAD 发生的故障排除后，本站雷达机务员提交上来详细的排障报告（图 4-20）。进入表格的故障报告是准备提交到初级经验库中去的，故障报告有两种功能："查询"和"删除"。

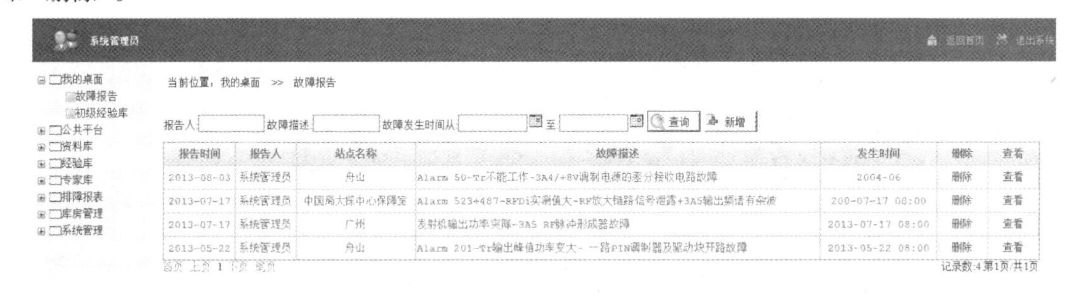

图 4-20 我的桌面/故障报告

（1）故障报告

"故障报告"具有"删除"和"查询"功能，便于编辑故障报告和提交故障报告。可以利用关键词：报告人、故障描述和故障发生时间段并结合主窗口进行"故障报告"查询。

（2）新增故障报告

在"故障报告"这一页，点击"新增"，出现新增故障报告窗口，如图 4-21 所示。

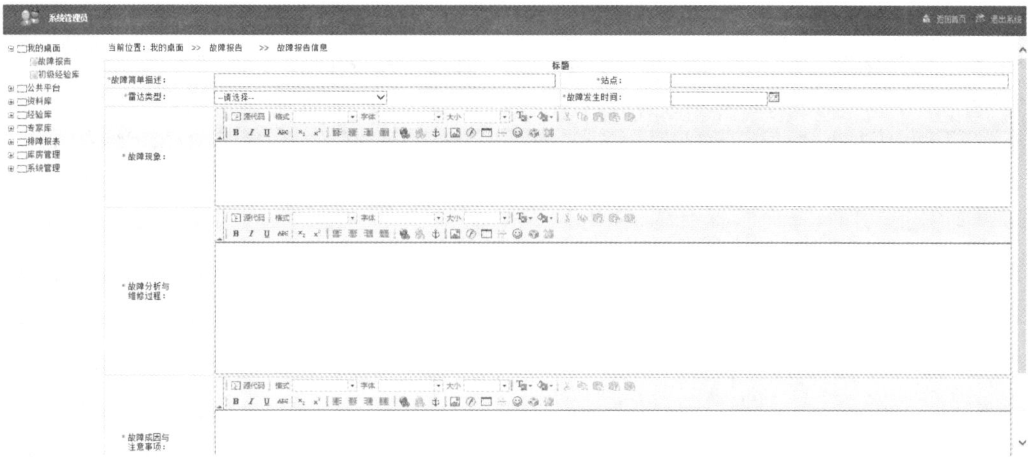

图 4-21　新增故障报告

将“故障简单描述”(报警信息—故障现象—故障原因),故障发生的“站点”,“雷达类型”(可选的)和“故障发生时间”(可选的)填入故障报告的表头中;再将故障报告的内容:“故障现象”,“故障分析与维修过程”,“故障成因与注意事项”分别填入表格各自的方框内。要求排除 CINRAD 故障的台站机务员按照规范化维修的理念和实施方法填写故障内容。需提供充分必要的故障信息,重视源发性的报警信息和明显的物理现象;进行逻辑严谨的故障分析,根据测试维修数据库结合必要的测试和规范化的维修流程,定位故障部件,形成最佳的排障路径和严谨的排障后 CINRAD 有关系统的测试调整;找出故障根源,减少同类台站再犯类似故障,将排障经验共享,共同提高维修水平;给出作者姓名和单位。最后,根据故障报告完成情况,分别选择“保存”、“返回”或“提交到初级经验库”。

4.3.3.2　*初级经验库*

初级经验库是本区域本电子设备故障报告的汇总(图 4-22)。故障报告及时地提交到初级经验库后,自动地将故障报告中的:故障描述、站点名称、雷达类型、添加时间、添加人和两项功能等列于初级经验库的表头,而将故障内容的三个方面:故障现象、故障分析和维修过程、故障成因分析和注意事项等主要内容自动进入初级经验库同一个方框内,具有“查看”或被系统管理员“删除”功能,经过区域级数据库管理员整理、优化、审核后可以提交到“高级经验库”中。初级经验库可以促使基层电子工程师自觉地仿照规范化的排障思路,可以培养区域级电子工程师熟练地运用规范化维修的方法,进而有效快捷地提升参与这个工作的电子工程师们的排障水平。

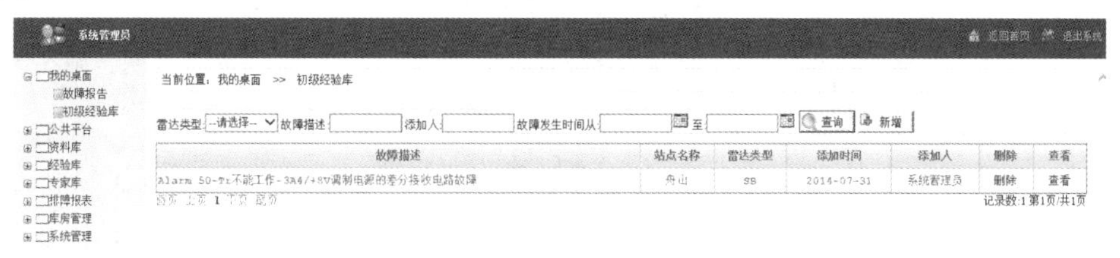

图 4-22　初级经验库

如图 4-23 所示，对初级经验库中的排障内容可根据“格式”、“字体”和“大小”对内容进行编排，最后根据初级经验库的完成情况，决定是否“保存”或“返回”。

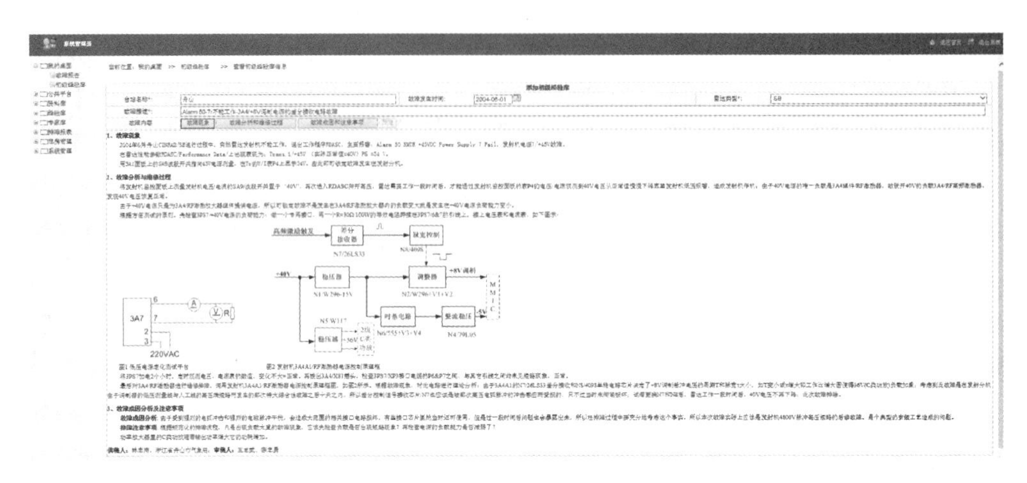

图 4-23　初级经验库的形式

4.3.4　公共平台

公共平台是 CINRAD 系统管理员、特聘雷达专家与广大基层台站、省级 CINRAD 机务员之间进行沟通的平台。公共平台包括三个内容：意见反馈、反馈管理、资料下载。

4.3.4.1　意见反馈

开辟一个专门区域，反映大型电子设备的用户对案例专家库和分级资料库等内容的看法和改进意见，供该大型电子设备技术保障的专家团队参考采纳。如图 4-24 所示。

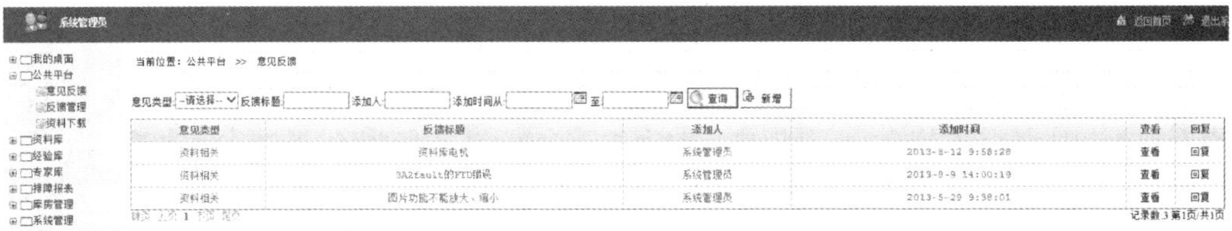

意见类型	反馈标题	添加人	添加时间	查看	回复
资料相关	资料库电机	系统管理员	2013-8-12 9:58:28	查看	回复
资料相关	3A2fault的FTD错误	系统管理员	2013-8-9 14:00:19	查看	回复
资料相关	图片功能不能放大、缩小	系统管理员	2013-5-29 9:38:01	查看	回复

记录数 3 第1页/共1页

图 4-24　公共平台/意见反馈

在“意见反馈”的“意见类型”里有 5 项选择，如图 4-25 所示。

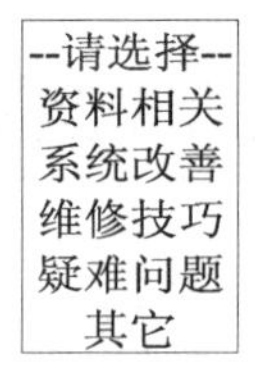

图 4-25　“意见类型”的 5 项选择

反馈标题必须简单明确，便于查阅。

4.3.4.2 反馈管理

“反馈管理”是由系统管理员综合该大型电子设备技术保障专家团队的意见对某类“意见反馈”给出回复内容或处理意见。如图 4-26 所示。

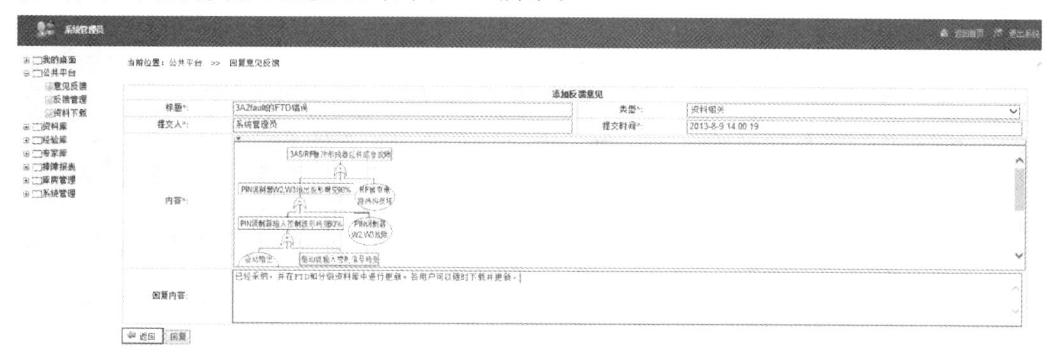

图 4-26 公共平台/反馈管理

4.3.4.3 资料下载

如图 4-27 所示，由系统管理员根据需要定时地对在线的测试维修数据库内的资料进行更新，通过网络由用户自己决定下载和更新。“公共平台/资料下载”中有三个链接，可以下载“资料库文件更新包”、“FlashforIE 软件”，“FoxitReader 软件”中的不同的内容，对不同类型的文件采用不同的链接下载，是为了提高资料下载的效率。最常用的是“资料库文件更新包”，目前只能对整个离线数据库(整个“分级资料库＋经典案例库＋FTD”的数据包)进行更新，不能针对单个 PDF 文件或 word 文件进行更新。在确定下载之前，必须先对“系统管理/数据文件管理”中无用资料进行清理然后再对在线数据库中整个“分级资料库＋经典案例库＋FTD”的资料库进行更新和发布，详细见“系统管理/数据文件管理”。

图 4-27 公共平台/资料下载

4.3.5 资料库

资料库包括两个方面内容：资料库管理、资料库查询。

4.3.5.1 资料库管理

以系统管理员的身份才能对分级资料库中的内容进行管理，具有预览、删除、修改和下载功能，还可以直接添加等项权限。如图 4-28 所示。

如图 4-29 所示，分级资料库中的内容查询和离线分级资料库的内容查询完全一致，详细请参考：4.2.4 分级资料库的查询。分级资料库的新内容先是在分级“资料库管理”中出现，再出现在分级“资料库查询”中，以备用户通过网络查询和下载。

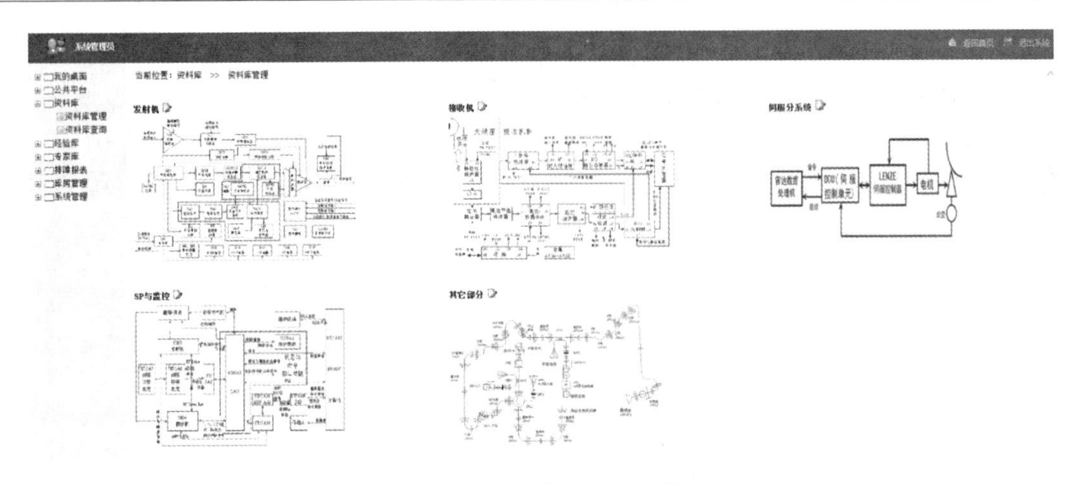

图 4-28　分级资料库的管理

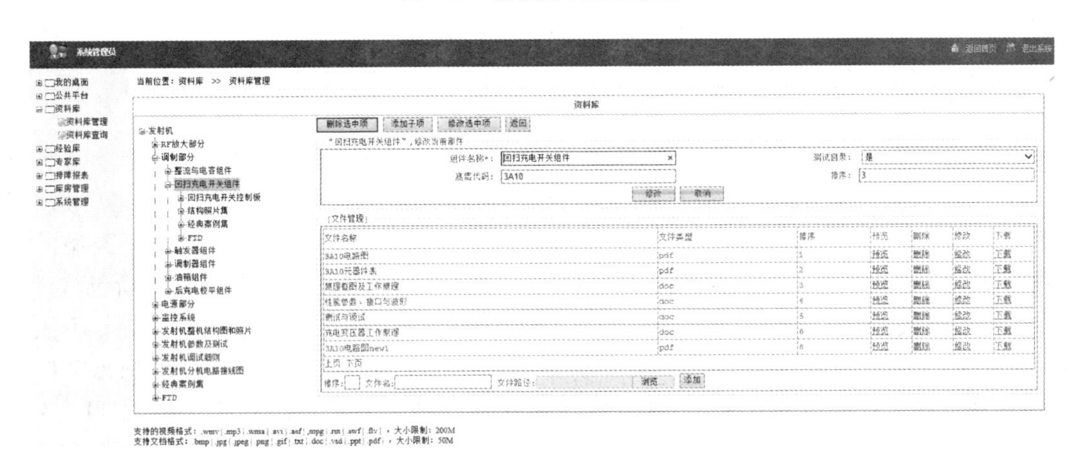

图 4-29　分级资料库的内容

4.3.5.2　资料库查询

在线的资料库查询如离线分级资料库的查询。与资料库管理不一样，资料库查询只可以对分级资料库中的内容进行预览和下载。详细请参考：4.2.4 分级资料库的查询。

4.3.6　经验库

经验库包括 4 方面的内容：初级经验库、高级经验库、审核初级库、查询。

4.3.6.1　初级经验库

初级经验库形式已在“4.3.3 我的桌面”中有详细的介绍。

4.3.6.2　高级经验库

初级经验库中的每个案例需经过区域级设备技术保障电子工程师按照规范化维修的理念和方法进行整理、修改和审核，决定是否提交到高级经验库或要求作者修改甚至退稿。初级经验库案例是高级经验库案例的主要来源。

两级经验库和专家库的建立流程如图 4-30 所示。

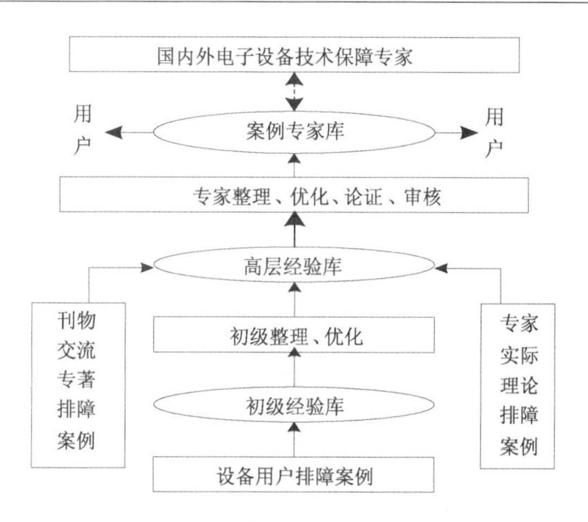

图 4-30　两级经验库和案例专家库的建立流程

高级经验库由以下几方面组成：

(1)各个初级经验库上传的排障案例资料的集合；

(2)技术刊物、学术会议和技术专著中所发表的该大型电子设备维修排障论文的汇总；

(3)该电子设备生产部门的设计、维修人员和用户的电子设备技术保障专家们的维修排障案例集合和推演出来的大型电子设备仿真模拟维修排障案例的组合。

4.3.6.3　审核初级经验库

如图 4-31 所示，审核初级经验库是由系统管理员根据区域级电子设备技术保障专家的审核填写评审意见，由此选择：录用(提交到高级经验库)、修改(修改后再审核)和退回。

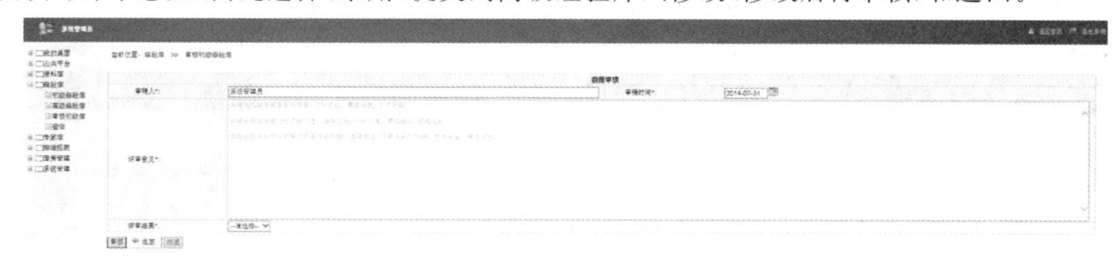

图 4-31　审核初级经验库

窗口的最底下有三个按钮："审核"为提交到高级经验库，"返回"为不做修改返回到前一页，"浏览"为以紧凑形式查看这个经验库的资料。

4.3.6.4　查询

如图 4-32 所示，在这个目录里，只能进行查询经验库的资料，不仅查询初级经验库而且查询高级经验库，用库级别来区别：0 为高级经验库，1 为初级经验库。

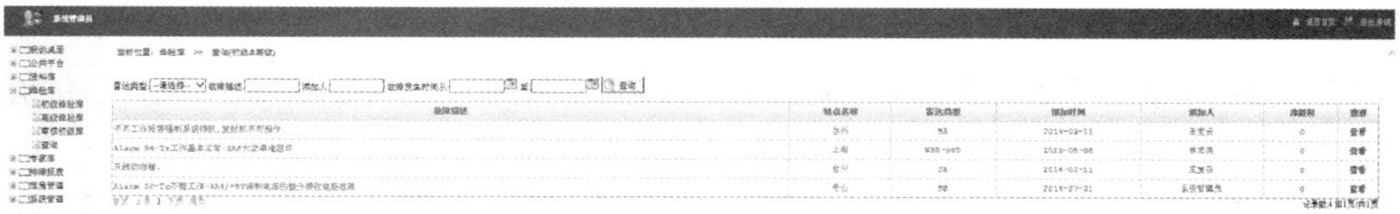

图 4-32　查询经验库

4.3.7　专家库

以系统管理员身份进入的专家库包括：审核高级库、经典案例库管理、FTD 管理、经典案例库查询、FTD 查询；而以一般用户身份进入只包括：经典案例库查询、FTD 查询。

4.3.7.1　审核高级经验库

由于在高级经验库中的排障案例和相关书籍、刊物、年会交流等已发表的批量装备的大型电子设备技术保障的相关论文存在许多不足，所以，案例专家库不能是该大型电子设备的高级经验库的案例和已发表的维修排障论文的简单汇总。案例专家库的每份入库资料需要该大型电子设备技术保障专家组按照规范化维修的理念和实施方法对设备的高级经验库中每个案例和排障论文再进行整理、优化、论证和审核、通过后才能入库。

审核高级经验库和“审核初级经验库”的思路和方法及过程完全一样，但是，是由不同层次的专家团队完成审核。

4.3.7.2　经典案例库管理

经典案例(专家)库集该大型电子设备的设计、(生产、安装)调试、专业维修人员和用户的维修排障理论、技术和经验于一体；经典案例库引导大型电子设备的电子工程师们进行规范化地维修排障；经典案例库是该设备用户的学习资料，能够作为排除该大型电子设备对应故障的参考路径，也指明了该大型电子设备技术改进和科研开发的方向。

经典案例库中的经典案例按照关键词的顺序排列在经典案例库中(图 4-33)，可以按照故障描述中的关键词进行搜索查询，经典案例也分别出现在发生故障组件的各级分级资料库中。

如图 4-33 所示，在经典案例库的管理中，除了能够“查看”经典案例外，还能够“新增”经典案例，“删除”已经无用的案例，“排序”经典案例的顺序，即对经典案例库的资料进行管理。

系统管理员　返回首页　退出系统

我的桌面
公共平台
资料库
经验库
专家库
审核高级库
经典案例库管理
FTD管理
经典案例库查询
FTD查询
排障报表
库房管理
系统管理

当前位置：专家库 >> 经典案例库管理

雷达类型 --请选择--　故障描述　添加人　故障发生时间从　至　排序 按自定义升序　查询　新增

故障描述	站点名称	雷达类型	添加时间	添加人	排序	删除	查看
UD3使用注意事项	台站	SA	2013-08-12	系统管理员	1010	删除	查看
无报警-Tr输出功率突降-3A5 RF脉冲形成器故障	广州	SA	2013-07-17	系统管理员	1020	删除	查看
Tr多种报警-Tr不能工作，调制器内有焦味-3A12充电电压取样的高压端短路放电	舟山	SB	2013-08-11	系统管理员	1030	删除	查看
Tr众多报警-无人工线电压，3A12有打火声-3A12的R3上高压对地短路	中国局大探中心	SA	2013-08-11	系统管理员	1032	删除	查看
开机时--3PS1内部出现电弧-3PS1A1震荡部分过流	温州	SA	2013-08-11	系统管理员	1050	删除	查看
关机时--3PS3保险丝熔断气化爆炸--3PS3电源输入短路	温州	SA	2013-08-12	系统管理员	1052	删除	查看
Alarm 48+49偶尔报警-Tr偶尔退出RDASC-3PS4和3PS6负载偶尔短路打火	舟山	SB	2013-08-12	系统管理员	1100	删除	查看
Alarm 50-Tr不能工作-3A4/+8V调制电源差分接收电路故障	舟山	SB	2013-05-22	系统管理员	1102	删除	查看
Alarm 58-Tr不能工作-3A6电弧反射保护电路故障	广州	SA	2013-08-12	系统管理员	1105	删除	查看
Alarm 58-Tr不能工作-3A6电弧反射保护组件故障	上海	WSR-88D	2013-08-12	系统管理员	1106	删除	查看

首页 上页 1 2 3 4 5 6 7 下页 尾页　　记录数:68 第1页/共7页

图 4-33　经典案例库的管理

4.3.7.3　FTD 的管理

FTD 指出了某个电子设备这种故障现象所对应的、所有可能的故障集合，结合常规的电子设备维修技巧和排障经验，使用 FTD 可以大大降低大型电子设备的维修难度，减少二次故障的发生概率，提高维修效率，所以，大型电子设备的技术保障专家团队有必要花大力气制作 FTD，逐步完善 CINRAD 各种故障现象的 FTD。

制作 CINRAD 的每一份 FTD 需要掌握对应设备的原理框图和电路图，还可以参考 WSR－88D 的排障路径图以及 2 级经验库和经典案例库的排障资料。

如图 4-34 所示，在 FTD 的管理中，除了能够“查看”或“预览”FTD 外，还能够“新增”FTD，“删除”已经无用的 FTD，“下载”FTD 的内容，即对 FTD 的资料进行管理。

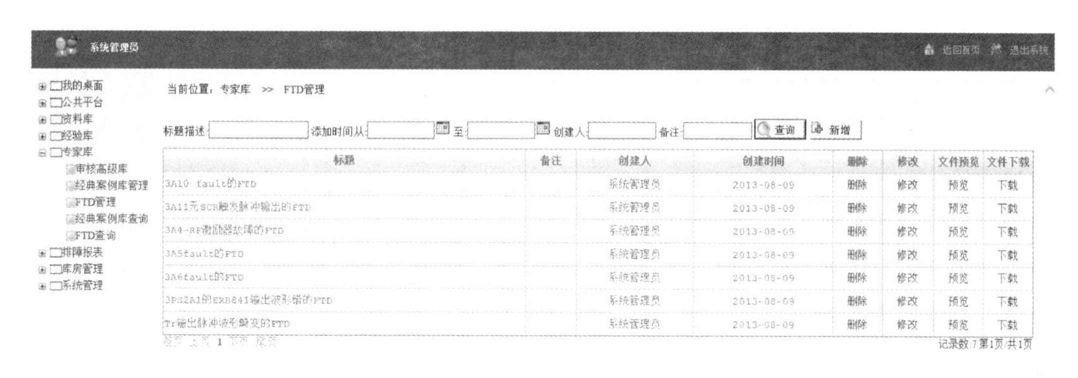

图 4-34　FTD 的管理

4.3.7.4　经典案例库的查询

经典案例库的查询在形式上类似于上述的“4.3.7.2 经典案例库的管理”，但是只有“查询”或“查看”以及“排序”功能。不过，基层台站就是在网上通过“查询”经典案例库新的经典案例来决定是否下载，然后更新离线查询系统的整个经典案例库＋分级资料库＋FTD 中所有的资料文件。

4.3.7.5　FTD 的查询

FTD 的查询在形式上类似于上述的“4.3.7.3 FTD 库的管理”，但是只有“查询”或“预览”以及“下载”功能。不过，基层台站就是在网上通过“查询”FTD 新的案例来决定是否下载，然后更新离线查询系统的整个经典案例库＋分级资料库＋FTD 中所有的资料文件。

4.3.8　排障报表

以系统管理员的身份进入“排障报表”包括两个功能：报表管理、报表查询；而一般用户进入只有“报表查询”功能。

4.3.8.1　报表管理

如图 4-35 所示，报表管理具有“删除”和“查看”和“新增”功能。

图 4-35　报表管理

4.3.8.2 报表查询

报表查询的形式类似于“4.3.8.1 报表管理”，但是只具有“查看”功能。同样的，填写或修改报表利用导出数据为 Excel 格式，如图 4-36 所示。

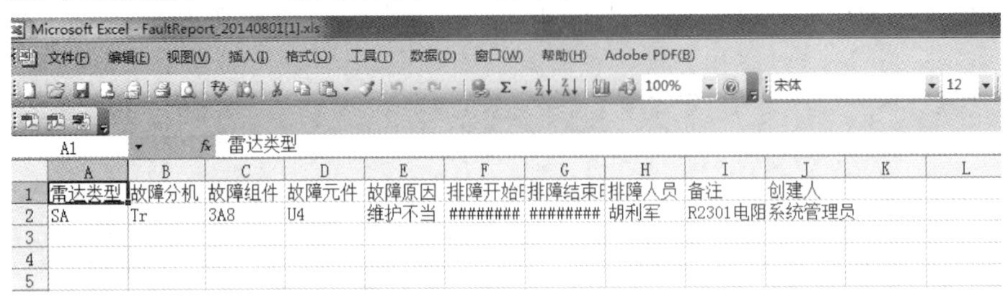

图 4-36 导出数据的格式

4.3.9 库房管理

以库房管理员的身份进入“库房管理”，具有：货品管理、入库列表、出库列表、库存查询等内容的“查询”和“添加”功能；以一般用户的身份进入只具有：库存查询。这是仓库管理的一般通用软件。

4.3.9.1 货品管理

如图 4-37 所示，“货品管理”不仅具有“查询”、“添加”和“删除”、“编辑”功能，也可以利用“导出数据”进行修改。

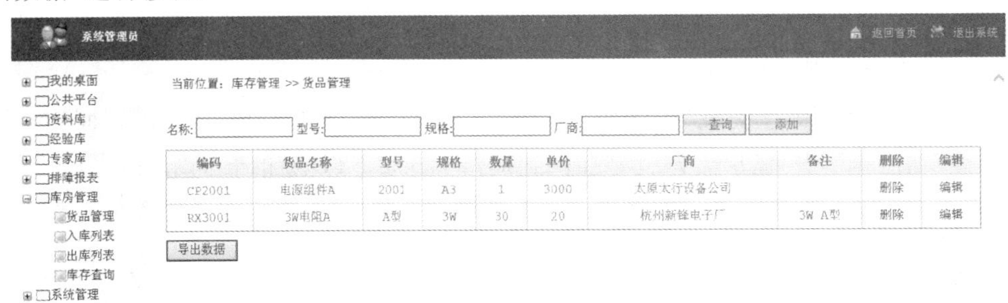

图 4-37 货品管理的格式

4.3.9.2 入库列表

如图 4-38 所示，“入库列表”不仅具有：“查询”、“入库”功能，还有“删除”和“查看”功能。

图 4-38 入库列表的格式

如图 4-39 所示，入库单信息包括：进入库房的元器件或备用组件的型号、数量、厂家、和入库时间等详细信息。

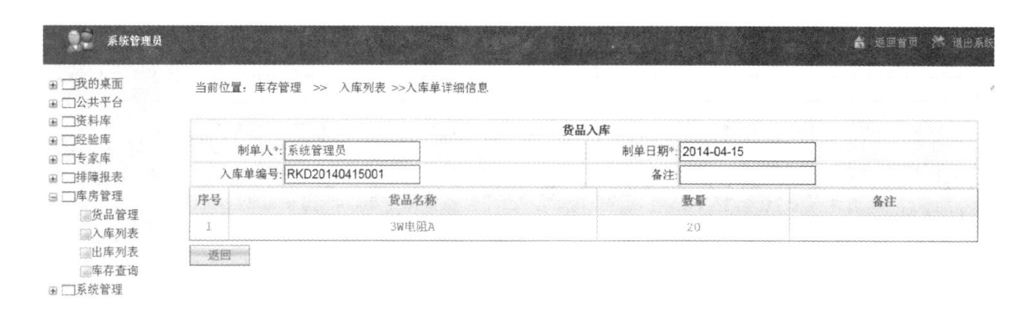

图 4-39　入库单的信息

4.3.9.3　出库列表

出库列表如图 4-40 所示。

图 4-40　出库列表的格式

4.3.9.4　库存查询

如图 4-41 所示，“库存查询”可以提供给本区域该型电子设备所有的用户，供他们查询。可以利用“名称”、“型号”、“规格”和“厂商”等关键词，进行搜索查询。

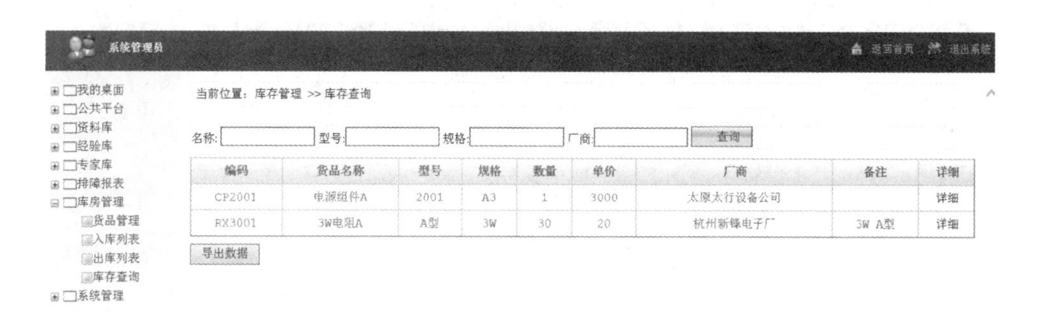

图 4-41　库存查询的格式

如图 4-42 所示，“库存查询”不仅有“查询”功能，还可“详细”查询所选元器件或组件的详细信息。

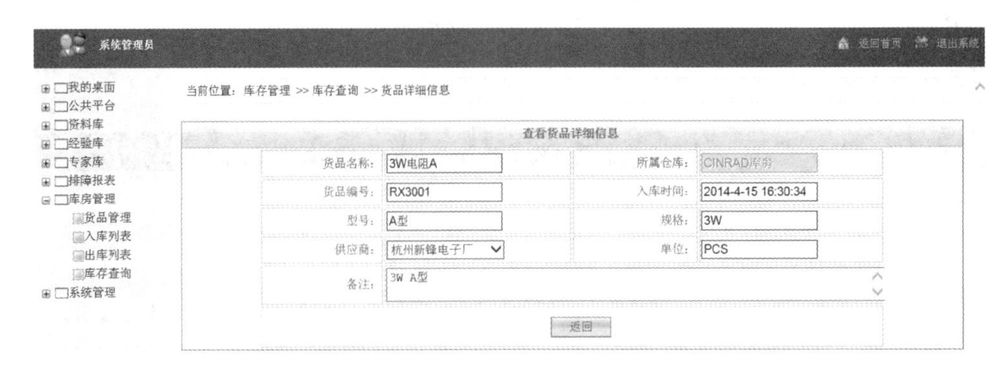

图 4-42　查看货品的详细信息

4.3.10　系统管理

以系统管理员的身份进入“系统管理”具有：用户管理、角色管理、站点管理、系统参数、日志管理、密码修改、数据备份、数据文件管理等项功能。

4.3.10.1　用户管理

如图 4-43 所示，“用户管理”就是允许进入本测试维修数据库的所有人员的基本信息资料。系统管理员可以进行“编辑”，还可“查询”和“新增”。

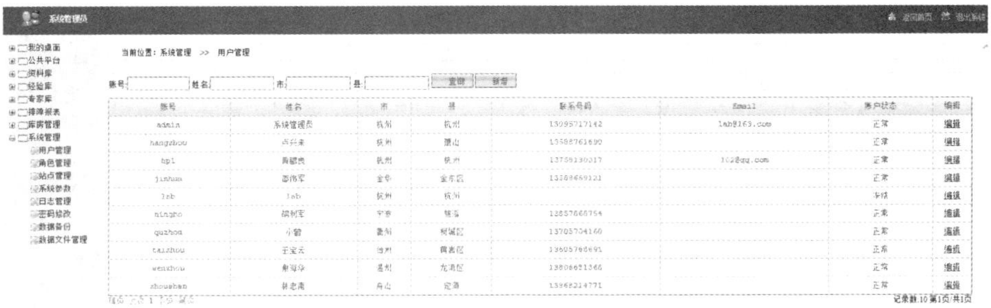

图 4-43　用户管理的格式

通过“编辑”可进入“用户信息修改”，如图 4-44 所示。

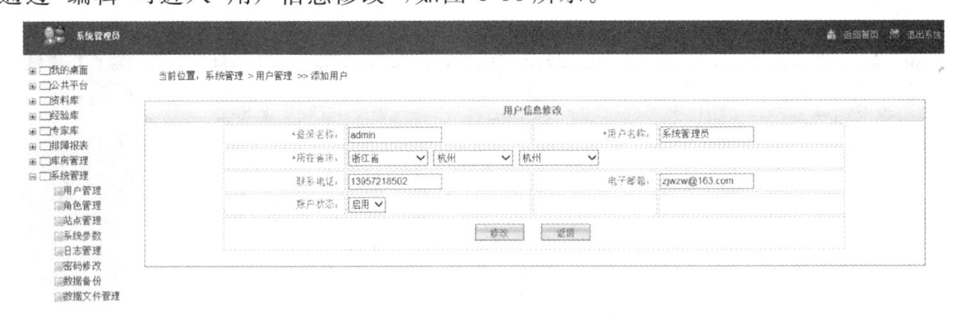

图 4-44　用户信息修改

4.3.10.2　角色管理

如图 4-45 所示，“角色管理”中的角色包括：初级经验库的审核、高级经验库的审核、系统管理员、普通人员和仓库管理员。

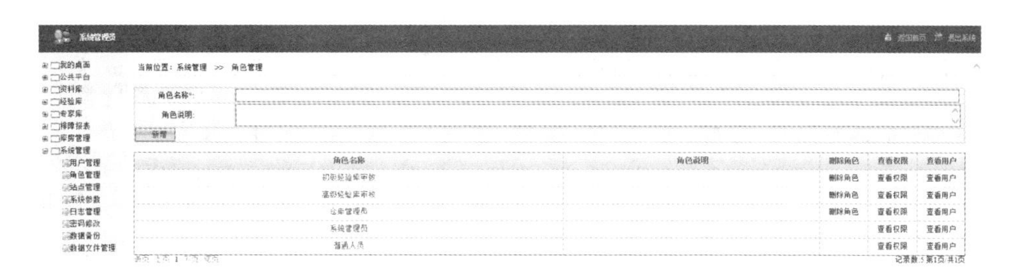

图4-45　角色管理的格式

不同的角色被赋予不同的权限、允许对数据库进行不同的操作。系统管理员几乎具有测试维修数据库的所有权利，如图4-46所示。

图4-46　角色权限的查询

4.3.10.3　站点管理

站点管理的格式如图4-47所示。点开“编辑”后如图4-48所示。

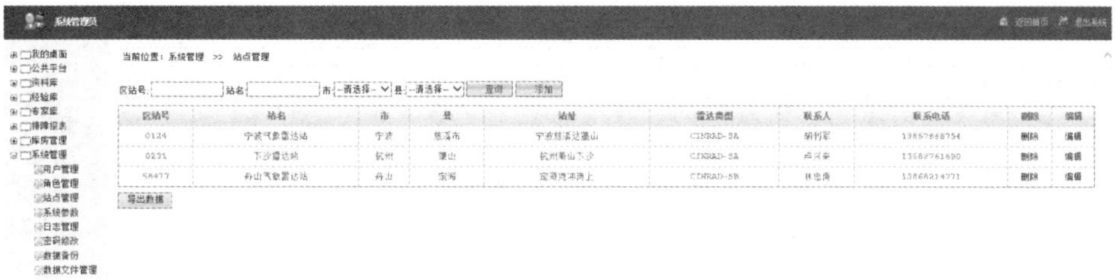

图4-47　站点管理的格式

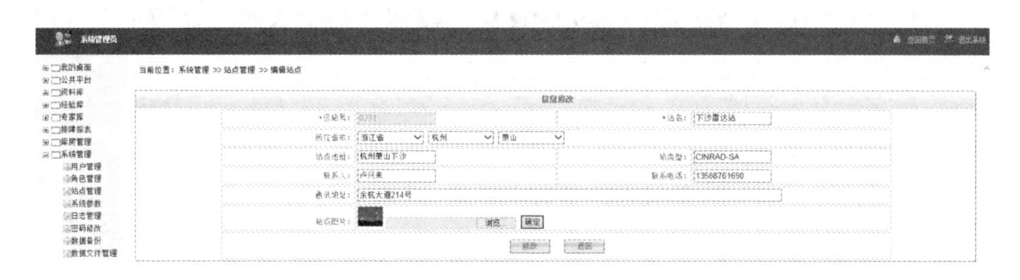

图4-48　站点编辑

4.3.10.4　系统参数

系统参数界面如图4-49所示。

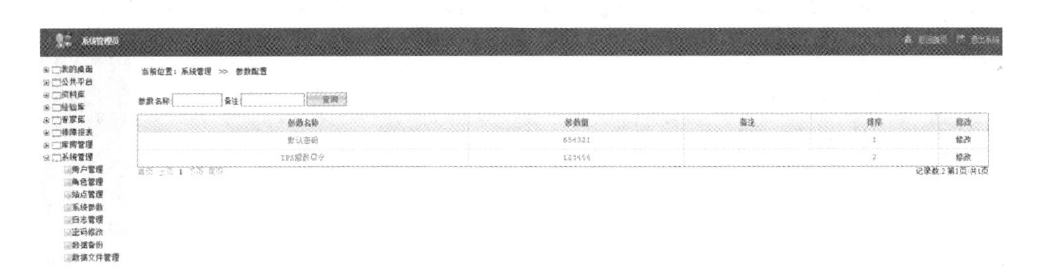

图 4-49　系统参数

4.3.10.5　日志管理

如图 4-50 所示，每次进入测试维修数据库，就在“日志管理”中自动记录，记录内容包括：姓名、地区、IP 地址、操作类型、操作对象、操作内容和操作时间，以备系统管理员查询。

系统管理员　　返回首页　退出系统

当前位置：系统管理 >> 日志管理

年份 2014 日期 至 姓名 地区 IP
操作类型 操作对象 操作内容 查询

姓名	地区	IP	操作类型	操作对象	操作内容	操作时间
系统管理员	杭州	122.224.128.146	查看	系统管理	查询日志	2014-08-03 17:07:06
系统管理员	杭州	122.224.128.146	编辑	系统参数	编辑系统参数	2014-08-03 16:52:41
系统管理员	杭州	122.224.128.146	修改	系统密码	修改登录密码	2014-08-03 16:52:27
系统管理员	杭州	122.224.128.146	查看	系统管理	查询日志	2014-08-03 16:51:56
系统管理员	杭州	122.224.128.146	编辑	系统参数	编辑系统参数	2014-08-03 16:49:50
系统管理员	杭州	122.224.128.146	编辑	站点管理	编辑站点信息	2014-08-03 16:42:33
系统管理员	杭州	122.224.128.146	编辑	站点管理	编辑站点信息	2014-08-03 16:16:46
系统管理员	杭州	122.224.128.146	查看	站点管理	站点信息	2014-08-03 16:16:34
系统管理员	杭州	122.224.128.146	编辑	系统角色-权限	编辑系统角色权限	2014-08-03 16:07:15
系统管理员	杭州	122.224.128.146	view	角色管理	查看页面	2014-08-03 16:07:01
系统管理员	杭州	122.224.128.146	编辑	系统角色-用户	编辑系统角色用户	2014-08-03 16:07:01
系统管理员	杭州	122.224.128.146	编辑	系统角色-用户	编辑系统角色用户	2014-08-03 16:06:50
系统管理员	杭州	122.224.128.146	view	角色管理	查看页面	2014-08-03 16:03:20
系统管理员	杭州	122.224.128.146	编辑	系统角色-用户	编辑系统角色用户	2014-08-03 16:03:20
系统管理员	杭州	122.224.128.146	delete	角色	删除角色用户：角色：系统管理员，用户账号：11	2014-08-03 16:03:04

首页 上页 1 2 3 4 5 6 7 8 9 10 .. 下页 尾页 1 go　　记录数:1294 第1页/共87页

图 4-50　日志管理的格式

4.3.10.6　密码修改

密码修改界面如图 4-51 所示。

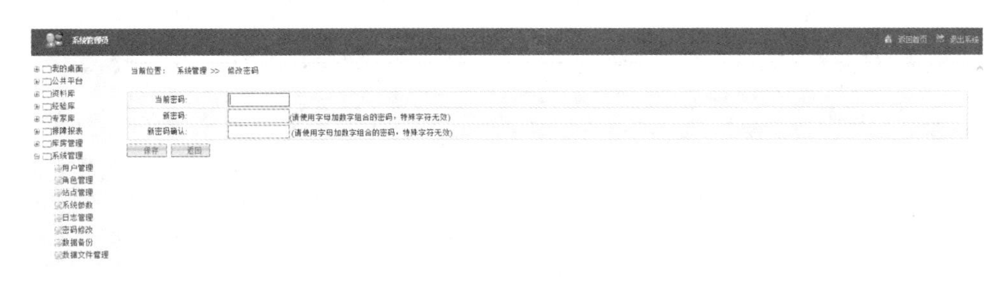

图 4-51　密码修改的格式

4.3.10.7　数据备份

数据备份是在对测试维修数据库进行操作后，对数据库进行备份，需按照提示操作。如图 4-52 所示。

系统管理员　　返回首页　退出系统

我的桌面 / 公共平台 / 资料库 / 经验库 / 专家库 / 排障报表 / 库房管理 / 系统管理：用户管理、角色管理、站点管理、系统参数、日志管理、密码修改、数据备份、数据文件管理

当前位置：系统管理 >> 数据库备份、还原

文件名　备份日期从　至　备注　查询

原因　备份数据

备份时间	文件名	备注	备份人	操作
2014-8-3 17:26:00	CINRAD_backup_20140803172636.bak	日常备份	系统管理员	还原
2013-10-16 14:45:00	CINRAD_backup_20131016144536.bak	日常备份	系统管理员	还原
2013-10-11 18:01:00	CINRAD_backup_20131011180159.bak	日常备份	系统管理员	还原
2013-10-11 16:22:00	CINRAD_backup_20131011162229.bak	日常备份	系统管理员	还原
2013-10-11 16:19:00	CINRAD_backup_20131011161919.bak	ASD	系统管理员	还原
2013-10-4 16:24:00	CINRAD_backup_20131004162430.bak	日常备份	系统管理员	还原
2013-10-4 12:53:00	CINRAD_backup_20131004125357.bak	日常备份	系统管理员	还原
2013-10-3 16:14:00	CINRAD_backup_20131003161448.bak	日常备份	系统管理员	还原
2013-9-26 16:41:00	CINRAD_backup_20130926164106.bak	日常备份	系统管理员	还原
2013-9-23 15:35:00	CINRAD_backup_20130923153526.bak	日常备份	系统管理员	还原
2013-9-14 13:37:00	CINRAD_backup_20130914133706.bak	日常备份	系统管理员	还原
2013-8-31 21:00:00	CINRAD_backup_20130831210041.bak	日常备份	系统管理员	还原
2013-8-28 18:00:00	CINRAD_backup_20130828180048.bak	日常备份	系统管理员	还原
2013-8-27 9:10:00	CINRAD_backup_20130827091010.bak	日常备份	系统管理员	还原
2013-8-26 9:07:00	CINRAD_backup_20130826090748.bak	日常备份	系统管理员	还原

首页 上页 1 2 下页 尾页　　记录数 30 第1页/共2页

数据还原功能可以将系统恢复到特定的日期，该功能请谨慎使用！

图 4-52　数据备份的格式

这里，还有数据还原功能，能恢复到特定的日期，但需谨慎使用。

4.3.10.8　数据文件管理

“系统管理/数据文件管理”主要指的是数据库中冗余文件或过时文件的清理与更新发布，这些都是准备生成“资料库更新包”(图 4-53)。资料库更新包不仅对在线数据库中的“分级资料库＋经典案例库＋FTD”进行更新生成新的文件包，而且为离线数据库使用者决定要下载的更新文件包。操作过程：“系统管理/数据文件管理”中的系统冗余文件包含资料库无效文件，数据库运行过程中产生大量的日志等进行清理，填写清理原因(如 clear)，“确认清理”后，等待“系统冗余文件成功清理”的提示出现后；再对整个分级资料库＋经典案例库＋FTD 的资料库文件包进行更新，填写原因(如 publish)，“确认发布”后，等待“资料数据库发布成功”；然后离线数据库使用者上网从“公共平台/资料下载”处下载到指定、方便的目录，离线数据库用户再对离线数据库中的“分级资料库＋经典案例库＋FTD”进行整体更新。

图 4-53　数据文件管理

4.4　CINRAD 测试维修数据库的使用管理

CINRAD 测试维修数据库只要按照一般数据库管理系统的要求去做，并做好网络防护工作就能很好地运行、管理数据库。

（1）区域/省级 CINRAD 设备技术保障人员定期地对 CINRAD 初级经验库的内容进行整理，修改并决定是否上传到高级经验库中；

（2）国家级 CINRAD 设备技术保障专家定期地对 CINRAD 高级经验库内容进行整理、论证、修改、审核是否进入经典案例库；

（3）国家级 CINRAD 测试维修数据库管理员定期在测试维修数据库服务器中更新测试维修数据库的内容，使得用户可下载最新的 CINRAD/SA&SB 的分级资料库＋案例专家库＋FTD 并进行自我更新。

（4）基层台站和省级的 CINRAD 设备技术保障人员，不仅可通过数据库向初级经验库，高级经验库传递 CINRAD 维修排障的经验，还可以对 CINRAD 测试维修数据库的内容提出不同意见，或将 CINRAD 的疑难故障放在数据库的公共平台上以求助全国雷达机务员群策群力攻关解决。

（5）CINRAD 脱机测试维修平台的工作人员必须严格按照分级资料库中的“测试、调试”和“性能参数、接口和时序波形”内容输入参数、验证，再进行脱机测试维修。

（6）CINRAD/SA&SB 测试维修数据库需要不断地修正，充实其内容。这些需要有上级支持、经费投入、专家主持，持久地花大力气去做，才能做得令人满意。

第 5 章　平台对故障组件的脱机测试维修

在 CINRAD/SA&SB 所有被测组件中，3A10/回扫充电开关组件的通用接口和专用接口的信号种类多，调试内容多，特别是专用接口中的负载组合设计尤其复杂，所以本章将以 3A10/回扫充电开关组件测试、维修和调试的全过程为例来说明故障组件的脱机测试维修。

5.1　3A10/回扫充电开关组件资料库中的资料

要想在平台上熟练地脱机测试维修和调试 CINRAD/SA&SB－3A10/回扫充电开关组件，应该明白 3A10/回扫充电开关组件的原理框图与工作原理，了解性能参数与接口波形，掌握测试与调试的方法。这些资料均可查询 CINRAD 测试维修数据库中的分级资料库。

5.1.1　原理图与工作原理

5.1.1.1　原理图

如图 5-1 所示，回扫充电开关组件 3A10 与充电变压器 T1 组成回扫充电电路，将＋510V 直流电源经过控制开关（V1＋V2）送至充电变压器 T1 的初级；T1 转换后变成直流脉冲，给调制组件 3A12 中的人工线 PFN 的 C 充电；并对脉冲信号（电压与电流）进行采样监测，将相关的故障监测信号送至 3A10A1 控制板。

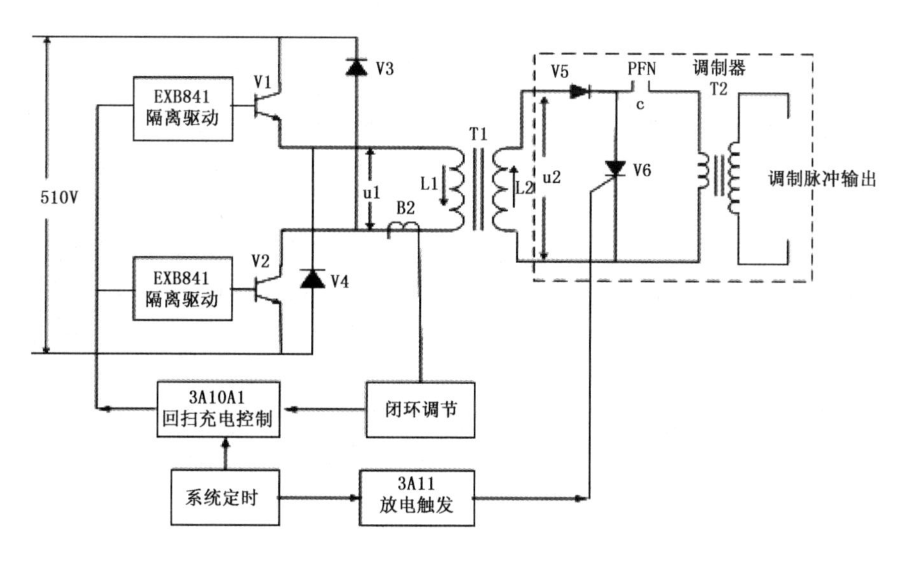

图 5-1　回扫充电开关组件原理图

5.1.1.2 工作原理

CINRAD/S调制器采用回扫充电开关电路，是一种控制电感储能的并联电感充电形式，其作用原理是：当电感上充电电流达到预定值时，突然阻断对电感的储能，按照能量守恒原理，储存于电感中的磁能便产生一反电动势通过隔离二极管V5向人工线PFN的C充电，即通过精确控制电感中的储能电流，完成对人工线充电电压的精确控制。

在回扫充电开关组件3A10的电原理图中的图号是：AL2.849.024DL。

在图5-1中，V1和V2是IGBT的充电开关管；V3、V4是回授二极管；T1是充电变压器（3A7T2），L1是初级励磁电感，L2是次级电感；电流传感器B2对赋能电流取样，供监测充电故障之用；并联在V1和V2两侧的R1、C1及R2、C2分别串接成吸收网络，吸收暂态能量；V5、V6、T2、PFN(C)分别为3A12/调制器中的充电二极管、放电开关管、脉冲变压器、人工线（内部等效为电容）。

回扫充电电路的充电过程可分为两个阶段：储能阶段与充电阶段。[彩]图5-2是与图5-1对应的回扫充电波形图。

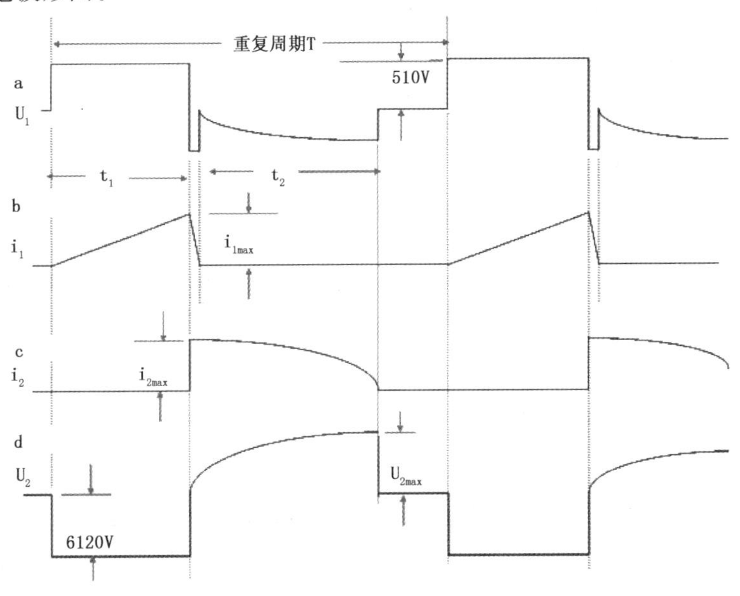

图5-2 回扫充电波形图

[彩]图5-2中，第一阶段（t_1期间）是给回扫充电变压器T1的电感储能。该阶段起始于控制脉冲的到来，结束于控制脉冲的终止。回扫充电开关V1和V2在控制脉冲的激励下导通，此时直流电源510V＋通过回扫充电开关V1，充电变压器T1的L_1和回扫充电开关V2到510V－构成储能回路。

选择T1同名端，使得储能期间调制器的充电隔离二极管V5处于反偏状态，由于充电变压器T1工作于线性状态，其初级电流i_1为线性增长，呈锯齿波状，能量储存在回扫充电变压器T1中，其能量E_1的大小为

$$E_1 = L_1 i_1^2 / 2 \tag{5-1}$$

第二阶段是能量E_1给人工线PFN的C充电。该阶段起始于控制脉冲的终止时刻为t_1终点（V1＋V2的截止），终止于L_1的储能被完全转变为人工线的C储能的时刻为t_2终点。

在激励脉冲结束的瞬间，即 t_1 终点，i_1 达到最大值（$i_{1\max}$），V1 和 V2 被截止，使得 i_1 突然减小（迅速减小到零），T1 初级的励磁电感 L_1 为阻止这一电流的突变，立即在初级电感 L_1 中产生一反电动势，该反电动势使得 T1 的次级电压马上反向导致调制器的 V5 正向导通，储存在 T1 初级励磁电感 L_1 中的能量通过由 T1 的 L_2，调制器 V5 和脉冲变压器 T2 的初级线圈组成的回路向人工线 PFN 的 C 充电，变压器次级电流 i_2 由零跃升为 $i_{2\max}$，随着 PFN 的 C 充电过程，$i_{2\max}$逐渐减小，并趋于零，PFN 的 C 充电结束。其中 $i_{2\max}=i_{1\max}/n$，n 是充电变压器 T1 次级对初级的升压比。在 t_2 时期，充电变压器 T1 的 L_2 与调制器中的人工线 PFN 的 C 构成串联谐振回路（有损耗），在 t_2 终点，i_2 下降为零，而人工线充电电压上升至 $U_{2\max}$，此时 L_1 中的能量完全转移到人工线，人工线上的能量为

$$E_2 = CU_{2\max}^2/2, E_1 = E_2 + \Delta E(\text{损耗}) \tag{5-2}$$

需要注意的是，在窄脉冲和宽脉冲两种不同脉冲时，PFN 的 C 上最大充电电压基本保持不变（约 4800V），但最大充电电流不同，这是依赖于向充电变压器的 L_1 上充电时间不同（最大充电电流不同）与人工线上的电容量 C 不同所造成的。

然后，在 t_2 终点的放电触发控制下 V6 导通，调制器 PFN 的 C 上电能向脉冲变压器 T2 放电，放电时间极短 $\tau=2.6\mu s$（窄脉冲）/$6.5\mu s$（宽脉冲），再经过 $t\approx T-t_1-t_2-\tau$ 时间的等待后，完成了调制部分的整个充放电周期。准备下次向 T1 充电储能。

由于充电过程在时间上分为两阶段，即在 V1 和 V2 导通，L_1 充电储能阶段，调制器的放电开关 V6 处于阻断状态。当人工线 PFN 的 C 已充满电，且 V6 受放电触发导通时，V1 和 V2 早已处于截止状态，同时又由于回扫充电变压器 T1 的 L_1 和 L_2 是直流隔离开的两个回路，因此采用回扫充电方式不存在充电开关和放电开关同时导通的“连通”现象，这对提高线性脉冲调制器的工作稳定性和使线性脉冲调制器具有抗正失配能力，以及展宽线性脉冲调制器的失配工作范围等都十分有利。

事实上，由于存在漏感，在 t_1 终点，电流 i_1 的下降有个过程，在这段时间里，漏感中的储能通过回授二极管 V3、V4 返回 510V 直流电源，称之为回授电流。调制器中的充电二极管 V5 阻止人工线 PFN 的 C 通过充电变压器 T1 次级绕组 L_2 放电。在 t_1 期间，电流 i_1 将能量以磁能形式贮入充电变压器 T1，称为赋能电流，B2 监测赋能电流。

在正常回扫充电的过程中，回扫充电各部分的波形如图 5-2 所示。图中含有从 a 到 d 的 4 个波形。其中，a 为充电变压器 T1 初级电压 u_1 波形。V1 和 V2 在控制脉冲持续期 t_1 内导通，直流电源 UDC(510V)向 L1 储能。b 是 510VDC 向充电变压器 T1/L_1 充电电流波形。c 是充电变压器 T1/L2 电流 i_2 波形。d 是 T1 的次级电压 u_2 波形。

i_1 电流在励磁电感 L_1 中产生储能，在储能期间 i_1 呈线性上升变化，在控制脉冲 t_1 结束时，电流 $i_1(t_1)$ 的大小由下式决定，即

$$i_1(t_1) = \frac{510 \times t_1}{L_1} \Rightarrow i_{1\max}(t_{1\text{end}}) \tag{5-3}$$

为确保人工线 PFN 的 C 充电电压的精度，必须精确控制贮入充电变压器 T1 中磁能的数值，即：必须精确控制电流 $i_{1\max}$ 的大小，也就是必须精确控制充电开关管 IGBT 开启与关闭的时间间隔。由于正常工作时 UDC(510VDC)和 L_2 均不变化，所以 $i_1(t_1)$ 的大小由来自充电控制板 3A10A1 的控制脉冲的宽度 t_1 决定。在图 5-1 中，通过赋能电流与赋能脉冲宽度间的闭环控制，即电流互感器 B2 将检测到的储能电流信号 t_1 传送到闭环控制电路中，与设定的电流

门限 I_m 进行比较，以实现对控制脉冲宽度 t_1 的控制。由于 I_m 恒定，工作时 $i_1(t_1)$ 也能达到稳定的目的。综合稳定精度可达 0.1%量级，也就是人工线 C 的充电电压 U_N（调制脉冲幅度稳定度）的稳定度可达 0.1%量级，这是回扫充电技术的一个十分显著的优点。

5.1.2　性能参数与接口表

5.1.2.1　性能参数

输入直流电压：510VDC 恒定，幅度稳定性＜0.1%，与地悬空。

输入直流电流：3.8 A、11.4A、12.3A、14.3A、15.2A（随 PRF 和 τ 变化）；

输出脉冲电压：负向电压＝－6120V，人工线充电电压最大值＝＋4800V；

输出脉冲电流：负向电流＝0（储能期间）；

（人工线充电期间）正向最大初始充电电流 I_{max}＝12A 窄脉冲/19A 宽脉冲。

输出脉冲的波形参数：

负向脉冲宽度 t_1＝210～250μs 窄/350～390μs 宽（在 3A7T2 的次级分压测量）；

正向充电时间 t_2＝410～450μs 窄/650～690μs 宽（在人工线的充电电压检测处测量）。

说明：在平台上对 3A10 脱机独立测试维修时，510VDC 向充电变压器 T1/L_1 充电 t_1 期间的物理过程满足完全一致的主要条件。但是在 T1/L2 向 PFN 的 C 充电 t_2 期间的物理过程发生根本变化，这是由于平台上给 3A10 的负载不是人工线而是无源负载组合，所以不会产生振荡充电效果，只是简单地从 T1/L2 向负载组合放电。T1/L_2 从－6120V 反向到＋6120V 后，由于负载电阻中存在电感 L 的感抗作用过冲后再保持＋6120V 一段时间，然后正向放电直到接近于 0V，放电时间 t_2 控制在 410～450μs（窄脉冲）/650～690μs（宽脉冲）内，而且必须保证充电变压器次级 L2 上微弱的残余电压不会对下个周期的脉冲充放电产生不良影响。

5.1.2.2　接口表

测试调试时，可以参考表 5-1 和表 5-2 的数值，检查比较测试维修平台的输出。

表 5-1　3A10/回扫充电开关组件(old)通用接口的参数表

信号名	引脚 XS1	性质	延迟 (μs)	脉宽 (μs)	特征	幅度 (V)	I/O	备注说明
充电触发	12&31	差分 周期	T－740 /1210	10	正脉冲	5.0	I	MODCHRGTR －3.3 V～＋3.3V
PWS	16&35	状态	—	—	on/off	信号地	I	N＝0(上)W＝1(下)
复位信号	10&29	状态	—	—	TTL	5.0	I	Res＝0，Normal＝1
充电使能	15&34	状态	—	—	TTL	5.0	I	End＝0，Begin＝1
充电电流取样	2&21	模拟 周期	—	224 /364	负向 锯齿波	max＝ －9.5	I	
充电过流故障	3&22	状态	—	—	TTL	5	O	Fault＝0，Normal＝1
B2 充电故障	5&24	状态	—	—	TTL	5	O	Fault＝0，Normal＝1
宽脉冲参考电平	13&32	模拟	—	—	基准	可调	I	RP3 中点＝7.2V (begin)

续表

信号名	引脚 XS1	性质	延迟 (μs)	脉宽 (μs)	特征	幅度 (V)	I/O	备注说明
充电电压取样	7&26	模拟周期	—	414 /656	对数上升	+4.8	I	
充电过压故障	11&30	状态	—	—	TTL	5	O	Fault=0,Normal=1
反馈过流故障	1&20	状态	—	—	TTL	5	O	Fault=0,Normal=1
+5 V/GND	8&27	电源	—	—	直流	5	I	
+15 V/GND	6&25	电源	—	—	直流	15	I	
−15 V/GND	9&28	电源	—	—	直流	−15	I	
+28V/GND	7&36	电源	—	—	直流	28	I	

表 5-1 中,(1)XT6(o)/ZP5(n)为充电电流取样:从 3A7A1 的限流电阻 R=R3//R4=0.5Ω/100 W 取样,Am=ImaxR→NormalAm≈−9.5V(宽脉冲),所以充电过流门限 Am=−11V;Fault=0,V14(o)/D6=LED4(n)亮;

(2)XT7(o)/ZP4(n)为充电电压取样:3A12A11 的 1000 : 1 分压电路取样,NormalAm≈4.8V,充电过压门限 Am=5.3V;Fault=0,V12(o)/D5=LED3(n)亮;

(3)XT9(o)/ZP3(n)为充电故障监测:3A10/B2 的赋能电流监测;0=Fault,V8(o)/D4=LED2(n)亮;(3A10/B2 赋能电流监测的另外一路是宽脉冲或窄脉冲赋能电流的精确控制)

(4)XT8(o)/无(n)为反馈过流监测:IGBT/回授电流监测;0=Fault,V9(o)/D3=LED1(n)亮。

表 5-2　3A10/回扫充电开关组件专用接口的参数表

信号名	引脚号	信号性质	延迟时间(μs)	脉冲宽度(μs)	信号特征	电压幅度	I/O	备注说明
高压输入+	XP1/1+4	电源	—	—	直流	510V+	I	与地悬空
高压输入−	XP1/2+5	电源	—	—	直流	510V−	I	与地悬空
接地	XP1/3	电源	—	—	—	—	—	接机壳
3A7T2 初级+	XP2/4+1	中间	—	224/364	脉冲	510V	O	周期方波
3A7T2 初级−	XP2/2+5	中间	—	224/364	脉冲	510V	O	周期方波
A 组 20V+	XP2/3	电源	—	—	直流	20V+	I	与地悬空
220V 交流	XP3/4	电源	—	—	交流	220V	I	
220V 交流	XP3/5	电源	—	—	交流	220V	I	
A 组 20V−	XP3/1	电源	—	—	直流	20V−	I	与地悬空
B 组 20V+	XP3/2	电源	—	—	直流	20V+	I	与地悬空
B 组 20V−	XP3/3	电源	—	—	直流	20V−	I	与地悬空

注:510VOC 与地悬空;2 组 20VOC 与地悬空并与低压电池隔离。

5.1.3　参考波形

表 5-3 给出 3A10 老的、部分新的电路板测试点和波形。

表 5-3　3A10A1(old)测试点典型波形及数据(Old/New; Narrow/Width)

信号名	测试点	波型图	实测 Am(V),(μs)
差分充电触发信号	XT1＝ZP1(n)		基准 14 V,负向脉冲
EXB841 驱动激励信号	XT2≥ZP2(n)		0.7(old)/14(new)V,220(Na)/370(Wi)μs
充电参考电平 Width	XT3≥New 无		4.0V 实测 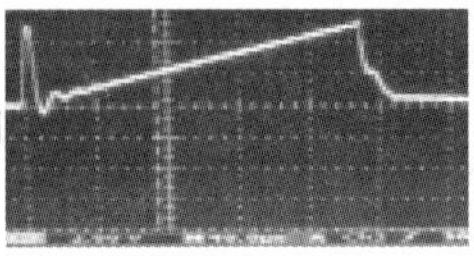
充电参考电平 Narrow	XT4≥New 无		4.0V
充电电压取样(残压保护)	XT5≥New 无		4.8V(门限＜8.0V)
充电电流取样 I_{max}＝(N/W)	XT6＝ZP5(n)		－6.0/9.5V 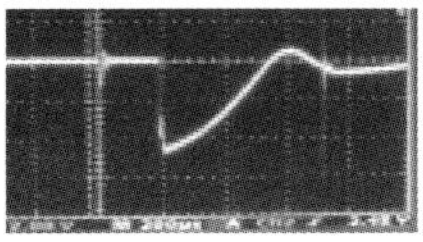
充电电压取样	XT7＝ZP4(n)		4.8V(门限＜5.3 V)
	XT8		
充电故障/赋能电流监测 N/W	XT9＝ZP3(n)		6/10.5V 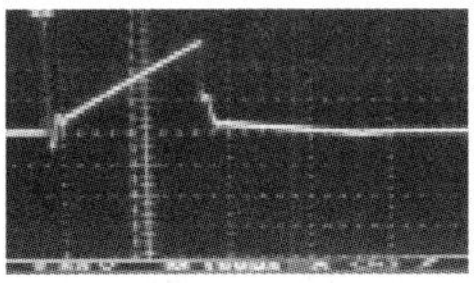
	XT10＝ZP6	COM	0V

5.2　测试与调试的准备工作

CINRAD 脱机测试维修平台就是为 CINRAD 大多数被测组件仿真一个接近真实的工作环境,便于在平台上对被测组件进行脱机测试维修和调试。全高压、满负荷条件下的工作环境仿真是比较困难的,特别是输出高电压、大电流、复杂脉冲信号的无源组合负载设计尤其困难。此类组合负载的设计要求:首先必须是无源负载组合,然后必须满足被测组件输出的主要物理过程,并兼顾次要的物理过程,只有这样才能仿真出被测组件接近真实的工作环境。

5.2.1　3A10 输出组合负载电路

在平台上,3A10 组合负载电路的设计完全满足:它是无源负载组合,它不改变 3A10 输出的主要的物理过程并基本满足其次要的物理过程,能够满足其真实的工作环境(图 5-3)。

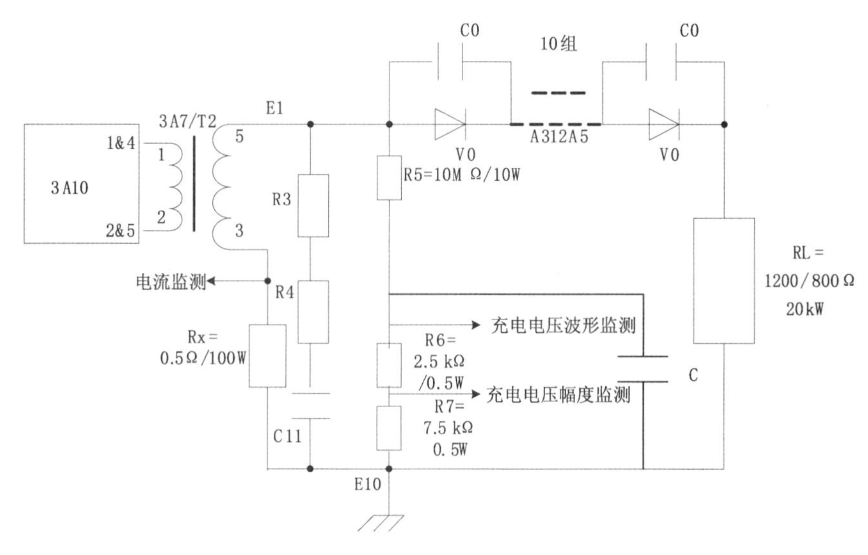

图 5-3　3A10/回扫充电开关组件的输出组合负载电路

图 5-3 中，3A7T2 为充电变压器（需浸于高压变压器油中），注意接线的正确性；3A12A5 为 10 组并联的高压二极管与高压电容再串联而成；$R_3=R_4=R_I-7-36$（360Ω/400W 线绕瓷管电阻）；$C_{11}=C_{T810}-2-10kV-5600pf$（轮状电容），（$R_3+R_4+C_{11}$ 串联后，起减小尖峰作用）；$R_5=10$ MΩ/10 W，$R_6=2.5$ kΩ/0.25W，$R_7=2.5$kΩ×3/0.25W，串联分压电路；C 为滤波电容，0.5～1.5nf/630V；$R_L=1200$Ω（窄）/800 Ω（宽），20kW（余量 100%），无感（尽量小的电感量）负载电阻。

注意：

（1）测试调试时，只有当＋510VDC 输入稳定后，最后才能向 3A10 发出使能信号。

（2）关机或更换 PWS 指令时，必须先关闭 510VDC，过会儿再退出使能，改变 PWS 电平。

（3）采用无源负载组合代替 3A12/调制器＋3A11/触发器后，充电电压幅度监测需要适当增大分压电路的比例因子到 1275∶1，避免放电电压在 6120V 期间，加上负载电阻的电感效应造成放电起始阶段的分压电路输出电压过高报警；充电电压波形监测的分压电路仍旧保持了 1000∶1，是为了便于直接观测读数。

5.2.2　3A10 接口的连接

在平台上，3A10/回扫充电开关组件的脱机测试维修及调试必须根据 3A10/回扫充电开关组件的组合负载电路进行连接，通电测试前必须根据通用接口和专用接口表的数值严格核对，测量再确认。接法如下。

（1）公共接口：MUX－C 插座←MUX－C1 插头－DL－DB37 插头→DB37 插座（3A10A1/XS1 通用接口）；

（2）专用接口：稳压机柜后，经调压器的 A 接头 380VAC 炮筒输出→HVP 输入；

HVP－CH1←DL→TNK－XP3；

HVP－CH3←DL→3A10/XP1（±510V＋XP1/3＝机壳）；

TNK－CH1←DL→3A10XP2（3A7T2 初级＋XP2/3＝A20V＋）；

TNK－CH2←DL→3A10XP3（220VAC＋B20V＋A20V－）。

□检查 3A2 或 3A9 用：HVP－CH2→510VDC 负载，HVP－CH4→插座直连。

5.2.3 在 TPS 人机交互的界面上现场配置

5.2.3.1 准备工作

平台首次对 3A10/回扫充电开关组件进行脱机测试维修或调试，需要做三项准备工作：

(1)未接入被测组件下，在 TPS 的人机交互的界面上，参考 MUX 上的 3 个固有的接口参数，根据分级资料库中 3A10 通用接口表的参数，对指定 MUX 接口进行现场设置；

(2)在平台未通电下，根据分级资料库中 3A10 通用接口表的参数，现场设置和公共接口 MUX 上的信号，完成测试电缆的连接和检查确认；

(3)对平台通电未接入被测组件时，不断地改变 TPS 人机交互界面上每对信号的属性，严格检查每对信号或每路电源的正确性。

平台再次对 3A10/回扫充电开关组件进行脱机测试维修或调试就方便多了，只要测试电缆不错，电缆未断线情况下，即可直接连接，进行脱机测试维修或调试，无需再次设置或对每路信号的确认。

5.2.3.2 被测组件接口参数的设置

开启电源机柜的总开关→检查市电三相输入正常与否？→开启电控机柜的电源开关→开启电控机柜的 UPS 电源→观测电控机柜的 MCS、GPI、GPO、LVP 和 MUX 各机箱开机自检工作正常与否？→启动工作站计算机→启动服务器。

图 5-4 后台数据库服务器快捷图标

图 5-5 TPS 快捷图标

进入 TPS 前，需先运行后台数据库的服务器。点击后台数据库服务器快捷图标(图 5-4)，连接上服务器后，再输入正确的口令，确认后就进入服务器(如 3.6.2 所述)。

正常地进入后台数据库服务器后，才可进入 TPS。点击 TPS 快捷图标(图 5-5)，进入 TPS 人机交互主界面，如图 5-6 所示。

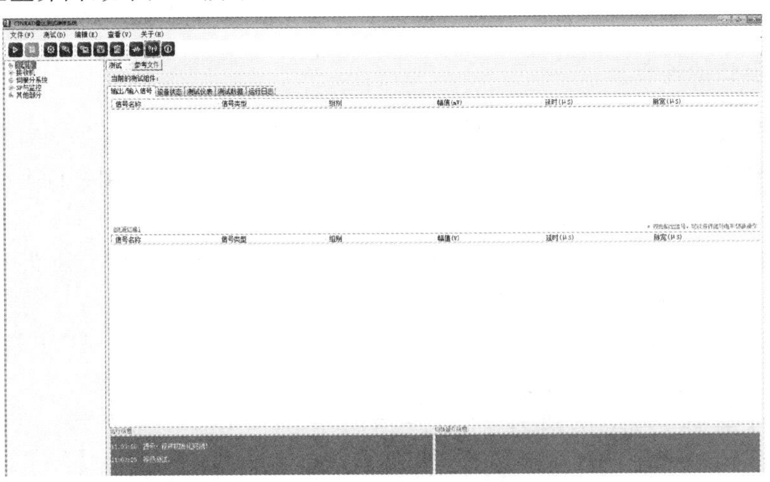

图 5-6 TPS 人机交互主界面

如首次对 3A10 进行测试维修，就要在 TPS 人机交互的主界面上根据 3A10 的 I/O 接口对平台的 I/O 接口进行设置。平台的 I/O 接口设置由 TPS 管理员完成，点击快捷工具栏的快捷“设置”图标(图 5-7)，需进行身份验证，输入管理口令，确认 TPS 管理员身份，如图 5-8 所示。

图 5-7　快捷“设置”图标

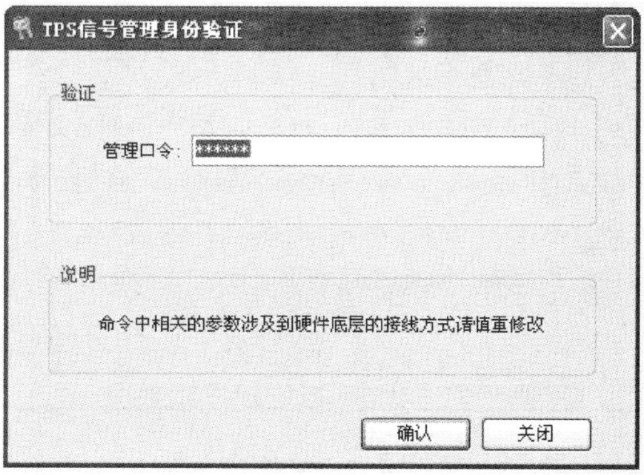

TPS信号管理身份验证
验证
管理口令：******
说明
命令中相关的参数涉及到硬件底层的接线方式请慎重修改
确认　关闭

图 5-8　确认 TPS 管理员身份

身份确认后，需要先在 TPS 主界面的左边目录路径选择被测组件(如选择：发射机/调制部分/回扫充电开关组件)，才能弹出接口参数设置界面。

(1)设置回扫充电开关组件的“通用信号”

如图 5-9 所示，在“通用信号”列表/输出信号(CINRAD-GPO)，点击右键，可弹出编辑项(图 5-10)，选择“添加”后，得到空白的通用输出信号参数框，如图 5-11 所示。

图 5-9　设置通用信号

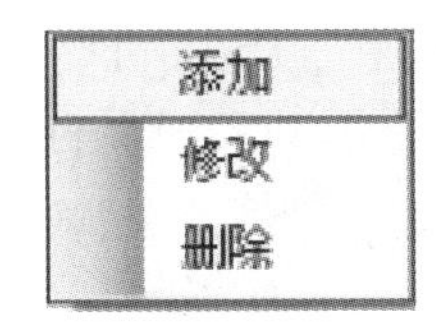

图 5-10　点击右键弹出的编辑项

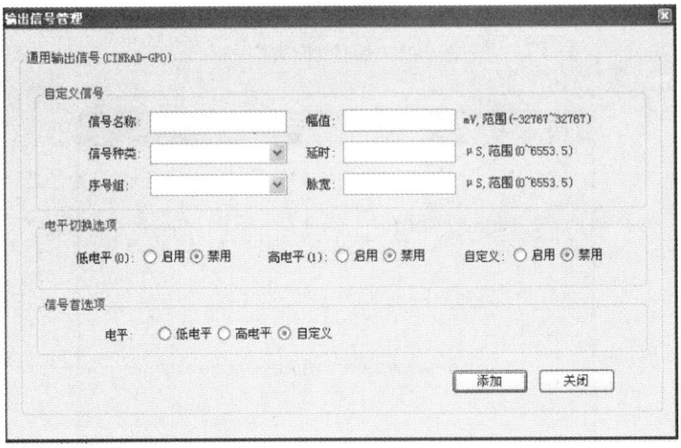

图 5-11　通用输出信号(CINRAD-GPO)空白参数框

再根据后台数据库中被测组件的接口资料写入 GPO 某输出信号的各项参数,序号组的选择要参考 MUX 接口和连线 DL 情况,如图 5-12 所示。

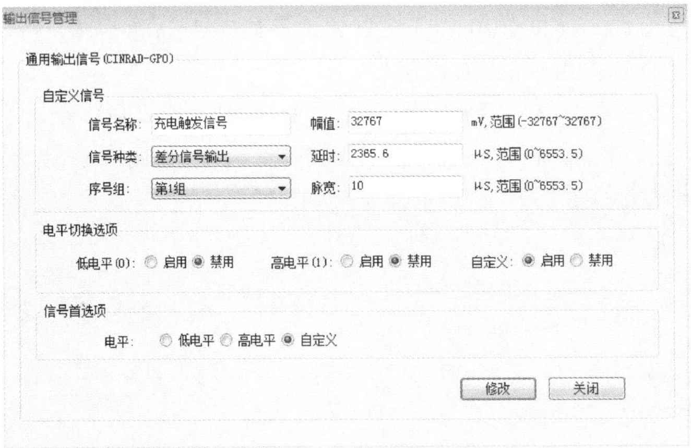

图 5-12　写入 GPO—充电触发信号的参数

写入完毕,点击右下角的“修改”后,表示初步完成充电触发信号的“添加”。

如果需要再次“添加”或“修改”,在“通用信号”列表/输出信号(CINRAD-GPO)处,点右键,弹出编辑项(图 5-10),选择“添加”后,类似地写入 GPO 第二个输出信号的参数;直至将所有 GPO 输出信号全部写入为止。

在“通用信号”列表/输入信号(CINRAD-GPI),点右键,可弹出编辑项(图 5-10),选择“添加”后,得到空白的通用输入信号参数框,如图 5-13 所示。

同样,再根据后台数据库中被测组件的接口资料写入 GPI 某输入信号的各项参数,序号组的选择要参考 MUX 接口和连线 DL 情况，如图 5-14 所示。

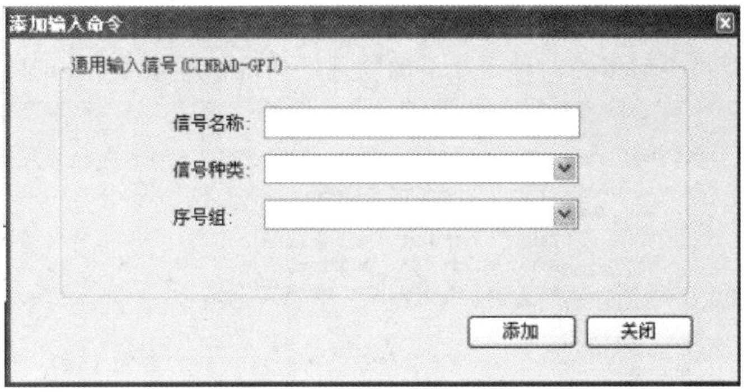

图 5-13　通用输入信号(CINRAD-GPI)空白参数框

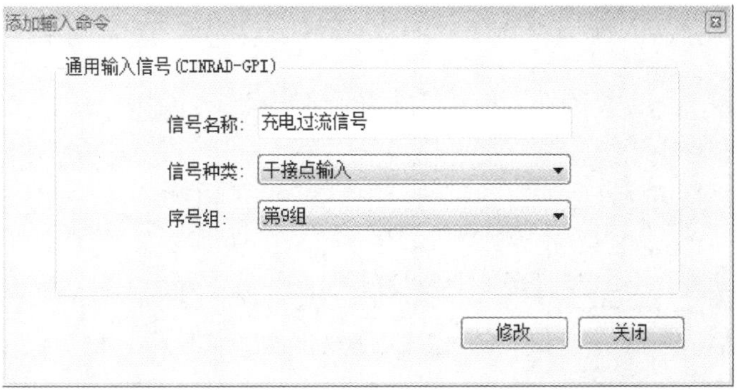

图 5-14　写入 GPI—充电过流输入信号的参数

写入完毕，点击右下角的“修改”后，表示初步完成过/欠压输入信号的“添加”。

如果需要再次“添加”或“修改”，在“通用信号”列表/输入信号(CINRAD-GPI)处，点右键，弹出编辑项(图 5-10)，选择“添加”后，类似地写入 GPI 第二个输入信号的参数；直至将所有 GPI 输入信号全部写入为止。

当”通用信号”列表所有的输入输出信号全部写入完毕，确认无误后，点击列表的右下角“提交全部”后，再“确定”TPS 命令信息更新成功！(图 5-15)此表的所有信号已经输入保存。

图 5-15　“确定”TPS 命令信息更新成功！

被测组件所有信号的参数”添加”或”修改”完成后，需对系统刷新。刷新的方法：只需点击 TPS 人机交互的主界面另一个被测组件，然后再进入这个被测组件即可完成刷新；如果此时退出 TPS，然后再重新进入 TPS，选择被测组件后，也可发现系统已被刷新；此时，可在相应的参数栏中发现该参数已经被“添加”或“修改”完成。

(2)设置回扫充电开关组件的“电源输出/切换信号”

这是在测试 3A10 时，对平台所有电源中的每一种电源是否要输出，MUX 中的切换开关和 MIL 中的小负载是否启用的一种最底下的物理层的确认性指令(图 5-16)。

图 5-16　设置电源输出/切换信号

(3)设置回扫充电开关组件的“电缆连接/大负载”

这是对大负载、MUX 接口、高压电源、中小负载所有有关接口的电缆一种连接确认(图 5-17)。

图 5-17　设置电缆连接/大负载

(4)设置回扫充电开关组件的“仪表启用”

3A10/回扫充电开关组件测试维修仪表时只用示波器和万用表,而万用表往往独立使用(图 5-18)。

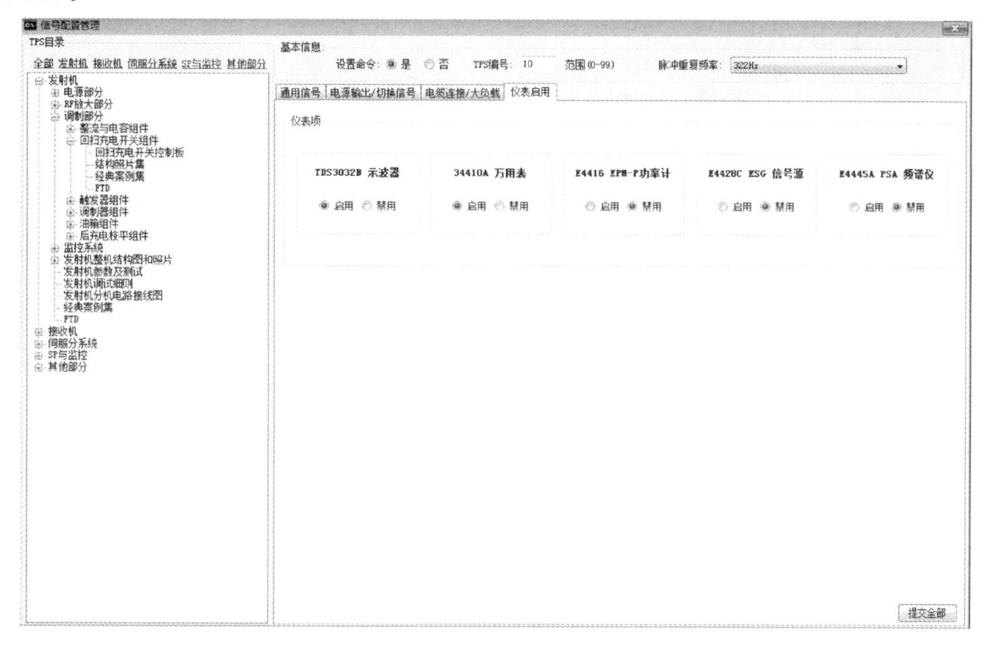

图 5-18　设置仪表启用

5.2.4　其他事项

其他事项的使用和说明,主要是一些常用快捷图标(表 5-4),它们已经在第 3 章的 TPS 软件中有详细介绍,这里不再重复,而且这些图标一般不会变更。

表 5-4　常用快捷图标

图标							
功能	查看	系统参数设置	日志记录保存	日志删除	示波器图像	频谱仪图像	关于

5.3　测试维修与调试

5.3.1　概述

严格按照测试和调试步骤,可以降低维修和调试的难度,减少二次故障的发生概率。

连接 3A10/回扫充电开关组件的通用接口的电缆,连接其专用接口的电缆。确信 3A10/回扫充电开关组件的电缆连接正确后,再开启电源机柜的三相电源开关→开启 HVP 高压电源机箱的电源开关→HVP 自检正常。

在 TPS 人机交互的主界面左边目录路径选择发射机/调制器部分/回扫充电开关组件,点击快捷工具栏“启动”状态的快捷图标，TPS 由“停止”状态（　），进入“启动”状态（　），如图 5-19 所示。

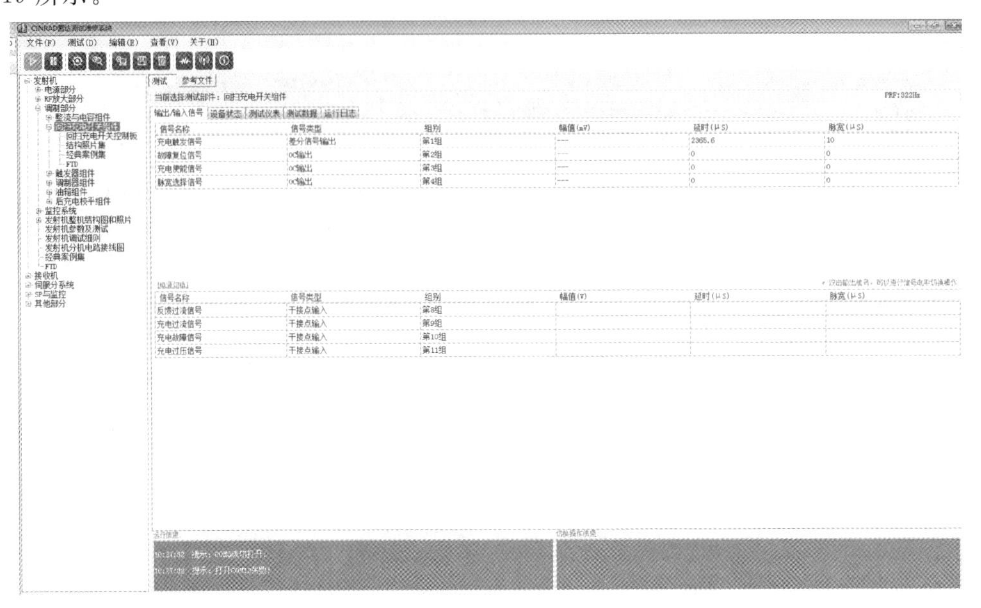

图 5-19　TPS 中 3A10 处于的“启动”测试状态的界面

在进入“启动”状态过程中，最下面的蓝色窗口中不断地提示各个关联设备和接口运行正常与否。如果一切正常，一段时间后，电控机柜的 MCS、GPI、GPO、LVP、MVX 各机箱均由“待机”状态（　）改变为“运行”状态（　）；HVP 机箱也由“待机”状态（　）改变为“运行”状态（　）；510V 高压输出正常（刚开始对 3A10 测试维修时，为了安全，需要将直流高压降低。调节 380VAC 自耦调压器到 AC38V，使得高压输出控制在 50VDC 以下；如果 3A10 输出波形基本正常，再逐步调高自耦调压器 AC 输出，再测 3A10 输出波形；如正常，直到自耦变压器输出升高到 380VAC，直流高压输出升高到 510VDC 为止。），2 组 +20V 电源输出正常；平台可以对 3A10/回扫充电开关组件进行脱机测试维修和调试。

在测试维修和调试过程中随时可以根据需要调用 TPS 后台数据库“参考文件”，即 CINRAD/SA&SB 测试维修数据库中分级资料库中所有 3A10 有关的资料。其中，3A10 的本级文件：3A10 电路图、3A10 元器件表、原理图及工作原理、性能参数接口与波形、测试与调试、充电变压器工作原理。3A10 电路图(new)，如图 5-20 所示。

将 TPS 主界面目录路径回扫充电开关组件的侧边栏图标⊞：打开成为⊟：，得到 3A10 下级资料路径：回扫充电开关控制板、结构照片集、经典案例集、FTD。

如再选择下级资料路径：回扫充电开关控制器，可得到这一级的文件资料：3A10A1 电路图、3A10A1 元件表 1&2、3A10A1 电路图 new、原理框图及工作原理与功能部件的工作原理（以后应添加：结构照片）等，如图 5-21 所示。

5.3.3.1　测试状态下的“输出/输入信号”的操作

在测试维修和调试过程中，“输出/输入信号”窗口的上半部分为平台的输出信号 GPO，随

图 5-20　TPS 后台资料库中 3A10 的信息资料

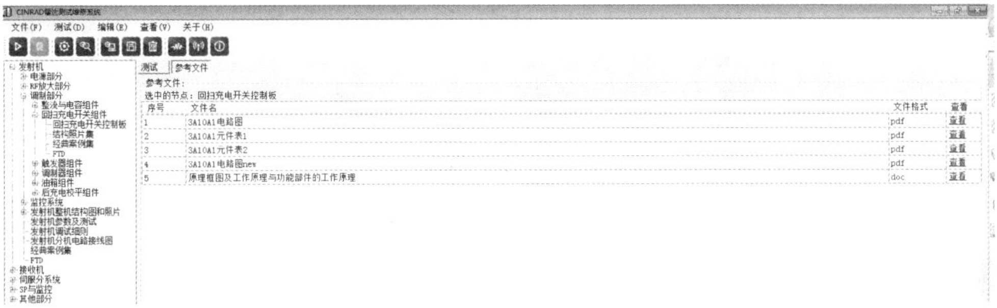

图 5-21　3A10A1 的信息资料

时可以按照需要检查或改变平台输出的指令信号；左键双击需要操作的 GPO 的那条指令，就可打开这个窗口查看或修改和发送这条指令，但是每次只能打开一条指令，需要关闭原先的指令窗口后才能打开另一条指令窗口进行操作。而“输出/输入信号”窗口的下半部分是平台的输入信号，可实时观测被测组件输出的测试结果，判断测试结果是否正常。如图 5-22 所示。

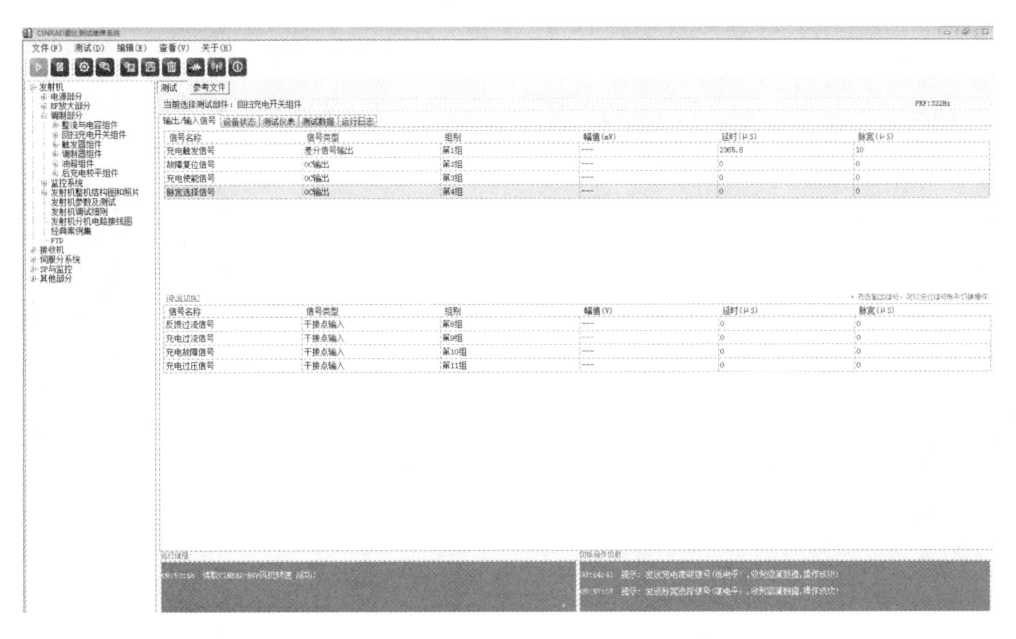

图 5-22　测试维修过程中的“输出/输入”信号

如：查看“充电触发信号”的参数是否符合要求，如图 5-23 所示。

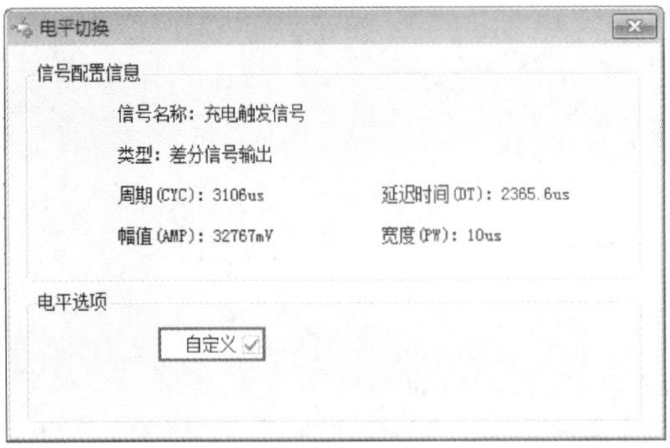

图 5-23　查看“充电触发信号”的参数

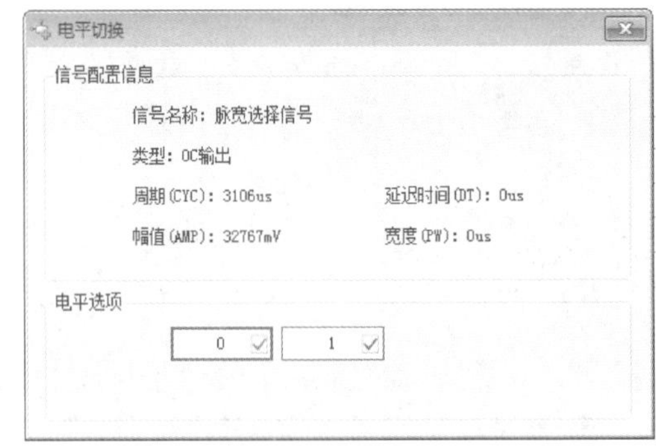

图 5-24　查看“改变脉宽选择”信号

如图 5-24 所示，根据脉宽需要决定“脉宽选择信号＝PWS”，发送 PWS 指令，“电平选项”：宽脉冲＝1，窄脉冲＝0。改变 PWS 前必须先关闭高压电源，在去掉使能信号后，再改变 PWS。

如图 5-25 所示，每当发现被测组件”故障”时，需先关闭高压，退出“使能”，再判断故障原因、排除故障后，最后进行“故障复位”。复位方法：将“故障复位”的“电平选项”短暂地置于“0”，再回到平时的电平＝1，就可完成故障复位。

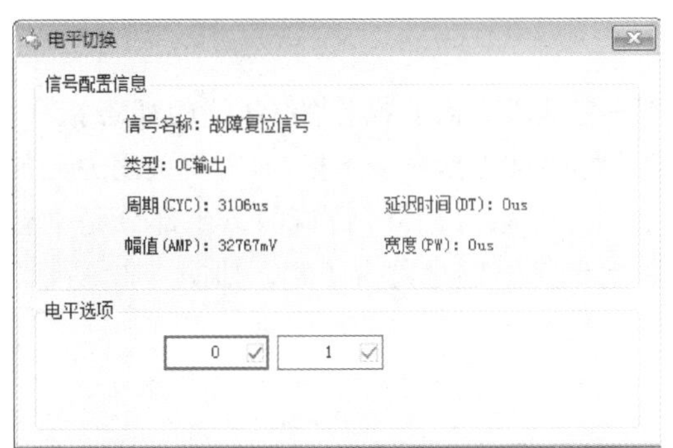

图 5-25　发送复位指令

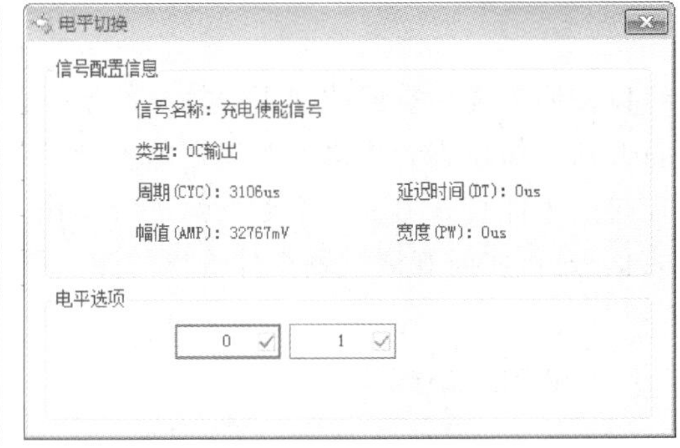

图 5-26　使能信号的应用

如图 5-26 所示，平时“使能信号”＝1 即不使能，只有当 3A10 组件未出现报警＋专用电源 2 组 20V 电压和高压均正常加上后，或去掉高压进行前级测试时，才允许使能，使能期间，“使能信号”＝0；使能以后，被测部件应能正常工作。

如［彩］图 5-27 所示，对于 3A10 组件，平台只输出 4 个 GPO 指令，但是还可以加上电源切换＝电源输出，特别是高压电源的 4 项内容可以根据测试、调试的需要，针对性地点击开启（绿色）或关闭（红色），免得频繁地开、关整个平台。

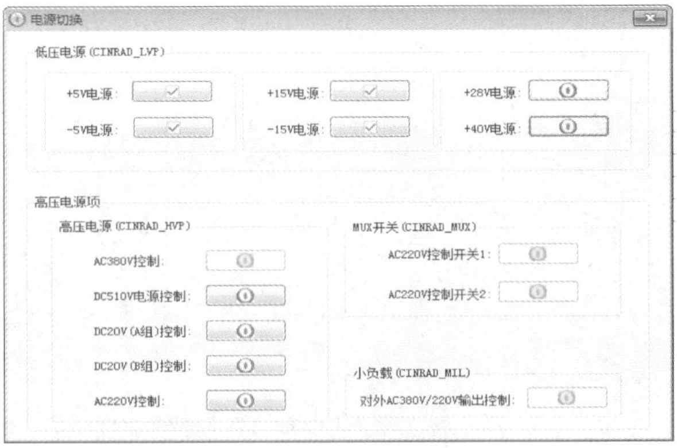

图 5-27　电源切换的使用

5.3.3.2 测试状态下“设备状态”的查看

查看测试维修过程中的平台设备状态情况，如图 5-28 所示。

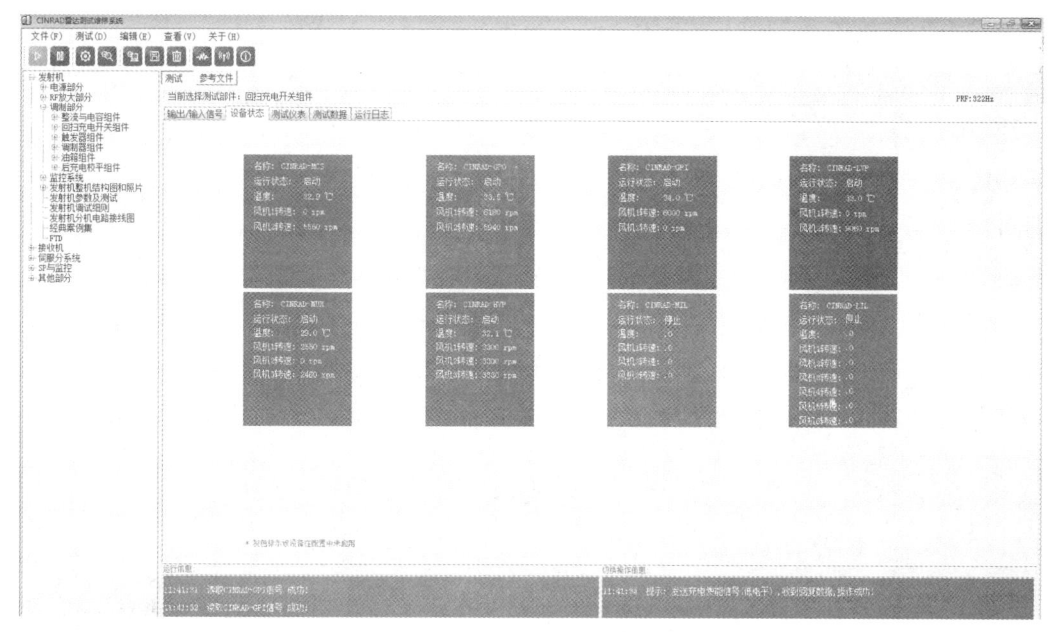

图 5-28 测试维修过程中的“设备状态”

5.3.3.3 测试状态下“测试仪表”查看

查看测试维修过程中的测试仪表使用情况，如图 5-29 所示。

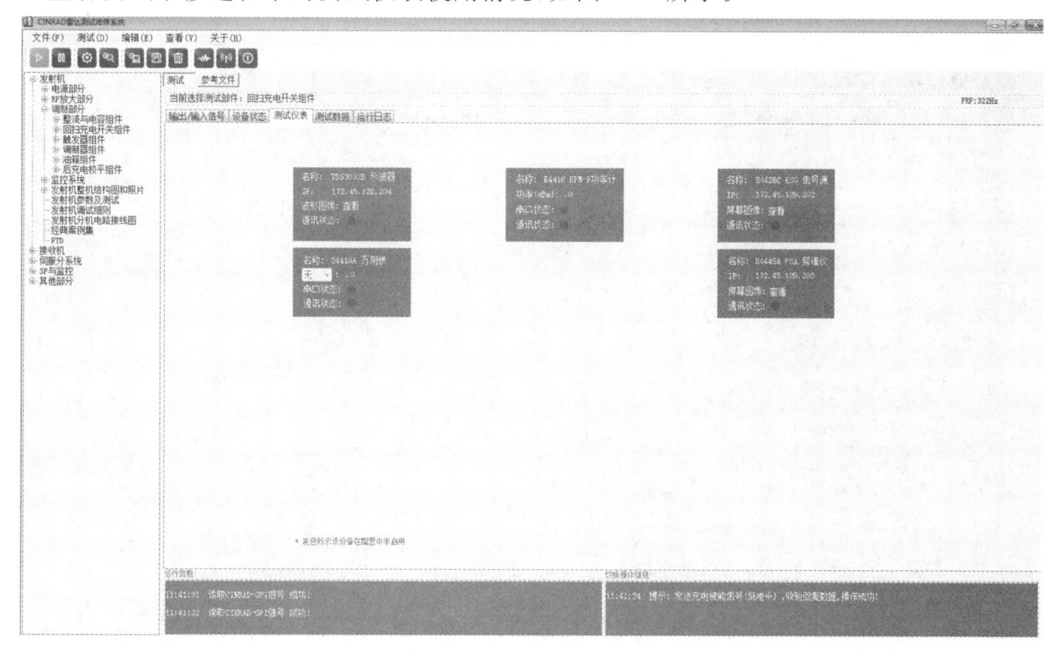

图 5-29 测试维修过程中的“测试仪表”

5.3.3.4　测试状态下的“测试数据”的查看

查看或填写测试维修过程中的测试数据，如图 5-30 所示。

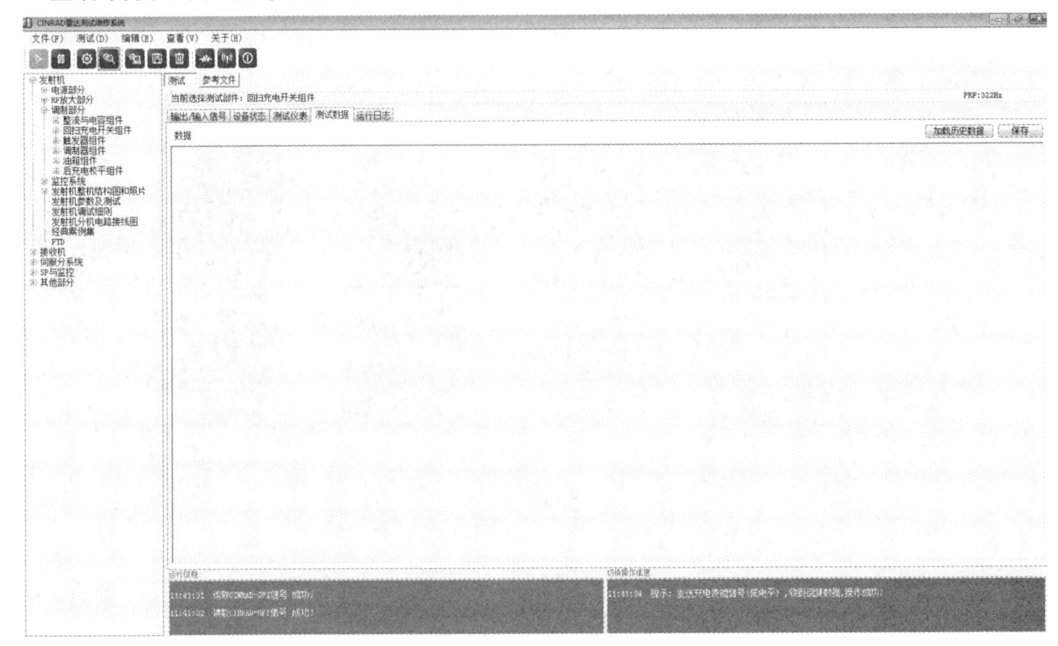

图 5-30　测试维修过程中的“测试数据”(空白、未填入)

5.3.3.5　测试状态下“运行日志”查看

查看测试维修过程的工作日志，如图 5-31 所示。

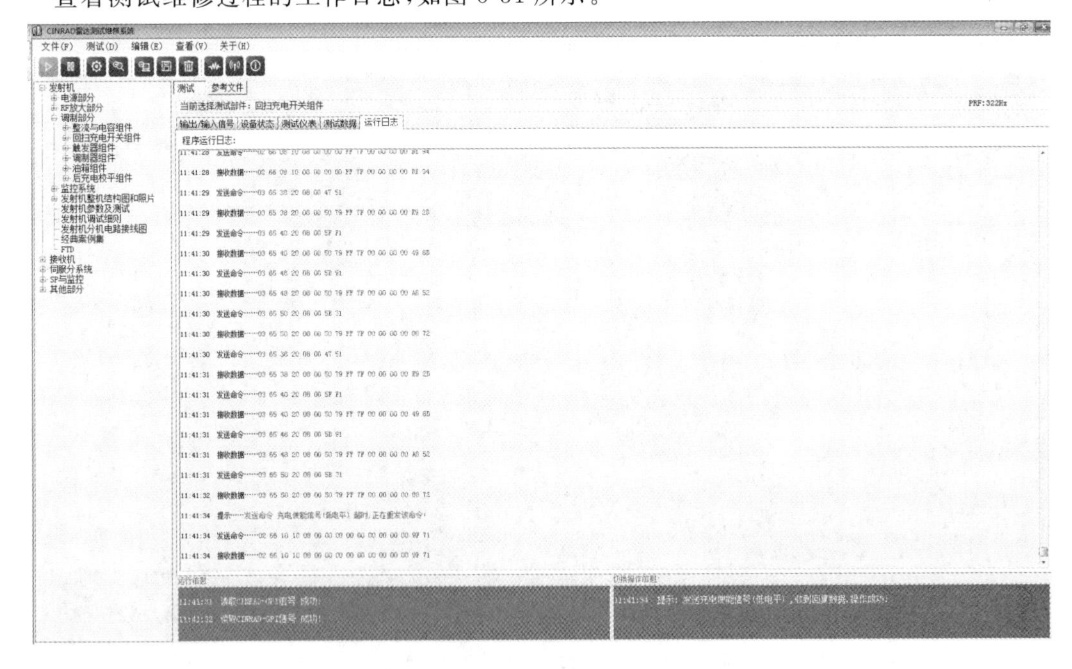

图 5-31　测试维修过程中的“运行日志”

可以根据上述窗口的各个机箱和接口的工作情况判断其是否正常。检查运行日志更是可以明确平台的运行情况：运行时间、机箱或通信口正常与否？

5.3.2 测试和调试步骤

5.3.2.1 接口连接

将3A10/回扫充电开关组件置于工作台的适当位置，用转接电缆将被测组件前面板通用接口3A10A1XS1和后面板专用接口3A10XP1—3分别正确连接（注意：后面板专用插头3A10XP1/1＝4&2＝5有约为±510V电压，3A10XP3/4&5有220VAC电压，请注意安全），插上组件内部各个插头插座，以便带电测试3A10内部电路。

5.3.2.2 预检

平台上电前要检查被测3A10/回扫充电开关组件各个接口的接线是否无误，3A10赋能电流传感器B2安装方向是否正确。用万用表电阻挡检查3A10所有电源输入接口是否短路。再拔掉所有连接的插头与插座，用万用表二极管档检查3A10开关组件内开关管V1，V2是否正常。插上这些插头与插座，接通低压电源，检查前面板电缆插头3A10A1XP1的＋5V，＋15V，－15V电源是否输入正确；禁止“使能”，接通高压电源检查后面板插座3A10XP1高压510V直流输入，XP3风机电源AC220V和两路＋20V专用直流电源输入是否正确。检查完毕后再暂时断开高压电源。

5.3.2.3 触发脉冲检测

用示波器探头勾住前面板测试点XT1/ZP1(old＝XT10为信号地，new＝ZP6为信号地)，观测触发脉冲信号幅度约在14V，负向(基准＋14V)，脉宽10μs。

5.3.2.4 人工线电压调整＝充电参考电平

发射机柜控制面板3A1右下角电压调整电位器RP3用平台测试DL外挂W代替，可控制宽和窄脉冲时的人工线电压；而充电控制板3A10A1电位器RP8(new/RP7)只能控制窄脉冲人工线电压，使它与宽脉冲时保持一致。调初始值：测试点N10/3＝7.5V调外挂电位器；测试点N11/3＝4V调RP8(联机后再由3A1面板上人工线电压调3A1/RP3和3A10A1/RP7)。

5.3.2.5 信号脉宽检查与调整

用示波器探头观测3A10A1充电控制板N5(new/U4)的6脚和地，调节电位器RP3(new/RP1)，使窄脉冲延时信号为20μs；再观测N5(new/U4)的10脚和地，调节电位器RP5(new/RP3)，使窄脉冲信号宽度为210～250μs。

用示波器探头观测3A10A1充电控制板N6(new/U5)的6脚和地，调节电位器RP4(new/RP2)，使宽脉冲延时信号为20μs；再观测N6(new/U5)的10脚和地，调节电位器RP6(new(new/RP4)，使宽脉冲信号宽度为350～390μs。

用示波器探头观测3A10A1充电控制板N23(new/U15A)的7脚＝SW1和地，调节电位器RP15(new/RP5)使窄脉冲取样延时信号为20μs；观测N23(new/U15B)的9脚＝SW2和地，调节电位器RP16(new/RP6)，使宽脉冲取样延时信号为20μs。

再观测N12的6脚和地，调节电位器RP9(new无)，使屏蔽延时信号宽度为20μs；但是，宽窄脉冲屏蔽延时的触发时间由XT2脉冲后沿决定，相对于触发脉冲前沿的延迟时间(容)

260μs/宽 400 μs。

5.3.2.6　充电控制板 3A10A1 提供五种安全保护

它们的名称和对应门槛调节电位器分别为：赋能过流＝充电故障。RP11(newRP8)，回授过流＝反馈过流 RP12(new 无)，调制器充电过流 RP14(newRP10)，调制器充电过压 RP13(newRP9)及残压保护 RP10(new 无)，可分别调整这五种保护的门限。

用三用表 VDC 挡：

检测 3A10A1 充电控制板 N15(new/U23)的 2 脚和地，调节电位器 RP14(new/RP10)，使充电电流保护基准电压设为－11.0V；

检测 N16(new/U22)的 3 脚和地，调节电位器 RP13(new/RP9)，使充电电压保护基准电压设为＋5.5V；

检测 N17 的 3 脚和地，调节电位器 RP12，使回授过流＝反馈过流保护基准电压设为＋10.0V，(new/无需调)；

检测 N18(new/U21)的 3 脚和地，调节电位器 RP11(new/RP8)，使赋能过流＝充电故障保护基准电压设为＋10.0V；

检测 N14 的 3 脚和地，调节电位器 RP10，使人工线残压取样保护基准电压设为＋8.5V，(new/无)。

所谓残压保护是指：若因某种故障，人工线上存有高于门限的残留电压时，禁止给人工线充电，以免由于能量的叠加而产生过高的充电电压。残压保护没有记忆功能。

当出现前四种故障时，均停止给人工线充电，同时向发射机监控系统报警，直至收到故障复位指令。

5.3.2.7　PWS 与脉宽变化检查

用示波器探头观测 3A10A1 充电控制板 N7(new/U6)CD4052(差分 4 通道数字控制模拟开关)的 13 脚(new＝ZP2)和地，改变 TPS10/(输出/输入信号)/CINRAD-GPO 的 PWS 电平(1＝宽脉冲，0＝窄脉冲)，可以看出脉宽的对应变化，但是改变 PWS 电平前必须先关闭 510VDC。

5.3.2.8　故障复位与使能检查

用示波器探头观测 3A10A1 充电控制板测试点 XT2(new/ZP2)和信号地 XT10(new/ZP6)，选择 TPS10/(输出/输入信号)/CINRAD-GPO 的故障复位(0＝故障复位，1＝正常)，短暂地在 0 电平上停留一会儿，使得 3A10 上显示得故障全部消除，再恢复到 1 电平上，设备能够继续监测并显示运行情况。

最后打开 TPS10/(输出/输入信号)/CINRAD-GPO 的使能(0＝使能，1＝退出)，选择 0 电平，使能信号有效，使得设备正常运行。此时则可观测到 XT2(new/ZP2)驱动模块 EXB841 不同幅度的激励信号。

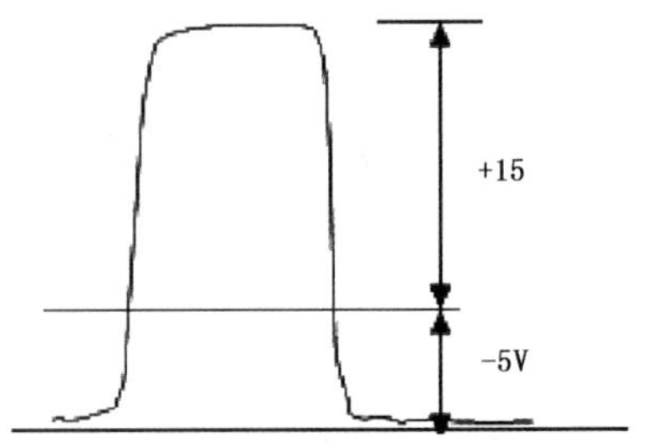

图 5-32　IGBT 的驱动信号

5.3.2.9　IGBT 驱动波形检测

用示波器探头(示波器要用二芯电源线＝电源插座去掉地线。)观测 3A10A1 充电控制板驱动器(EXB841)N19(new/U11)输出 IGBT 驱动信号(XP10 接“＋”，

XP11接“－”＝new/J2/2&3)正确波形如图5-32所示。

同理，用示波器探头观测3A10A1充电控制板驱动器(EXB841)N21(new/U12)输出IGBT驱动信号(XP13接“＋”，XP14接“－”＝new/J2/9&10)，也得到如图5-32的波形。

5.3.2.10 保护

将3 A10A1充电控制板驱动器(EXB841)N19，N21(new/U11＋U12)的IGBT反馈过流取样插头XP9(new/J2/1)或XP12(new/J2/8)拔掉一个，充电控制板左上角反馈过流指示灯V6 (new/D3＝LED1)发亮，输出信号关断，恢复原样后按故障复位按键。

将3A10A1充电控制板上比较器N15(new/U23)的3，4(＝－15V)脚短接，此时控制板左上角充电过流指示灯V14(new/D6＝LED4)发亮，同时过流保护电路启动。恢复原样后按故障复位按键。对应C113两端＝0(平时＝1)＝$N26_{OUT}$。

将3A10A1充电控制板上比较器N16(new/U22)的2，8(＝＋15V)脚短接，此时控制板左上角充电过压指示灯V12(new/D5＝LED3)发亮，同时过压保护电路启动。恢复原样后按故障复位按键。对应C114两端＝0(平时＝1)＝$N27_{OUT}$。

将3A10A1(old)充电控制板上比较器N17的2，8(＝＋15V)脚短接，此时控制板左上角反馈过流＝回授过流指示灯V9发亮，同时反馈过流保护电路启动。恢复原样后按故障复位按键。对应C112两端＝0(平时＝1)＝$N28_{OUT}$。

将3A10A1(new)充电控制板上或门U26A的1或2脚对地短接，反馈过流指示灯D3＝LED1亮。

将3A10A1充电控制板上比较器N18(new/U21)的2，8(＝＋15V)脚短接，此时控制板左上角赋能过流＝充电故障指示灯V8(new/D4＝LED2)发亮，同时赋能过流保护电路启动。恢复原样后按故障复位按键。对应C111两端＝0(平时＝1)＝$N29_{OUT}$。

5.3.2.11 逐渐升高调压器电压

调压器从交流38V开始加电，观测3A10的工作情况并记录3A7T2/L2次级输出的充电电压波形监测，如果均正常，逐级慢慢地升高调压器的交流电压直至到调压器输出交流电压＝380V＝市电电压，并且HVP机箱输出的直流高压＝510V为止；如果不正常，立即关闭HVP机箱的直流高压，寻找3A10内的故障根源，排除故障后，调压器再次从交流38V开始加电，观测3A10的工作情况并记录3A7T2/L2次级输出的电压波形。人手触碰检查直流高压电路必须先放电，免得大电容中的剩余电荷产生电击伤害。

5.3.2.12 联机时，宽/窄脉冲稳压调整

联机时，在宽脉冲下，人工线充电电压指示一般为4.8V。等待片刻后，将3A1控制面板宽脉冲充电参考电平电位器RP3缓慢向小旋转，直至观测到示波器上人工线充电电压指示刚开始下降为止，电位器调整完毕，此时，宽脉冲稳压调整完毕。

联机时，在窄脉冲下，人工线充电电压指示一般为4.8V。等待片刻后，将3A10A1充电控制板窄脉冲充电参考电平电位器RP8(new/RP7)缓慢向小旋转，直至观测到示波器上人工线充电电压指示刚开始下降为止，电位器调整完毕，此时，窄脉冲稳压调整完毕。

5.3.2.13 备注

为了方便模拟故障产生，对“输出/输入信号”窗口的CINRAD-GPO进行了改进，增加了“充电过流”和“充电过压”的GPO指令，操作方法如前所述。左键双击需要操作的GPO的窗

口，就可打开这个窗口查看或修改和发送这条指令，但是每次只能打开一条指令，需要关闭原先的指令窗口才能打开另一条指令窗口进行操作。TPS 测试中 3A10 改进后的输出/输入信号窗口如图 5-33 所示。

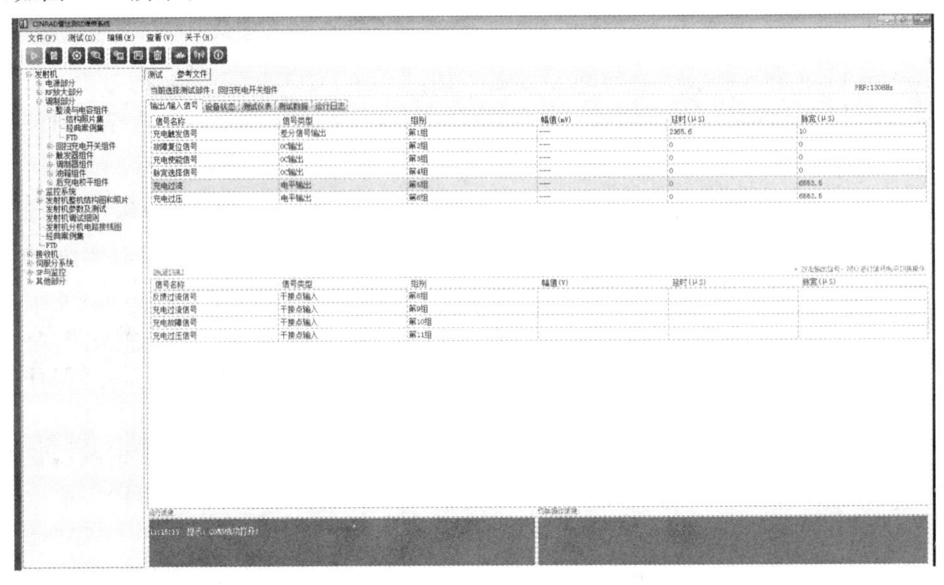

图 5-33　3A10 改进后的输出/输入信号窗口

双击 3A10 测试“输出/输入信号”(CINRAD-GPO)中的“充电过流”测试(图 5-34)，选择“0”＝－15V，此时控制板左上角充电过流指示灯 V14(new/D6＝LED4)发亮，同时过流保护电路启动。对应 C113 两端＝0(平时＝1)＝$N26_{OUT}$。恢复原样选择“1”＝0V；恢复原样后按故障复位。

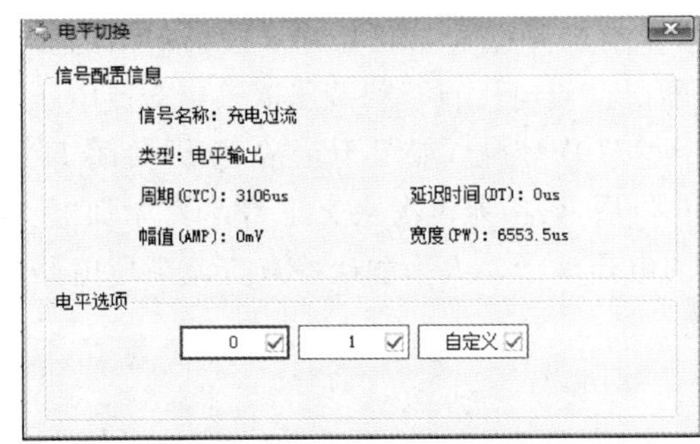

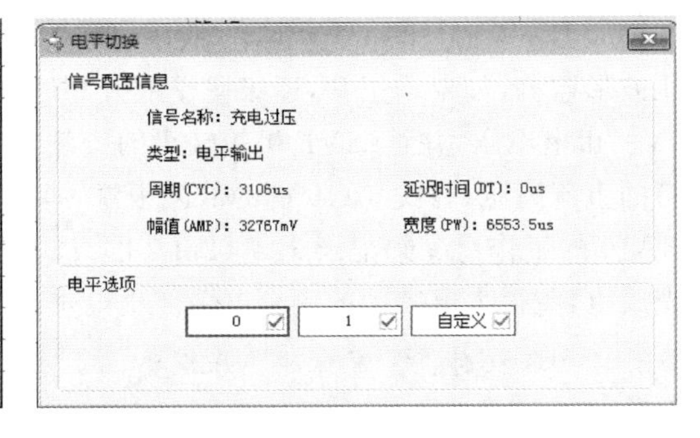

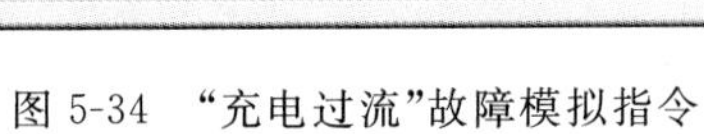

图 5-34　“充电过流”故障模拟指令　　　　图 5-35　“充电过压”故障模拟指令

双击“输出/输入信号”(CINRAD-GPO)中的”充电过压”测试(图 5-35)，选择“1”＝＋15 V，此时控制板左上角充电过压指示灯 V12(new/D5＝LED3)发亮，同时过压保护电路启动。对应 C114 两端＝0(平时＝1)＝$N27_{OUT}$。恢复原样选择“0”；恢复原样后按故障复位。

5.3.3　波形汇总

各种常见波形如图 5-36 至图 5-52 所示。

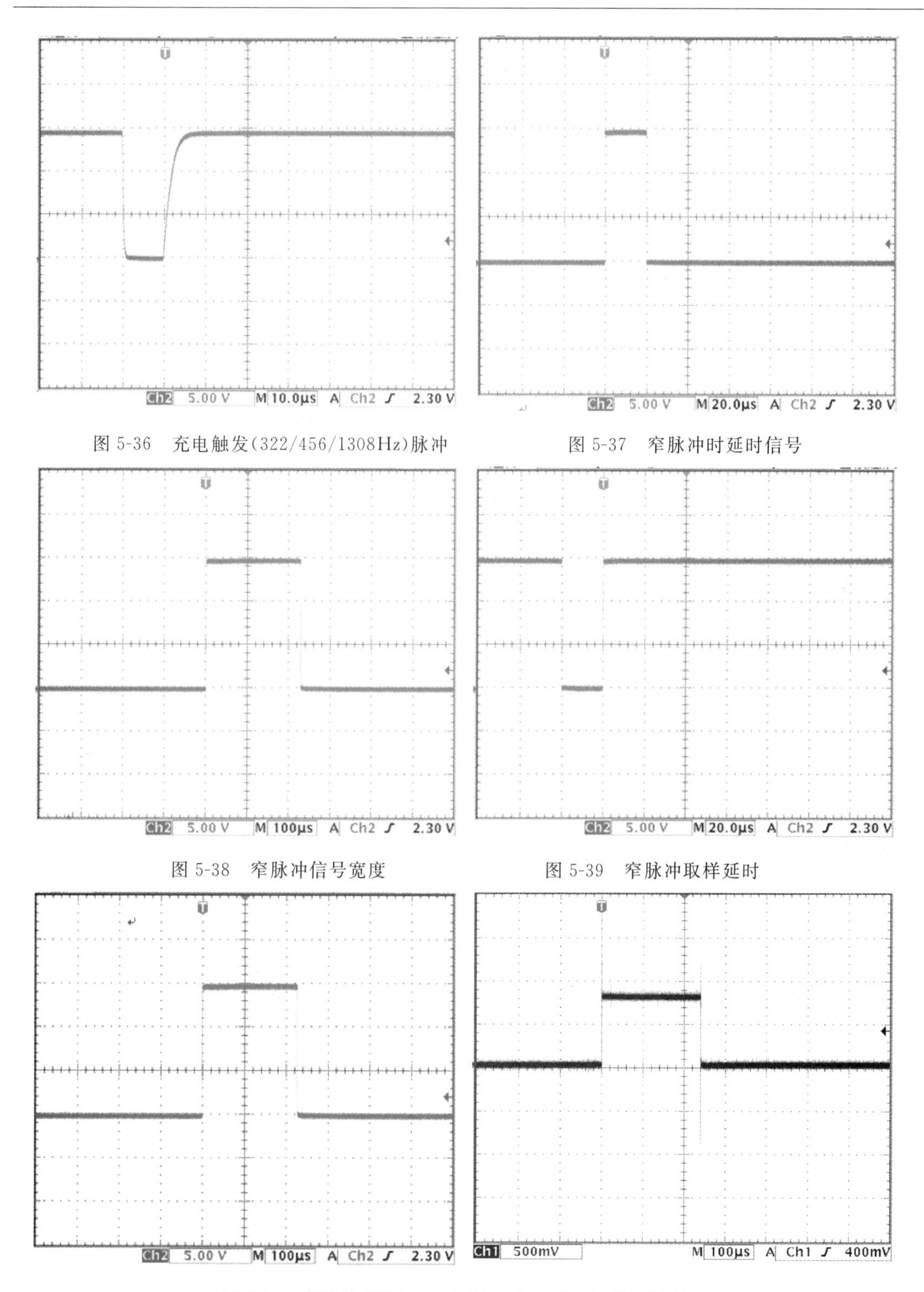

图 5-36　充电触发(322/456/1308Hz)脉冲

图 5-37　窄脉冲时延时信号

图 5-38　窄脉冲信号宽度

图 5-39　窄脉冲取样延时

图 5-40　窄脉冲 ZP2(new)波形(左)和 ZP2(old)波形(右)

如[彩]图 5-40 所示，由于 3A10A1 新旧电路有所区别，所以新旧电路在 ZP2 处出现不同的波形幅度。

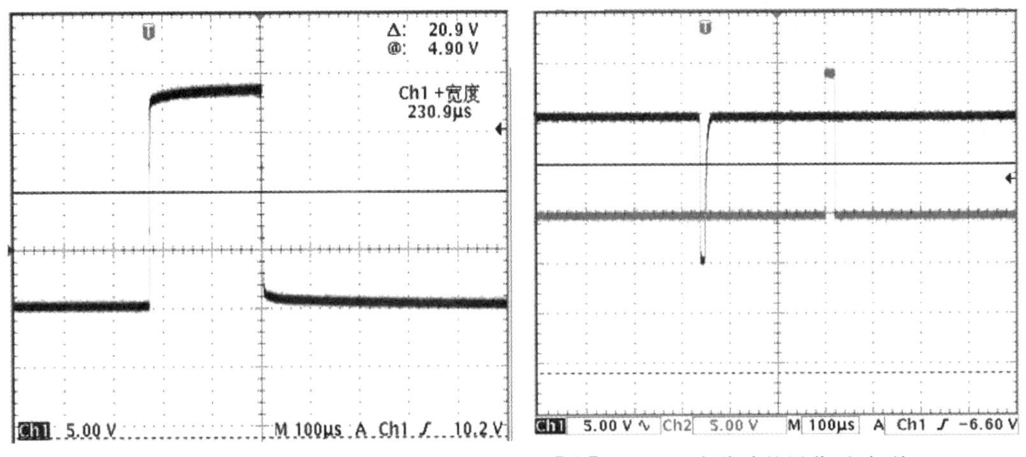

［彩］图 5-41　窄脉冲 IGBT 驱动波形
驱动脉冲波形(－5V～＋14V)

［彩］图 5-42　窄脉冲的屏蔽延时(约 260μs)

如图 5-43 所示，充电监测波形反向顶降是由于测试电路中加上小滤波电容；正向尖峰是由于负载电阻存在小电感。如图 5-44，同样充电赋能波形的反向锯齿波是由于负载电阻存在小电感的原因。

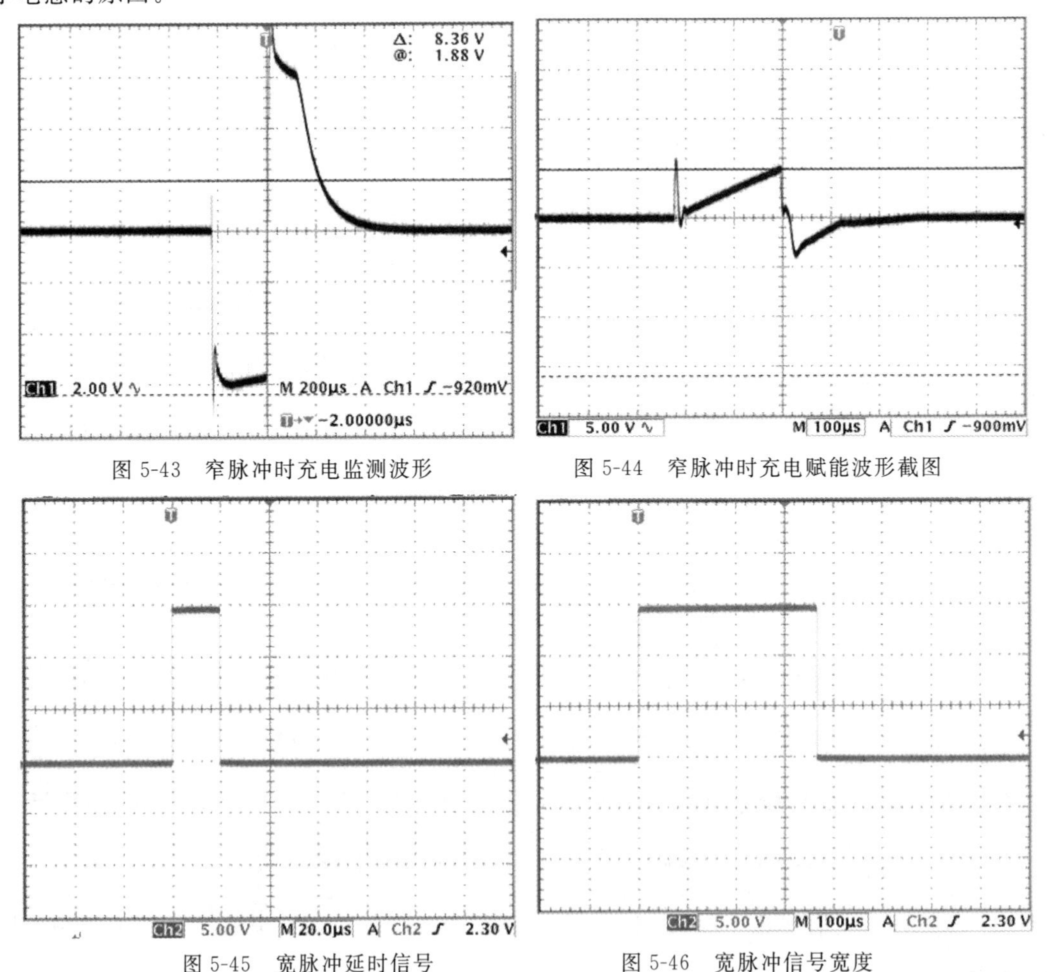

图 5-43　窄脉冲时充电监测波形

图 5-44　窄脉冲时充电赋能波形截图

图 5-45　宽脉冲延时信号

图 5-46　宽脉冲信号宽度

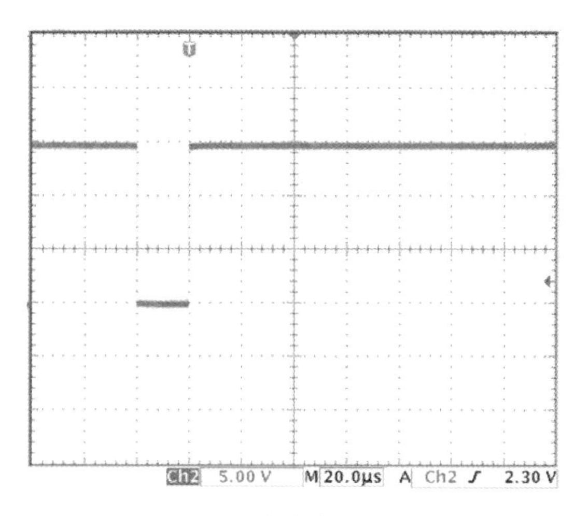

图 5-47　宽脉冲取样延时

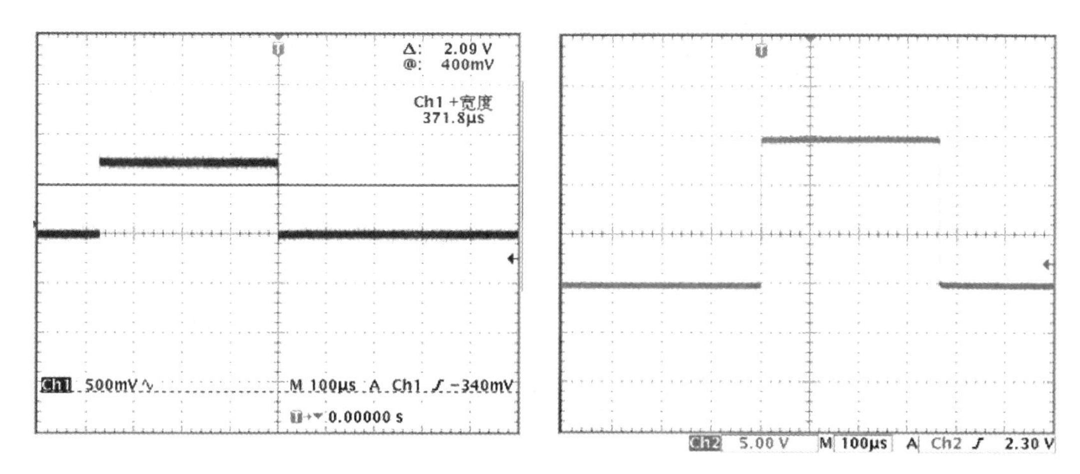

图 5-48　宽脉冲 ZP2(new)波形(左)和 ZP2(old)波形(右)

如[彩]图 5-48 所示，由于 3A10A1 新旧电路有所区别，所以对新旧电路在 ZP2 处出现不同的波形幅度。

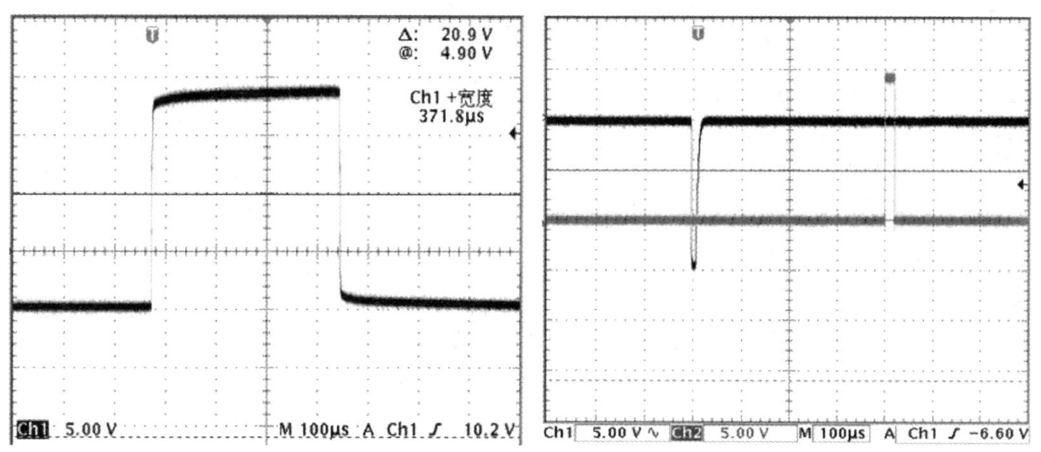

图 5-49　宽脉冲 IGBT 驱动波形 J2/2&3+9&10　　图 5-50　宽脉冲的屏蔽延时(约 400μs)

如图 5-49，宽或窄脉冲时的屏蔽延时脉冲宽度相等，约为 20μs；但是窄脉冲时，屏蔽延时与触发脉冲的前沿时差约为 260μs（如图 5-40）宽脉冲时，屏蔽延时与触发脉冲的前沿时差约 400μs（图 5-50）；实际上由 XT2 脉冲后沿时间决定。

如图 5-51 所示，充电监测波形反向顶降是由于测试电路中加小滤波电容；正向尖峰是由于负载电阻存在小电感作用。同样充电故障波形的反向锯齿波是由于负载电阻存在小电感的原因。

在所有状态参数均正常的情况下，用示波器探头观测 3A10A1 充电控制板的测试点 ZP9（new/ZP3）和 ZP10 为信号地（new/ZP6），充电故障检测波形形状如图 5-52 所示，但是在雷达联机状态下，充电故障监测的负向锯齿波几乎没有，所以充电故障检测电压门限指示≤+10V。

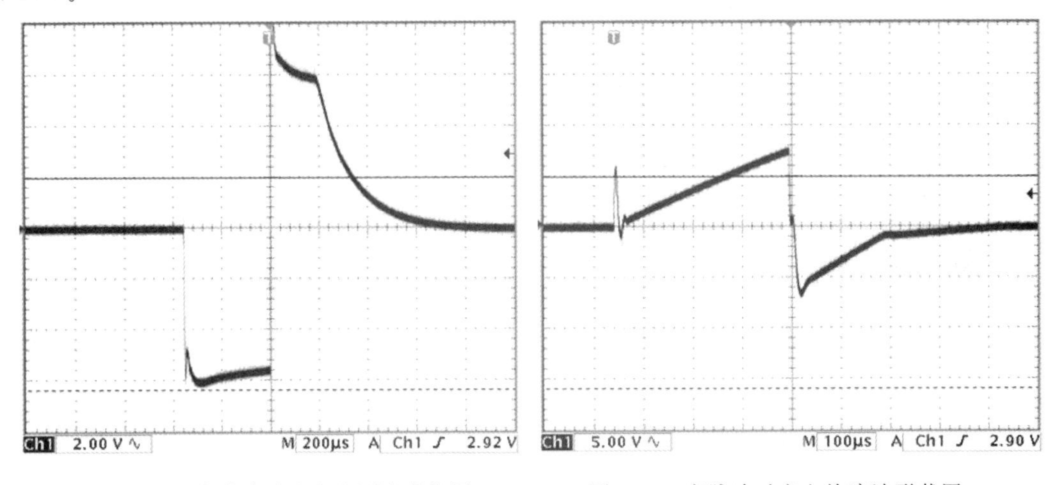

图 5-51 宽脉冲时充电监测波形截图　　图 5-52 宽脉冲时充电故障波形截图

5.4 测试调试中可能遇到的问题

当本机发生故障时，报警信息栏将显示“FLYBACK CHARGER FAILURE”，表示充电开关组件 3A10 综合故障，系统保护措施是关闭高压和磁场电源。

如报警显示“INVERSE DIODE CURRENT UNDERVOLTAGE”，表示 3A10 的回授过流/整流欠压，系统保护措施是关闭高压电源。可能的故障原因有：其中回授过流是对 IGBT 的回授电流取样过流，而整流欠压是直流≤510V－10%，即三相交流供电欠压或失相，滤波电容器击穿，整流组件 3A2 故障等。

3A10 故障原因可能还有：人工线电压充放电失常（只有充电，没有放电），此时发射机过压故障指示灯亮。即不仅触发器的故障而且调制器的故障也会反映到充电开关组件 3A10 的故障上。

对本组机硬件故障的部分维护检修可参考表 5-5、表 5-6 和表 5-7。

表 5-5　3A10/回扫充电开关组件部分故障及根源

序号	故障现象	可能的原因	排除方法
11	差分接收器输出无信号	无输入信号； 信号放大回路集成电路损坏	检查输入电缆及接点； 更换 N3/26LS33，相关 IC
22	加高压 3A10A1 充电控制板上指示灯 V6 发亮	驱动器(EXB841)及其附属元器件损坏； A10 开关组件内开关管 V1、V2 损坏	更换驱动器板的 N19，N21 及对应二极管 V2，V4；更换 A10 开关组件内开关管 V1、V2
33	加高压 3A10A1 充电控制板上指示灯 V14 发亮	充电过流保护电路基准电平设置不当或变化； 充电过流保护电路回路中元器件损坏； 充电过流	调整电位器 RP14，改变基准电平； 检查实际充电电流及检测电路
44	加高压 3A10A1 充电控制板上指示灯 V12 发亮	充电过压保护电路基准电平设置不当或变化； 充电过压保护电路回路中元器件损坏； 充电过压	调整电位器 RP13，改变基准电平； 检查实际充电电压及检测电路
55	加高压 3A10A1 充电控制板上指示灯 V9 发亮	回授过流保护电路基准电平设置不当或变化 回授过流保护电路回路中元器件损坏； 回授过流	调整电位器 RP12 改变基准电平； 检查回授电流检测电路； 检查实际回授电流
66	加高压 3A10A1 充电控制板上指示灯 V8 发亮	充电赋能过流保护电路基准电平设置不当或变化； 充电赋能过流保护电路回路中元器件损坏； 赋能过流	调整电位器 RP11 改变基准电平 检查赋能电流检测电路； 检查实际赋能电流

表 5-6　3A10/回扫充电开关组件性能测试调试表
(*PRF*=322&1308Hz，τ=1.57 μs/窄脉冲，*PRF*=322&456Hz，τ=4.56 μs/宽脉冲)

序号	名称	测量点/调整	正常值	测量值	备注
1	+510V	XP1/1&2	510V(≤322Hz)	510V	DC
2	510V 电流 *I*	钳表套在 510VDL	Min=4.3A(322Hz，1.57 μs)， Max=17.7A(456Hz，4.56 μs)	Min=4.26A/510V Max = 17.8 A/507 V	DC 不同 *PRF*，τ，*I* 不同
3	A20V	XP3/1&XP2/3	20V	负载正常	DC
4	B20V	XP3/2&3	20V	负载正常	DC
5	+15 V	XS1/6&25	15 V	负载正常	DC

续表

序号	名称	测量点/调整	正常值	测量值	备注
6	－15V	XS1/9&28	－15V	负载正常	DC
7	＋5 V	XS1/8&27	5 V	负载正常	DC
8	＋28V	XS1/17&36	28V	负载正常	DC
9	触发脉冲检测	ZP1	15V	14V	差分触发脉冲信号
10	窄脉冲延时信号	U4/P6 RP3	20μs	原值 18.4μs，调整＝20.01μs	方波
11	窄脉冲信号宽度	U4/P10 RP5	t_1＝200～250μs	原值＝240.3μs	方波
12	宽脉冲延时信号	U5/P6 RP4	20μs	原值＝18.9μs，调整＝20.01μs	方波
13	宽脉冲信号宽度	U5/P10 RP6	t_1＝350～390μs	原值＝377.2μs	方波
14	窄脉冲取样延时	U15/P7 RP15	20μs	原值＝21.7μs，调整＝20.04μs	负方波
15	宽脉冲取样延时	U15/P9 RP16	20μs	原值＝19.96μs	负方波
16	屏蔽延时信号	U12/P6 RP9	20μs	原值＝19.56μs	方波
17	EXB841 控制信号	ZP2	0.7～0.8V，t_1＝200～250/350～390μs	0.8V；240/377 μs	方波(PWS 转换)
18	充电电流门限	U23/P2 RP14	－10.0V 充电电流取样	原值＝－9.5V	DC(∝限流电阻)
19	充电电压门限	U22/P3 RP13	＋5.5V 充电电压取样	原值＝5.77V	DC
20	回授过流门限	U21	＋10V 回授过流取样	原值＝11.14V	DC
21	赋能过流/充电故障门限	U21/P3 RP11	＋10.0V 赋能过流取样	原值＝10.79V	DC
22	人工线残压保护门限	U14/P3 RP10	＋10.0V 充电电压取样	原值＝10.79V	DC
23	V1/IGBT 驱动波形	J2/2&3	＋15V～－5V(＝基准电平) 200～250/350～390μs		+15 -5V
24	V2/IGBT 驱动波形	J2/9&10	＋15V～－5V(基准电平) 200～250/350～390μs		+15 -5V

续表

序号	名称	测量点/调整	正常值	测量值	备注
25	XT9 充电故障检测波形		<+10V (联机测试时没有负向波形,因无感电阻有电感造成)		
26	IGBT 对管在 3A7T2 初级输出波形		两个波形的大小和形状完全一致,方向相反		
27	充电变压器次级储能 t_1 与放电 t_2 波形		±6120V 高压脉冲。 t_1=储能,t_2=放电 负载无感时,理想波形.	理想的无感负载电阻输出波形	
28	宽脉冲参考电平	DL/RP	3A1 的 RP3/先调 7.2V	必须联机调试	DC, W → 现场←4500V
29	窄脉冲参考电平	RP8	后调 3～4V	原值=3.8V	DC,N→现场←4500V

表 5-7　3A10/回扫充电开关组件功能测试表

序号	名称	一般情况	动作时	测试结果	备注
1	PWS	窄脉冲	窄脉冲—宽脉冲	240～377μs	0=N,1=W
2	复位	正常	复位	故障灯全灭	工作时正常
3	使能	开始不使能	最后使能	√	工作时使能
4	回授过流调整一	V6/D3 暗	V6 发亮回授过流	√	试验保护电路
5	充电过流	V14 暗	V14 发亮/N26out	充电过流=0√	试验保护电路
6	充电过压	V12 暗	V12 发亮/N27out	充电过压=0√	试验保护电路
7	回授过流调整二	V9 暗	V9 发亮/N28out	回授过流=0√	试验保护电路
8	赋能过流/充电故障	V8 暗	V8 发亮/N29out	赋能过流=0√	试验保护电路

第 6 章　分级资料库

6.1　概述

对 CINRAD 基层台站的一般用户来说，当 CINRAD 发生故障时，根据规范化的维修方法：由充要的故障现象＋参考相应的案例专家库或 FTD＋经验和排障技巧→制定测试方案（参考分级资料库，确定排障路径和被测节点）→通过初步测试→将被测节点实测参数与分级资料库中对应节点的参数范围进行比较，根据：

IF right THEN continue ELSE analysis

的方法进行逻辑判断，决定下一步维修进程，层层剥离地找出电子设备的故障原因。

说明分级资料库和经典案例库＋FTD 的重要性和普遍适用性，本章将以 CINRAD/SA&SB －3A4 为例说明分级资料库的格式和资料内容。

CINRAD 基层台站的机务员在排障过程中最方便获取的是 CINRAD 数据库离线查询系统的资料内容。点击桌面上快捷图标（图 6-1），出现“CINRAD 数据库离线查询”（图 6-2），有三项“查询”和一项“数据更新”。选择“分级资料库查询”，如图 6-3 所示。

图 6-1　CINRAD 数据库离线查询快捷图标

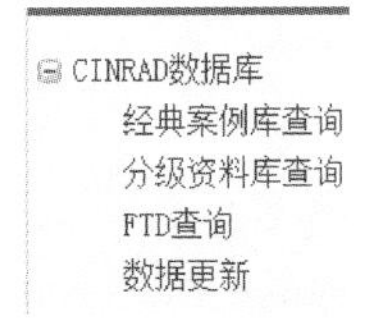

图 6-2　CINRAD 数据库离线查询

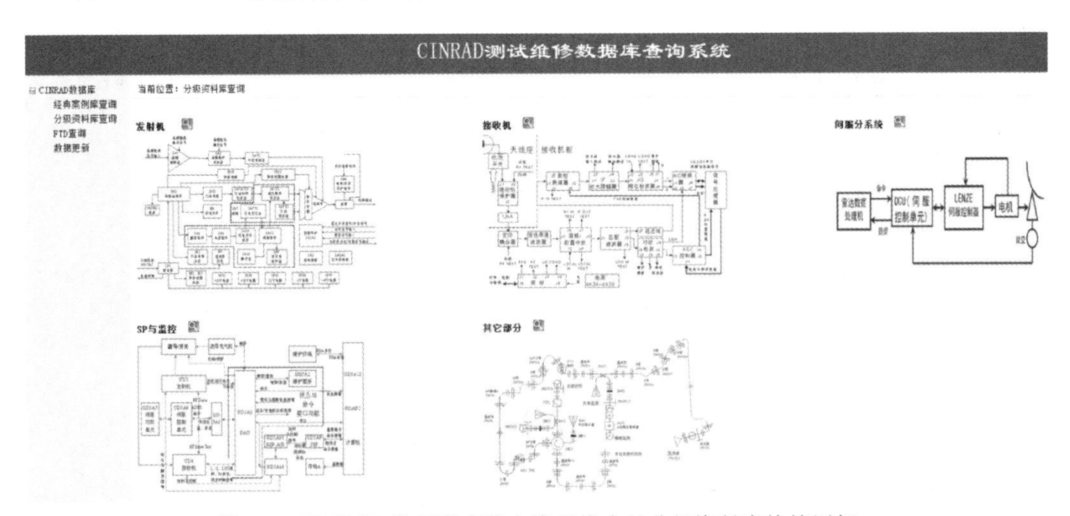

图 6-3　CINRAD 数据库离线查询系统中的分级资料库快捷图标

如图 6-3 所示，在主窗口有 5 个快捷图标：发射机、接收机、伺服分系统、SP 与监控、其他部分。

点击“发射机”快捷图标，进入发射机的分级资料库。

由于 CINRAD 测试维修数据库查询系统中的“分级资料库查询”和 TPS 主界面上由后台数据库提供的“参考文件”共享同一个数据库的资料，且格式排列形式也是一样的，为了节省篇幅，所以在后台数据库中再详细介绍进入发射机的分级资料库的格式和内容。

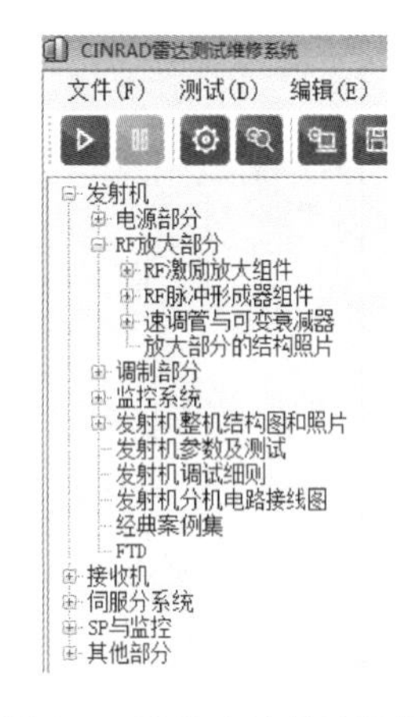

图 6-4　TPS 左边目录路径

对脱机测试维修平台的使用者来说，测试维修 CINRAD/SA&SB－3A4 组件时，必须参考 CINRAD 分级资料库中 3A4 的内容，最方便的方法是从 TPS 的主界面直接调阅由后台数据库提供的分级资料库中 3A4 的“参考文件”。由被测组件 3A4，在 TPS 主页左边的目录路径中(图 6-4)，选择发射机/RF 放大部分/RF 激励放大组件(＝3A4)：

在 CINRAD/SA&SB 的分级资料库中 UD3A4/RF 激励放大组件有 5 个本级文件，4 个下级目录(图 6-5)，点开后出现详细信息。下面将分别介绍。

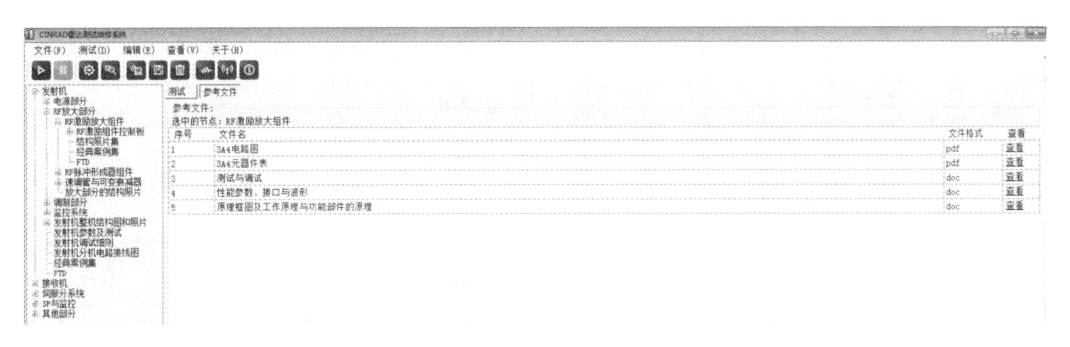

图 6-5　TPS 后台资料库中 3A4 的信息资料

6.2　3A4/RF 激励放大组件的 5 个本级文件资料

5 个本级文件资料是：3A4 电路图、3A4 元器件表、原理框图与工作原理、性能参数和接口与波形、测试与调试。

6.2.1　3A4 电路图

3A4 电路图如图 6-6 所示。

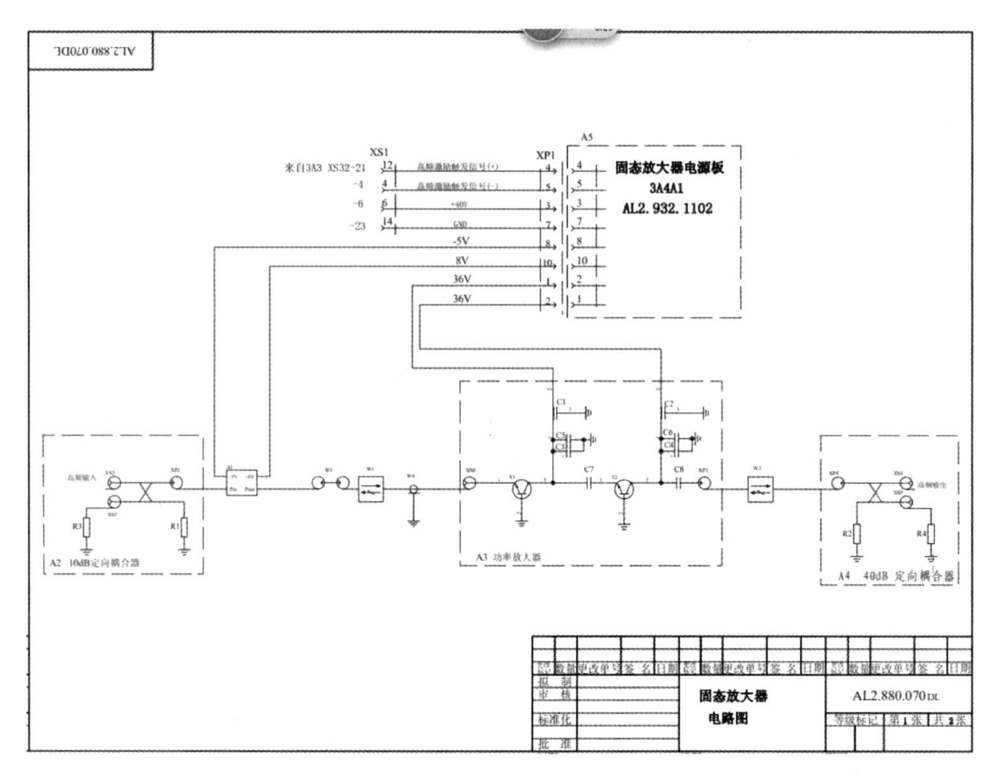

图 6-6 3A4 电路图

6.2.2 3A4 元器件表

3A4 元器件表见表 6-1。

表 6-1 3A4 元器件表

A1. 2. 880. 070DL		元件目录				
位号	技术条件与代号	名称与型号	基本数据 标称值	数量	备注	更改
R1,R2	RQ0. 467. 072JT	微带电阻 R121－0. 25－50 Ω±5%		2		
R3,R4		匹配负载 TGR－13		2	成都泰格	
C1,C2	SJ/T10876－96	电容器 CT52－2－2E3－63V－2200pF±10%		2		
C3,C4	SJ/T10778－96	CD110－50V－100μF±20%		2		
C5,C6	SJ/T10569－94	CC4－3－100V－SL－1000pF±10%		2		
C7,C8	SJ/T10211－91	CC41－0805－C0G－100pF－63 V±10%		2		
V1		功率晶体管　PH2731－20M		1	MACOM	
V2		PH2731－75L		1		

续表

A1.2.880.070DL		元件目录				
W1,W2		隔离器 TGG－305		2	成都泰格	
W3	Q/MB410－85	射频连接器 SMA－JJ	1			
W4	AL4.858.3454	电缆		1		
XS1		插座 465－378		1	RS 公司	
XS2－5	Q/MB410－85	SM－KFD29		4		
XS6		SMA－KFD9		1		
XP1		插头 CH10－2.54－10T		1	RS 公司	
XP2,4	Q/MB10－85	SMA－JFD18		2		
		SMA－JFD1		1		
A1		微波集成功率放大器 MMP2731－35		1	电子 1.5M	
A2	AL5.977.250	10dB 定向器耦合器		1		
A3	AL5.989.031	功率放大器		1		
A4	AL5.977.251	40dB 定向耦合器		1		
A5	AL2.932.1102MX	射频激励器电源板		1		

										固态放大器 电路图
					拟制					
					审核					AL2.880.070DL
					标准化					
更改	数量	文件号	签名	日期					第 2 张	共 2 张

6.2.3　原理图与工作原理

6.2.3.1　原理框图

3A4/RF 激励组件原理框图如图 6-7 所示。

6.2.3.2　工作原理

高频激励器 3A4(固态放大器)的作用是将频率综合器 4A1/J1 发出的高频激励输入信号＝RF DRIVER(脉宽约 8.2μs,峰值功率约 10mW)在来自 UD5/信号处理器(SP)的“高频激励触发信号＝RF DR TRIGGER”触发下,与系统保持同步地逐级放大到峰值输出功率约 48W,脉宽仍为 8.2μs,用于驱动高频脉冲形成器 3A5。

其中,前级放大器是 MMIC(微波单片集成电路)放大器,是砷化镓微波放大器,工作在 A 类,增益约 25dB。电源供给是－5VDC 和＋8V 调制脉冲,＋8V 调制脉冲的时序受 RF DR

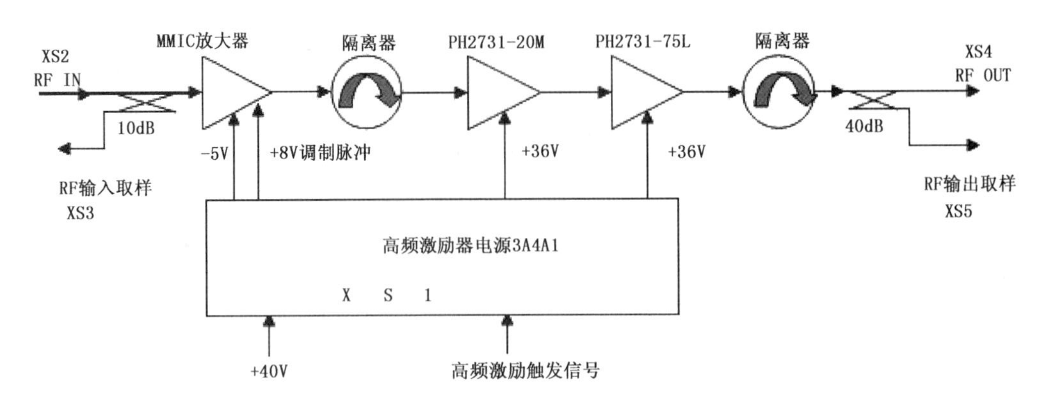

图 6-7 3A4/RF 激励组件原理框图

TRIGGER 触发脉冲和 3A4A1/RF 激励组件电源板的控制，＋8V 调制脉冲的幅度决定 MMIC 的放大能力，但是最大值≤＋9.5V，否则可能损坏会 MMIC。后级放大器采用 2 级 C 类功放，用硅功率放大晶体管分成二级放大，第一级功放管型号为 PH2731－20M，第二级功放管型号为 PH2731－75L，其增益约 13dB。2 只隔离器衰减 0.6dB，2 只定向耦合器的直通衰减和接头衰减 0.5dB，总计插入损耗约 1dB。3A4/RF 激励组件的总增益约为 37dB。

输入端 10dB 定向耦合器的耦合输出端 XS3 提供 RF 输入采样值（峰值功率＝1mW），输出端 40dB 定向耦合器的耦合输出端 XS5 提供 RF 输出取样值（峰值功率＝4.8mW），XS3 和 XS5 平时应外接 SMA 型的 50Ω/0.1W 以上的匹配负载，减小 RF 泄露。

6.2.3.3 特点

（1）前级放大器采用微波单片集成电路（MMIC）砷化镓微波放大器，它具有尺寸小、重量轻、可靠性高等优点。

（2）高频放大器的调制脉冲受“高频激励触发信号＝RF DR TRIGGER”触发和 RF 激励器电源板控制，以保持与 RFin 及系统 PRF 同步。

6.2.4 性能参数和接口与波形

6.2.4.1 性能参数

工作频率：2700～3000MHz；

高频输入：峰值功率 10mW，脉冲宽度约 8.2μs；

高频输出：峰值功率约 48W，脉冲宽度约 8.2μs，顶降≤1%；

调制脉冲由“高频激励触发信号（RF DR TRIGGER）”触发，与 RFin 及系统 PRF 同步；

3A4RF 输入由 10dB 的耦合 XS3 提供输入检测信号（＝1mW）；

3A4RF 输出由 40dB 的耦合 XS5 提供输出检测信号（≈4.8mW）；

平时，XS3 与 XS5 两者均套上 SMA 型 50Ω/0.1W 以上的吸收式负载。

6.2.4.2 接口

3A4/RF 激励组件的接口见表 6-2。

表 6-2　3A4/RF 激励组件的接口表

序号	引脚	名称	入/出	备注/说明
		通用接口		
1	XS1/4&12	RFDRTRIG+/-=105/106	输入	高频激励触发,延迟=PRT-34.7 μs
2	XS1/6&14	+40V/GND	输入	低压电源输入
		专用接口		
3	XS2	RF IN	输入	10 mW,8.2 μs,延迟=PRT-(1~3 μs)
4	XS3	RF OUT	输出	输入端10dB耦合输出=1 mW
5	XS4	RF OUT	输出	48W,8.2 μs
6	XS5	RF OUT	输出	输出端40dB耦合输出=4.8 mW

脉冲延迟是相对于高频脉冲起始信号。

6.2.4.3　波形

3A4/RF激励组件的输出高频包络与高频激励触发信号的时序关系如[彩]图6-8所示。

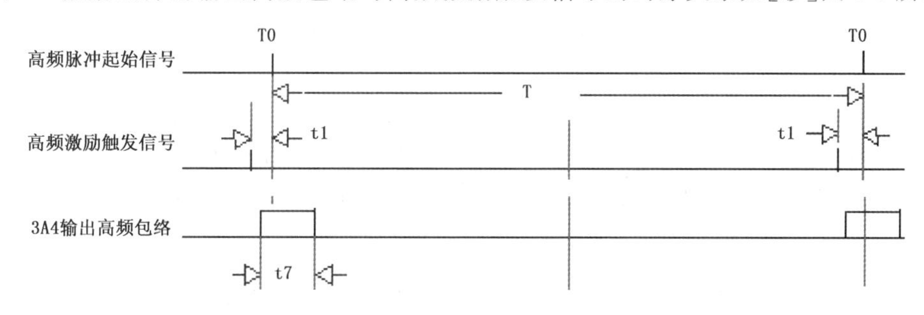

图 6-8　3A4的时序关系图

图6-8中,T是脉冲重复周期;3A4输出高频包络时序=3A4输入高频包络时序;

T_0是发射机的时间基准(在T0时刻发射机接收到“高频起始脉冲(RF PLS ST//RF GATE TRIGGER)”,T_0相当于输出高频脉冲的前沿时刻);

t_1=34.7±0.1 μs是高频激励触发信号(RF DR TRIG);

t_7是3A4输出的高频脉冲包络宽度约为8.2μs,前沿超前T_0约1~3μs。

6.2.5　测试与调试

6.2.5.1　测试框图

3A4/RF激励组件的测试原理框图如图6-9所示。

6.2.5.2　测试步骤

开启信号源和功率计20m后,设定信号源RF输出在10mW,频率为雷达工作频率,脉冲调制;外触发工作方式(脉宽设定在8.2μs),延迟时间≈PRT-(1~3μs)。

对功率计进行零位校正和功率定标。

再开启雷达脱机测试维修平台,重点检查平台的同步触发和平台的3A4接口电缆XS1/4&12=RF DR TG触发信号的波形和时序是否满足要求,RF DR TG的延迟时间≈PRT -

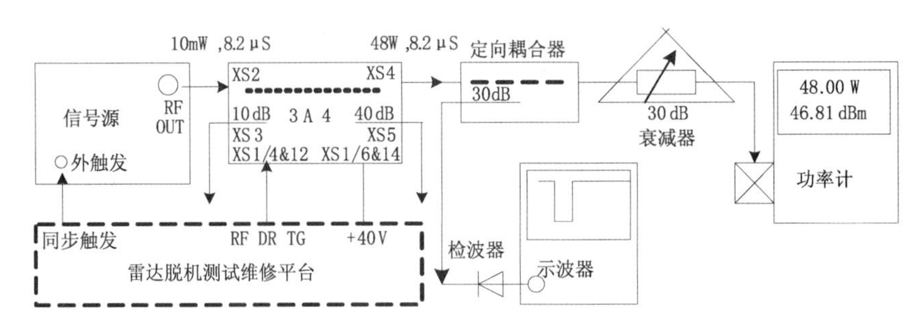

图 6-9　3A4/RF 激励组件的测试原理框图

34.7μs，检查平台的 3A4 接口电缆 XS1/6&14＝＋40V 电源是否正常？

再关闭平台 TPS 上的＋40V 电源，连接平台与被测组件 3A4 的通用接口电缆，外触发电缆，按照图 6-9 连接被测组件 3A4/RF 激励放大器、定向耦合器、衰减器、功率头＋功率计、检波器＋示波器等，重新开启平台上的＋40V 电源。

RP1 可调整单稳态多谐振荡器 N8A 的输出脉宽(≈20μs)，从而控制 V2 饱和导通时间以调整＋8V 调制脉冲的宽度(要求整个 RF 脉冲的宽度均在＋8V 脉冲宽度内)。

RP2 用以调整＋36V 的输出(决定 2 级 C 类放大器的放大倍数等)。

RP3 可以调整＋8V 的输出电压高低(决定 MMIC 的放大率，必须≤9.5V 含毛刺)。

调试的关键是：调整 RP1 使得 RF 脉冲整个完整地落在＋8V 调制脉冲方波的平顶内并使得 MMIC 放大率在 RF 脉冲期间保持不变；调整 RP2 和 RP3，使得 3A4/XS4 中的 MMIC 放大率 25dB，2 级 C 类放大器的放大率 13dB，3A4 输出的 RF 脉冲功率＝48W，顶降≤1%。

6.2.5.3　注意事项

(1)信号源的外触发时序＝RFin 时序和 3A4/RF 激励放大器的 RF DR TG 触发信号时序必须同步。

(2)功率计的探头的额定(承受)功率是 20dBm＝100mW，所以必须在功率探头前加 30dB 的衰减器，如果衰减器的衰减量过小就会烧坏功率探头。检波器也同样如此。在 RF 激励器的耦合输出端平时应该加上 0.1W 以上的吸收负载，防止 RF 泄漏。

(3)信号源、功率计、示波器和检波器和被测设备此时不仅要求同地而且均应可靠接地。

(4)测试过程需要时刻保存被测组件的 I/O 性能参数(输出 RF 功率、波形)，以作为组件的故障现象和排障档案。

6.3　3A4/RF 激励放大组件的 4 个下级目录的资料

4 个下级目录路径是：激励组件控制板、结构照片集、经典案例集、FTD。下面分别介绍。

6.3.1　RF 激励组件控制板

RF 激励组件控制板又包括 5 个本级文件(图 6-10)：3A4A1 电路图、3A4A1 元器件表 1 和 2、功能部件的原理框图与工作原理、测试与调试。

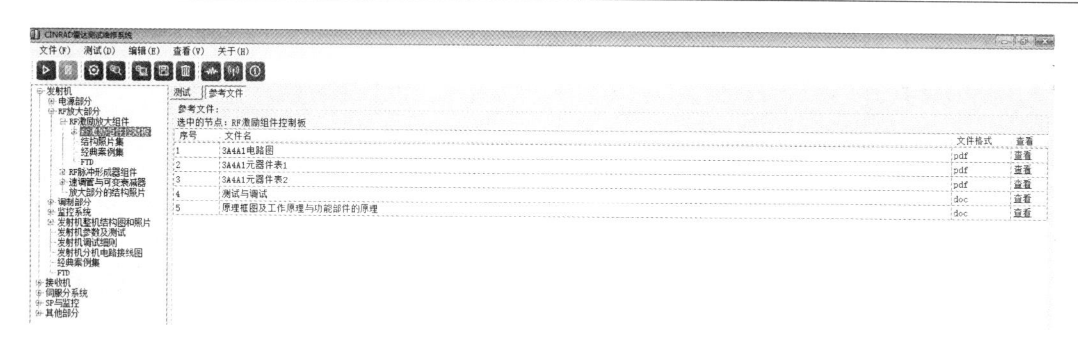

图 6-10　TPS 后台资料库中 3A4A1 的信息资料

6.3.1.1　3A4A1 电路图

3A4A1 电路图如图 6-11 所示。

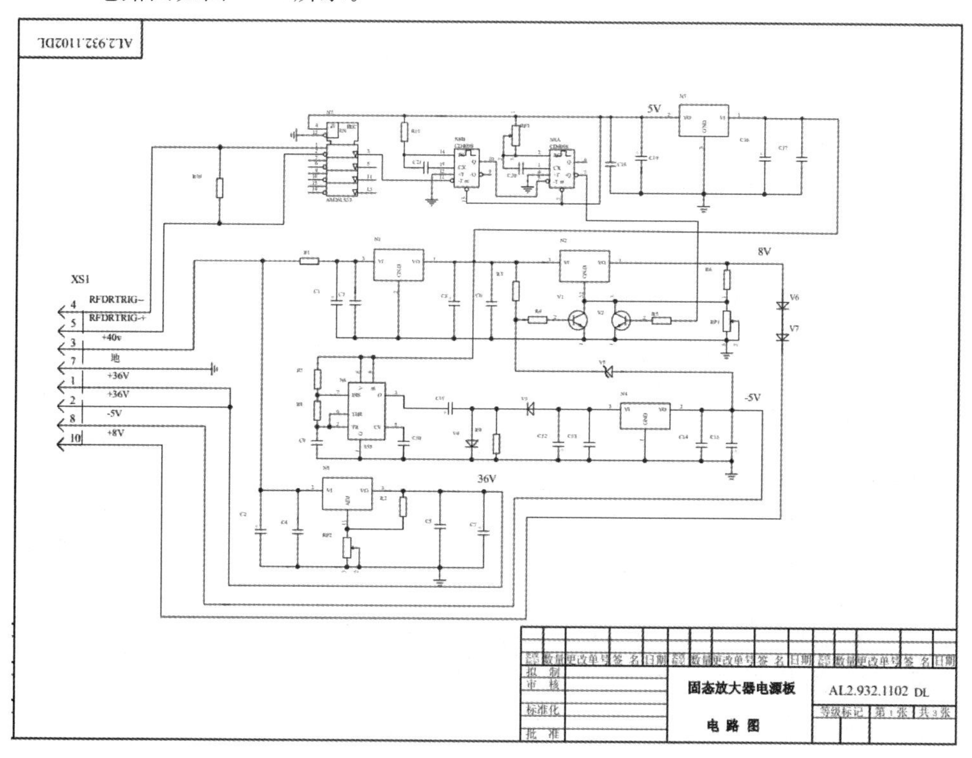

图 6-11　3A4A1/RF 激励组件控制板电路图

6.3.1.2　3A4A1 元器件表 1 和 2

3A4A1 元器件表 1 和 2 分别见表 6-3 和表 6-4。

表 6-3　3A4A1 元器件表 1

A1.2.939.1102DL		元件目录				
位号	技术条件与代号	名称与型号	基本数据 标称值	数量	备注	更改
R1	Q/RW306－88	电阻器 RX21－10 W－10 Ω±5%		1		
T2	SJ/T10775－96	RJ14－240 Ω±5%		1		
T3		RJ14－6,2kΩ±5%		1		
R4		RJ14－1kΩ±5%		1		
R5		RJ14－1kΩ±5%		1		
R6		RJ14－240 Ω±5%		1		
R7		RJ14－5.1kΩ±5%		1		
R8		RJ14－51kΩ±5%		1		
R9		RJ14－10kΩ±5%		1		
R10		RJ14－10kΩ±5%		1		
R11		RJ14－2kΩ±5%		1		
RP1	RU0.468.061JT	WXWX－3－0.25 W－10k±10%		1		
RP2		WXWX－3－0.25 W－10k±10%		1		
RP3		WXWX－3－0.25 W－10k±10%		1		
C1,2	SJ/T10778－96	电容器 CD11－63 V－100 μF±20%		2		
C3－6	SJ/T10570－94	CT4－3a－2E4－0.33 μF－M－63 V±10%		4		
C7－8	SJ/T10778－96	CD11－63 V－470 μF±20%		2		
C9	SJ/T10569－94	CC4－4－63 V－SL－10000pF±10%		1		
C10	SJ/T10569－94	CC4－4－63 V－SL－1000pF±10%		1		
C11,C12	SJ/T10778－96	CD11－25 V－100 μF±20%		2		
C13,C14	SJ/T10570－94	CT4－3a－2E4－0.33 μF－M－63 V		2		
C15	SJ/T10778－96	CD11－25 V－470 μF±20%		1		
C16	SJ/T10778－96	CD11－25 V－100 μF±20%		1		
C17	SJ/T10570－94	CT4－3a－2E4－0.33 μF－M－63 V±10%		1		
C18	SJ/T10570－94	CT4－3a－2E4－0.33 μF－M－63 V±10%		1		
C19	SJ/T10778－96	CD11－25 V－470 μF±20%				

										固态放大器 电路图
					拟制					
					审核					AL2.932.1102DL
					标准化					
更改	数量	文件号	签名	日期					第 2 张	共 3 张

表 6-4　3A4A1 元器件表 2

A1.2.932.1102DL		元件目录				
位号	技术条件与代号	名称与型号	基本数据 标称值	数量	备注	更改
C20－21	SJ/T10569－94	CC4－4－63 V－SL－10000pF±10%		2		
V1,2		3DK4B		2	873厂	
V3,4		1N4148		2		
V5		2CW52		1		
V6,7		1N4007		2		
N1		W296－15 V(F2)		1	无锡无线 电十五厂	
N2		W296(F2)		1		
N3		W78L05(B4)		1		
N4		W79L06(B4)		1		
N5		W117(F2)		1		
N6		LM555		1	进口	
N7		AM26LS33M		1	进口	
N8		CD4098		1	进口	

										固态放大器 电路图	
					拟制					AL2.932.1102DL	
					审核						
					标准化						
更改	数量	文件号	签名	日期						第3张	共3张

6.3.1.3　功能部件的原理框图与工作原理

(1)高频激励器电源驱动板 3A4A1 原理框图

高频激励器电源驱动板 3A4A1 原理框图如图 6-12 所示。

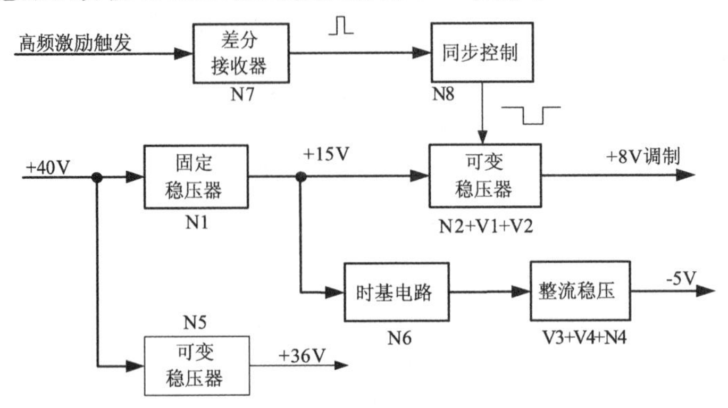

图 6-12　高频激励器电源驱动板 3A4A1 原理框图

(2)高频激励器电源驱动板 3A4A1 的工作原理

3A4A1 的作用是产生特定/控制的工作电压输出，具体电路参考图号：AL2.932.1102.DL，电路框图如图 6-12 所示。它接收电源 3PS7 来的＋40V 电压，经 3A4A1 后输出－5V 直流电压、＋8V 调制脉冲和＋36V 直流电压，分别作为微波单片集成电路(MMIC)砷化镓微波放大器的驱动电源和 2 级功放管的工作电压。

(3)几个功能部件的原理框图与工作原理

1)＋8V 脉冲调制电压的产生

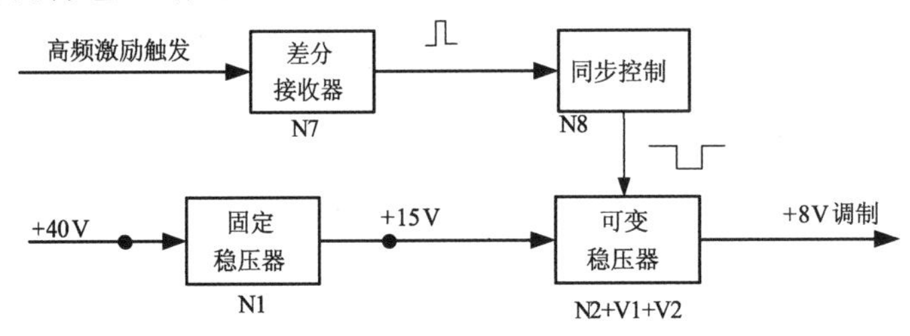

图 6-13　＋8V 脉冲调制电压原理框图

如图 6-13，来自 UD5 的高频激励触发信号(RF DR TRIGGER)与系统 PRF 同步，经 N7/差分接收，N8B＋N8A/2 级单稳态多谐振荡电路同步控制产生控制方波，控制由 V1＋V2＋V5＋N2 等组成的可变稳压器，将＋40VDC 经过 N1/固定稳压器的＋15VDC 变成＋8V 调制脉冲(类似方波)，从可调输出的稳压器 N2/W296－V_0 端取得，经过 2 个正向导通的二极管后，加在 MMIC 的＋8V 调制脉冲接入端。

RP1 可调整第二级单稳态多谐振荡器 N8A 的输出脉宽，从而控制 V2 饱和导通时间，决定 N2/可调稳压器输出的 V_0 端的＋8V 调制脉冲的宽度(≈20μs)，使得 RF 脉冲信号整个宽度完整地落在此＋8V 调制脉冲的方波较为平坦的顶部区域内。

RP3 可以调整＋8V 调制脉冲输出电压的高低，决定 MMIC 的放大能率；但是，加在 MMIC 的＋8V 调制脉冲接入端的脉冲输出电压幅度不得超过＋9.5V(含毛刺)，以免损坏 MMIC；改变＋8V 调制脉冲的幅度可能会影响到脉冲顶部的平坦性，需要互相兼顾。

N7＋N8 电源由＋15VDC 经 N3/7805 固定稳压器＋前后级滤波输出＋5VDC 供给。

2)－5V 直流电压的产生

如图 6-14 所示，从 N1/固定稳压器输出的＋15VDC，为 N6/555 时基电路产生振荡方波提供电源，振荡方波经 V3 负向整流及滤波后从稳压器 N4/7905 输出＋前后级滤波得到－5VDC电源，供给 MMIC 的－5VDC 接入端。

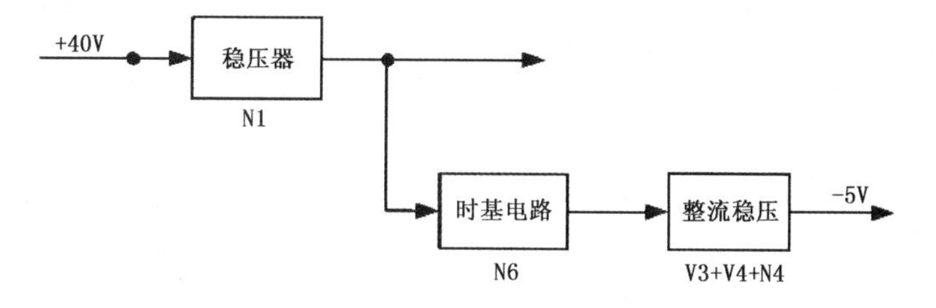

图 6-14　－5VDC 产生的原理框图

3)＋36V 直流电压的产生

如图 6-15 所示，3A4 输入的＋40VDC 电源经 N5/可调稳压器的 V_0＋前后级滤波输出＋36VDC，供给 2 级 C 类放大器，RP2 用以调整＋36V 的输出。2 级 C 类功放的放大率在 13dB 左右，改变＋36V 电压幅度可以改变 2 级 C 类功放的放大率与脉冲波形的形状(特别是顶部平坦性)，需要兼顾。

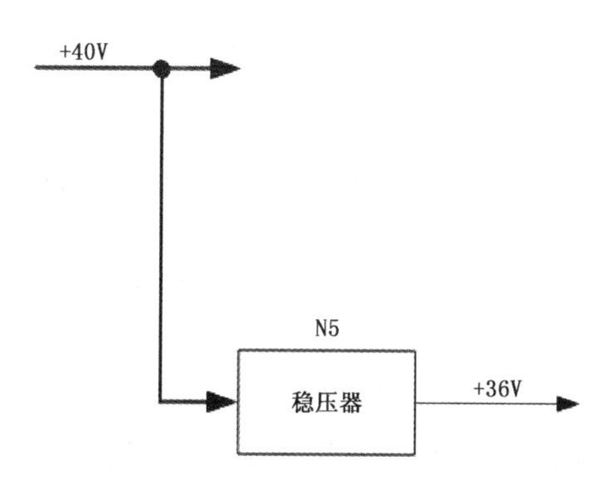

图 6-15　＋36VDC 产生的原理框图

注意：由于现在的速调管放大倍数很大，所以可以略微降低 3A4 激励器的输出功率，使之获得满意的脉冲波形。

6.3.2　结构照片集

高频激励器内部结构如图 6-16 所示。

可以陆续增加一些测试点照片，以便快速地找到测试点。

6.3.3　经典案例集

6.3.3.1　Alarm 50－Tr 不能工作－3A4/＋8V 调制脉冲的控制电路故障

(1)故障现象

2004 年 6 月在舟山 CINRAD/SB 试运行过程中，雷达发射机突然不能工作，退出工作程序 RDASC，主要报警：

Alarm 50 XMTR＋45 VDC POWER SUPPLY 7 FAIL，发射机电源 7/＋45V(实际＋

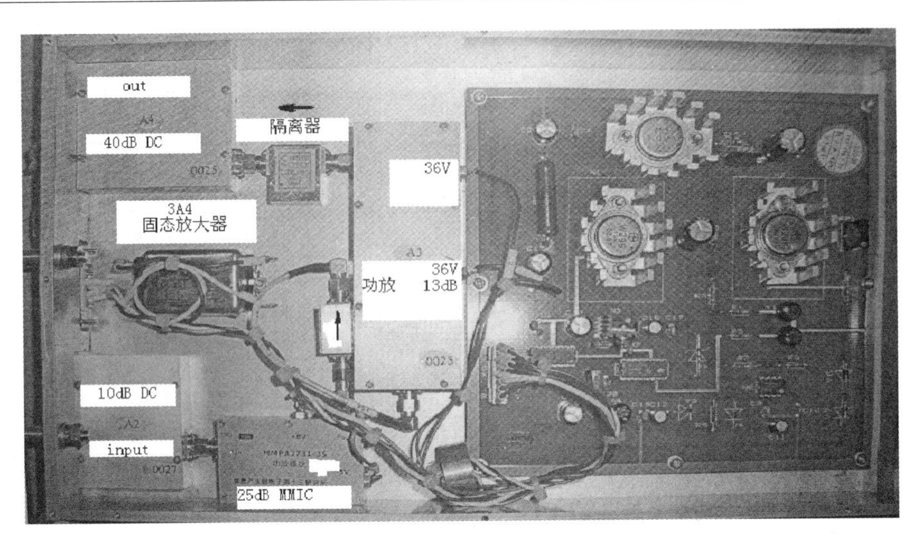

图 6-16 3A4/RF 激励器内部结构照片

40V)故障。

用 3A1 面板上的 SA9 波段开关指向 45V 电源测量,在 U/I 表 P4 上显示 34V。

由此即可锁定故障发生在发射分机。

(2)故障分析与维修过程

RDA 再次进入 RDASC 并开高压,雷达需要工作一段时间后,才能通过发射机监控面板的 U/I 表 P4 观测到 40V 电压从正常值慢慢下降直至发射机低压报警,造成发射机停机。由于 40V 电源的唯一负载是 3A4 组件/RF 激励放大器,脱开 40V 的负载 3A4/RF 高频激励放大器,发现 40V 电压恢复正常。所以可锁定故障不是发生在 3A4/RF 激励放大器及接口电缆的负载变大就是发生在+40V 电源负荷能力变小。

根据方便测试的原则,先检查 3A7/+40V 电源的负荷能力:做一个专用接口,用一个 R=20Ω/100W 的等效电阻跨接在 3A7/6&7 的引线上,接上电压表和电流表,如图 6-17 所示。

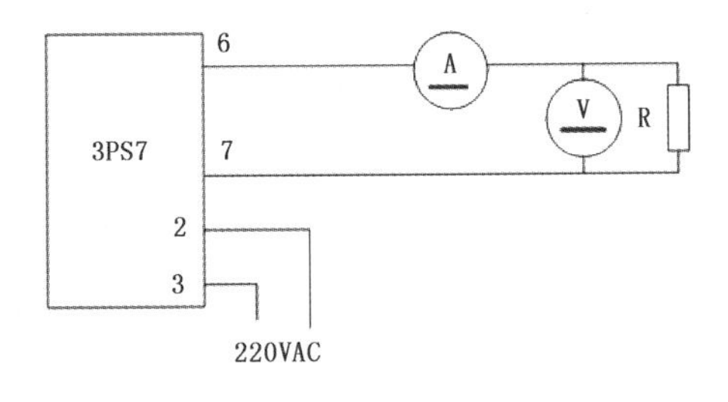

图 6-17 低压电源老化测试平台

将 3A7/+40V 电源加电半个小时,定时观测电压、电流表的数值,变化不大为正常。

拔出 3A4/XS1 插头,检查 3A7/XP3 接口电缆的 P6&P7 之间未见短路漏电现象为正常。

最后将故障定位在 3A4/RF 激励器内。

调用发射机 3A4A1/RF 激励器电源控制原理框图,如图 6-18 所示。

根据故障现象:+40VDC 负载过重,对照原理图进行理论分析(或由 3A4/40VDC 负载过重现象的 FTD)可得到:不是 N1/固定稳压器输出(+15V)电流偏大就是 N5/可调稳压器输出

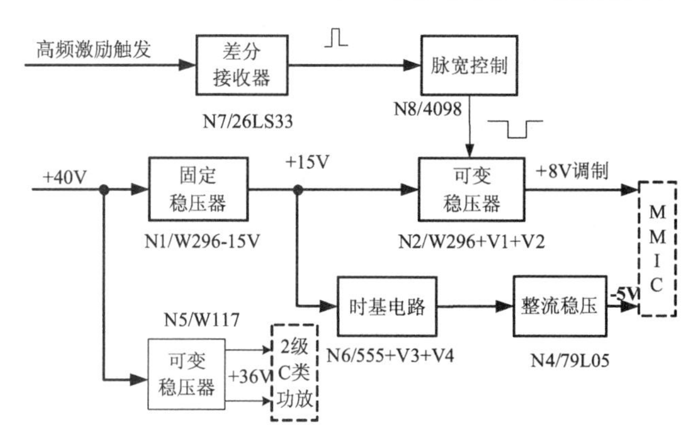

图6-18 发射机3A4A1/RF激励器电源控制原理框图

(+36V)电流偏大。到底是哪一路负载偏重?最简单的方法是打开3A4机盖,外加上+40VDC后,过一段时间用手指感觉N1和N5的外壳温度。这里的实际情况是N1和N5的外壳温度均偏高。

根据规范化维修的方法——先从简单测试开始,在40VDC下降时,用万用表分别测试N3/输出+5VDC和N4/输出−5VDC,变化小。说明这2路输出电压不是造成+40VDC负载过重的主要原因。再用示波器测量MMIC/+8V调制脉冲接入端的脉冲波形,发现+8V调制脉冲波形变差,PRF大增。逐级往前测试发现N7/28LS33和N8/CD4098芯片均已损坏。更换之,雷达工作一段时间后,+40V电压不再下降;实测+8V调制脉冲输出波形正常,3A4输出功率和波形正常,发射机恢复正常,雷达正常开机。此次故障排除。

(3)故障成因分析及注意事项

1)故障成因分析:由于3A4A1的N7/26LS33差分接收+N8/4098单稳电路芯片和外加触发信号决定了+8V调制脉冲电压的周期T和脉宽τ大小,如T变小或τ增大即工作比增大使得+8V和36V(C类功放)负载都加重;由于受到强烈的电弧冲击和强烈的电磁脉冲干扰,会造成大范围的相关接口电路损坏,有些接口芯片虽然当时还可使用,但是过一段时间后问题也会暴露出来,所以在排障过程中要充分地考虑发射机不久前曾经遭受高电压、大电流短路故障的事实。

所以本次故障实际上应该是发射机4800V脉冲高压短路的后续故障,是个典型的安装工艺造成的后续问题。

2)排障注意事项:根据规范化的排障流程,凡是出现负载太重的故障现象,应该先检查负载是否出现短路现象?免得出现二次故障。再检查电源的负载能力是否减弱了?

+40V电压下降必然导致+36V电压下降,所以不能简单地认为是2级C类放大器短路。

功率放大器里的C类功放随着输出功率增大它的功耗增加。

6.3.3.2 Alarm 200+527—Tr发射功率低—3A4/第2级C类功放V2故障

(1)故障现象

2004年7月舟山CINRAD/SB在试运行过程中,雷达发射机发射功率逐渐变小直至报警最后无发射功率输出,并退出工作程序(RDASC),主要报警是:

Alarm 200 TRANSMITTER PEAK POWER LOW，发射机峰值功率低。

Alarm 527 LIN CHAN TEST SIGNALS DEGRADED，线性通道众测试信号超限。

在雷达性能参数 RDASC/Performance Data/上出现表现为：

Trans. 1/XMTR PK PWR＝380kW，超过适配数据规定；

Adap Data/Trans. 1/MINIMUM TRANSMITTER PEAK POWER ALARM LEVEL＝400kW，发射机最小峰值功率报警电平＝400kW；

Cali1/ΔCW 与∑(ΔRFDi)]/3 之差远大于 2dB；

ΔCW＝(CW MEASURED)－(CW EXPECTED)

∑(ΔRFDi)]/3＝{(RFD1 MEASURED－RFD1 EXPECTED)＋(RFD2 MEASURED－RFD2 EXPECTED)＋(RFD3 MEASURED－RFD3 EXPECTED)}/3

超过适配数据规定：Adap Data/R237 LIN CHAN TEST TGT CONSISTENCY DEGRADE LIMIT＝2dB，线性通道测试目标一致性的容许极限＝2dB。

由此可以断定本次故障的原因：发射机高频放大链路部分的 RF 激励信号输出变小。

(2)故障分析与排障过程

发射机高频放大链路部分如图 6-19 所示。

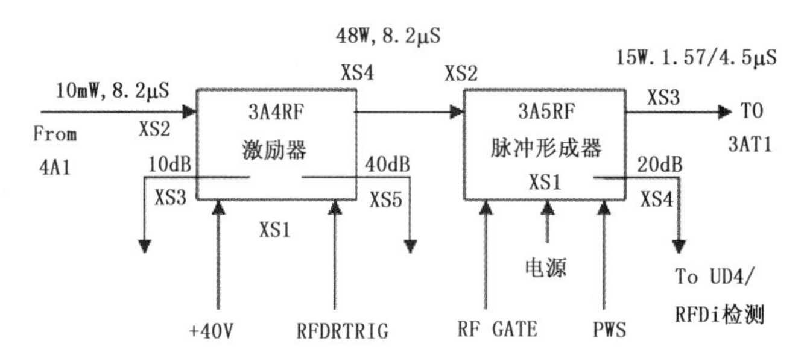

图 6-19 发射机高频链路部分的原理框图

退出 RDASC，将发射机处于“本控”和“手动”状态，运行 CtrlXmtr2 程序，选择 Transmitter/Short Pulse/321.89Hz，用功率计逐级往前测：

3A5/XS4，测得输出脉冲功率(τ＝1.56μs 下)远小于 15W；

3A4/XS5，测得输出脉冲功率(τ＝8.2μs 下)远小于 48W，且波形形状错。

3A4/XS3，测得输出脉冲功率(τ＝8.2μs 下)约为 10mW，波形正确。

从 3A4/RF 激励器输入正常，输出错误；检查其电压/＋40V 和控制波形/RFDRTRIG，基本正确。可以锁定故障出在 3A4/RF 激励器组件。

调用发射机 3A4/RF 激励器的原理框图，如图 6-20 所示。

3A4/RF 激励器的 XS2/RF IN 输入为 10 mW/8.2μs 的 RF 脉冲方波，前级放大器采用微波单片集成电路(MMIC)砷化镓微波放大器，工作在 A 类，增益约 25dB；后级功放采用硅功率放大晶体管，分成二级放大，功放管型号分别为 PH2731－20M 和 PH2731－75L，工作在 C 类，其增益约 13dB；3A4/RF 激励器的 XS4/RF OUT 输出为 48W/8.2μs 的 RF 脉冲方波。

根据 3A4 电路原理框图和规范化的维修方法(对分法＋方便测试点)，先用示波器前置 20dB 衰减器和检波器检查第一级隔离器后的输出波形：测得输出波形为 τ＝8.2μs 的 RF 脉冲方波为正常，由此可以断定故障出在后面的 2 级 C 类功放。

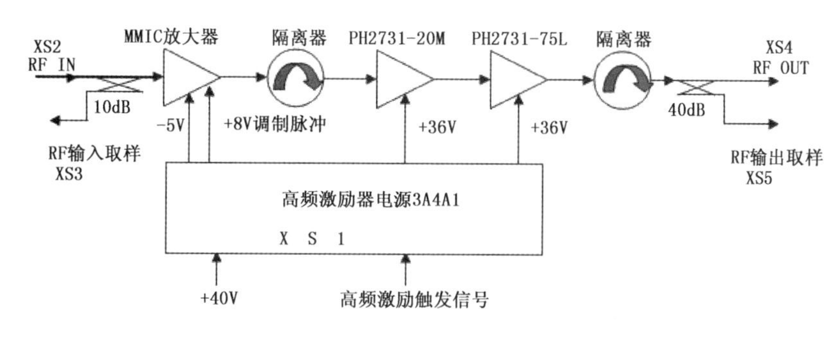

图6-20　发射机3A4/RF激励器的原理框图

检查加在2级C类功放上的＋36V电源为正常，观测微带电路未见明显损坏。再用示波器前置40dB衰减器和检波器检查第一级功放后的输出波形，测得输出波形为τ＝8.2μs，幅度相对增大的RF脉冲方波为正常；而第二级功放后的XS5/RF输出取样的波形形状错了。

由此可以断定3A4/RF激励器第二级C类功放管/PH2731－75L损坏。

更换此功放管后，进入RDASC，开启发射机高压，适当调整3AT1/衰减器的输出，使得发射机输出功率和输出波形满足要求。故障排除。

(3)故障成因分析及注意事项

1)故障成因分析：由于3A4/RF激励器的后级是C类功放，会随着输出功率增大它的功耗增加；如果C类功放长时间超负荷工作，会损坏功放管子。在舟山雷达发射机4800V脉冲高压短路产生强烈的电弧冲击和强烈的电磁脉冲干扰后，当时排除了发射机有关分机已经显现的所有故障；十天内才发现3A4A1/RF激励器的电源控制板故障，使得短暂时间内，3A4/RF激励器的后级功放处于超负荷的状态；一个月后，3A4/RF激励器的问题再次暴露出来。

所以本次故障实际上应该是发射机4800V脉冲高压短路的后续故障。是个典型的安装工艺造成的问题。

2)测试注意事项：每次测试RF功率前，均应注意小功率计功率头和示波器的检波头所能承受功率容量，将实际输入功率头和检波器的RF功率限制在其标称值的2/3以下。

测试前必须将功率计或示波器预先与被测设备同电位，均可靠接地。

6.3.3.3　Alarm 200＋523－Tr发射功率低＋无RFDi实测值－3A4/RF激励放大器故障

(1)故障现象

上海WSR－88D运行过程中RDA终端上突然发生报警，并退出工作程序：

Alarm 200/204 TRANSMITTER/ANTENNA PEAK POWER LOW，发射机/天线端峰值功率低；

Alarm 523 LIN CHAN RF DRIVE TST SIGNAL DEGRADED，线性通道RF激励测试信号超限；等报警信息，且RDA上几乎没有显示回波。

删除工作程序RDASC目录中最新生成的性能参数文件：rdaclib.dat。

再重启雷达工作程序(RDASC)，发射机高压正常，报警序列照旧并增加：

Alarm 533 LIN CHAN KLY OUT TEST SIGNAL DEGRADED，线性通道速调管输出测试信号超限；

Alarm 486 LIN CHAN CLUTTER REJECTION DEGRADED，线性通道杂波抑制超限。

在雷达性能参数 Performance Data/上显示：

Clib 1/RFDi 和 Clib Check/KDi 的实测值均极小＝－33dBz，地物抑制的滤波前功率均只有本底噪声，但 Calib 1/ΔCW 基本正常。

说明虽然发射机高压正常，频综 4A1/J3＝RF TSET 输出及接收机的 RF 测试通道正常，但是发射机放大链路无 RFDi 信号输出，无发射输出功率。

这里关键的报警信息是 Alarm 523 和对应性能参数 RFDi 实测值只有本底噪声，发射机 3A5(20dB 耦合)输出无功率，必然造成报警 200、204、486、533 等和无回波。

首先需判断 RFDi 无信号故障是发生在接收机还是在发射机。

进入 RDASOT 测试程序，选用频综脉冲输出(无需开启发射机高压)，用功率计直接测试频综 4A1/J1 RF DRIVE 的脉冲激励输出功率为正常的 13.19dBm[≥10dBm＋(W59＋4W55)的 DL 损耗]，则证明射频信号发生器 4A1/J1 输出正常；再测试 RF 激励器 3A4/J3 输入 10dB 耦合测试口的功率正常的 1dBm，也为正常。

初步锁定故障在发射分机的 RF 放大链路。

(2)故障分析与排障过程

参考 3A4/RF 激励组件的原理框图，如图 6-21 所示。

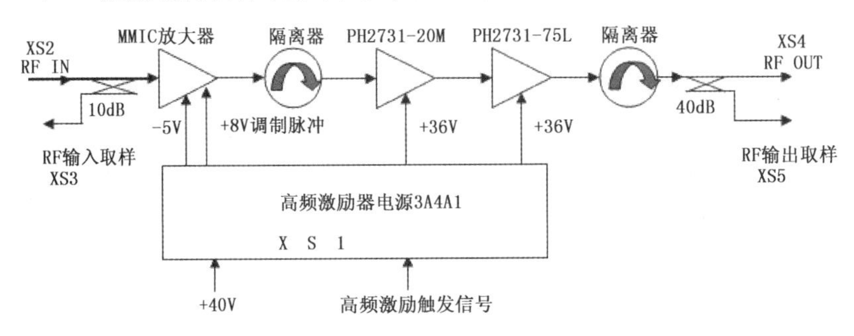

图 6-21　3A4/RF 激励器的原理框图

根据级联式规范化排障流程，用功率计测试 3A4/XS5 的 40dB 耦合输出口，测不到脉冲功率。在确定 3A4 输出未短路，输入＋40V 电源正常，输入触发脉冲/RF DR TRIG(时延＋PRT)正常后，可断定具有 37dB 增益的 RF 激励器 3A4 已无功率放大作用。

锁定发射机 RF 激励器/3A4 组件故障。

由于 WSR-88D 的维修承包给外方，只是整个更换了 3A4/RF 激励放大器。

(3)如果自行排障，其过程应该如下

结合“级联”分布电子设备规范化维修流程和 3A4 的维修经验。3A4/RF 激励器无输出功率的 FTD 图。3A4 的原理框图。3A4A1 的原理框图及电路图 CINRAD/AL2.932.1102.DL，来定位 3A4 元器件级的故障。

根据方便测试的原则，先观看 3A4 的 RF 电路部分有否明显的结构故障，测试－5V 电源和 2 组＋36V 电源是否正确。如＋36VDC 电源下降过大，可判断功放管可能短路。用示波器检查加负载时的＋8V 调制脉冲(PRT＋时延)波形是否正常，也可判断 MMIC 能否正常工作。

加 20dB 衰减器后用测试仪器检查第一级隔离器后的 RF 脉冲波形和峰值功率(8.2μs，3.1W)。

在第一级 C 类功放后焊一根 50ΩRF 同轴电缆，加 40dB 衰减器＋检波管后用示波器大致检测，如输出脉冲波形幅度较MMIC输出突然降低许多，可大致判断是第一级C类功放故障，否则是第二级C类功放的故障。

SMA插座XS3和XS5分别提供高频输入和输出取样，不用时应外接50Ω匹配负载。

6.3.4 FTD

6.3.4.1 3A4/＋40VDC负载过重的FTD

3A4/＋40VDC负载过重的FTP见图6-22所示。图6-22中3A4/RF激励组件的A支路是＋40VDC从固定稳压器N1输入对应的三个电源产生器：＋5VDC电源产生器，－5V电源产生器，＋8V调制脉冲产生器，供给MMIC放大器；B支路对应＋36 VDC电源产生器，供给2级C类放大器。

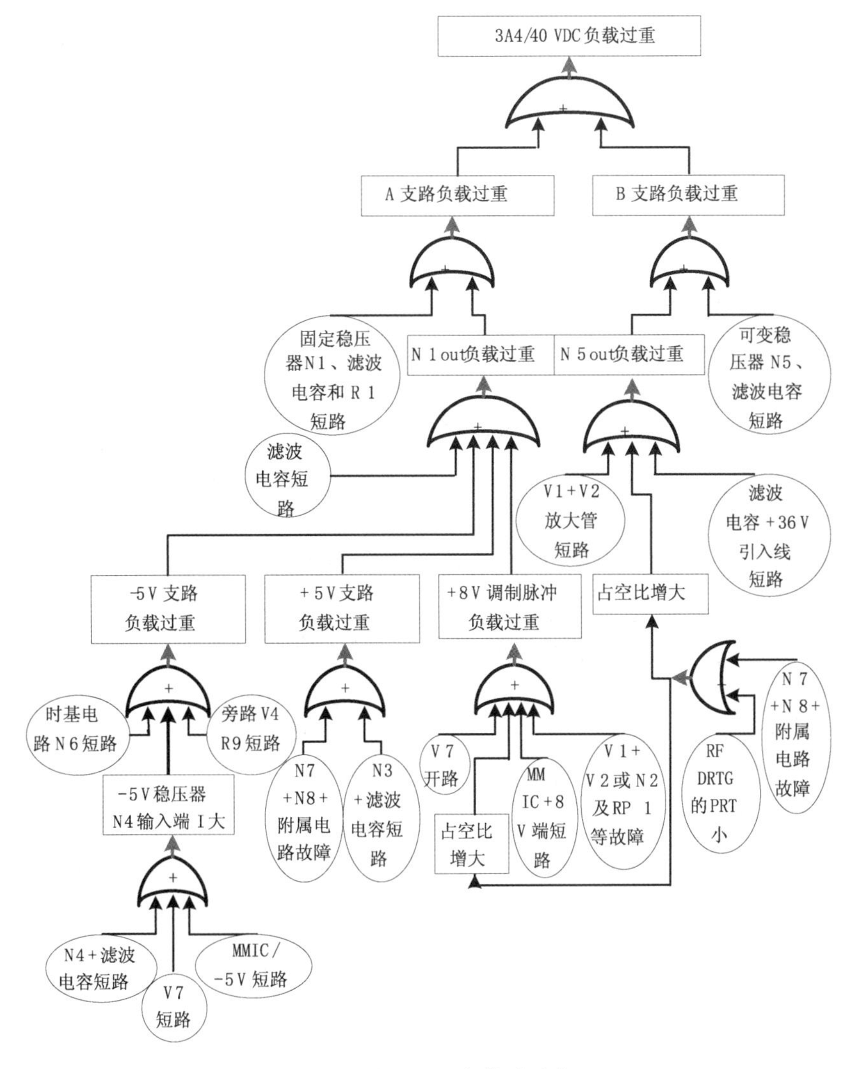

图6-22　3A4/40VDC负载过重的FTD

6.3.4.2　3A4输出RF功率极低的FTD

3A4输出RF功率极低的FTD为图6-23所示。图6-23中+8V调制脉冲产生电路故障可分解成一个FTD；－5VDC产生电路坏也可分解成一个FTD。这两个FTD均可以参考图6-22。

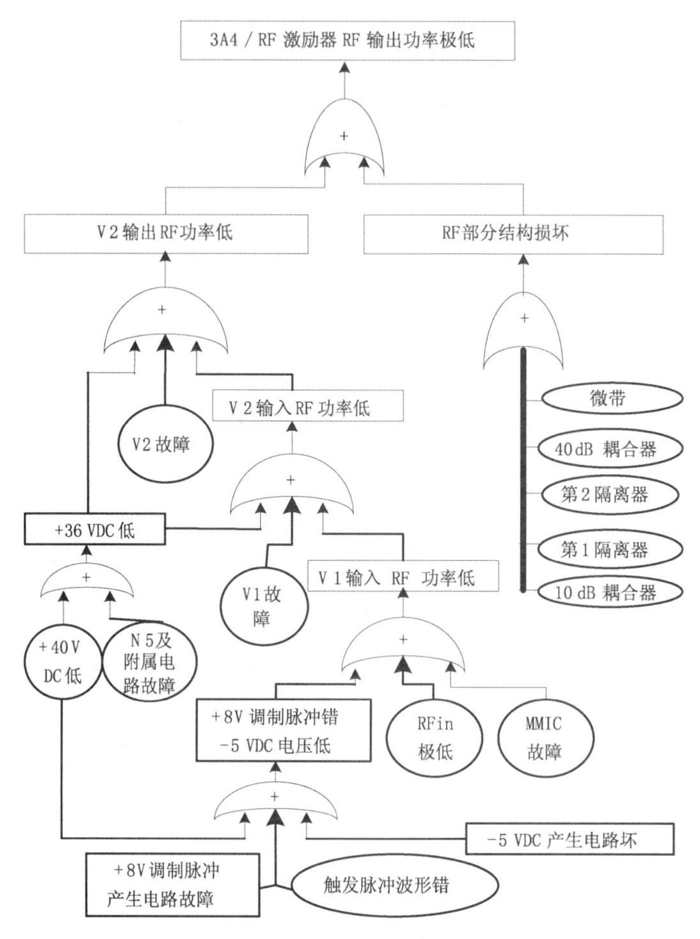

图6-23　3A4输出RF功率低的FTD

第7章　经典案例库

7.1　概述

经典案例库的案例可为同型号的CINRAD提供维修排障的参考思路并减少同类故障的发生，为雷达生产厂家指明雷达完善改进的方向，为CINRAD高级机务培训提供实习教材，是各级CINRAD机务员的学习材料。

经典案例库只选取因果关系正确的CINRAD/SAPSB排障案例，参照其描述的故障现象、排障过程和故障定位，再按照规范化维修的流程和实施方法：提高重要的故障现象进行严谨的故障分析、结合资料库给出必要的测试判断、制定最佳的排障路径、定位故障元器件，最后进行故障概论分析并给出排障经验和当时开机方法。经过审核才能入库。坚持宁坚不滥，只入库了67篇经典案例，力争做到不仅授人以鱼而且授人以渔，由于篇幅所限，本章只针对CINRAD/SAPSB主要的故障组件分别给出1—2个经典案例，仅供参考。经典案例库还需要不断地充实并完善之。

经典案例库的案例排序是按照分机/分系统/组件排列并参考报警序列；经典案例也出现在分级资料库相应组件的下级目录中。经典案例库的案例查询也可以用故障描述中的关键词进行搜索查询。在报警信息中没有采用全大写英语字母是为了便于阅读。

经典案例的文件名(故障描述)一般以关键词表示：报警信息号—故障现象—故障原因。

7.2　发射分机的经典案例

7.2.1　发射机RF放大链路的经典案例

7.2.1.1　Alarm 50—Tr不能工作—3A4的+8V调制脉冲的控制电路故障

(1)故障现象

2004年6月，舟山CINRAD/SB在试运行过程中，雷达发射机突然不能工作，退出工作程序RDASC，主要报警为：

Alarm 50 XMTR+45 VDC Power Supply 7 Fail，发射机电源7/+45V(实际+40V)故障。

用3A1面板上的SA9波段开关指向45V电源测量，在U/I表P4上显示34V。

由此即可锁定故障发生在发射分机。

(2)故障分析与维修过程

RDA再次进入RDASC并开高压，雷达需要工作一段时间后，才能通过发射机监控面板的 U/I 表 P4 观测到＋40V 电压从正常值慢慢下降直至发射机低压报警，造成发射机停机。由于＋40V 电源的唯一负载是 3A4 组件/RF 激励放大器，脱开＋40V 的负载 3A4/RF 高频激励放大器，发现＋40V 电压恢复正常。所以可锁定故障不是发生在 3A4/RF 激励放大器的负载变大，就是发生在＋40V 电源负荷能力变小。

根据方便测试的原则，先检查 3PS7/＋40V 电源的负荷能力：做一个专用接口，用一个 R＝20Ω/100W 的等效电阻跨接在 3PS7/6&7 的引线上，接上电压表和电流表，如图 7-1 所示。

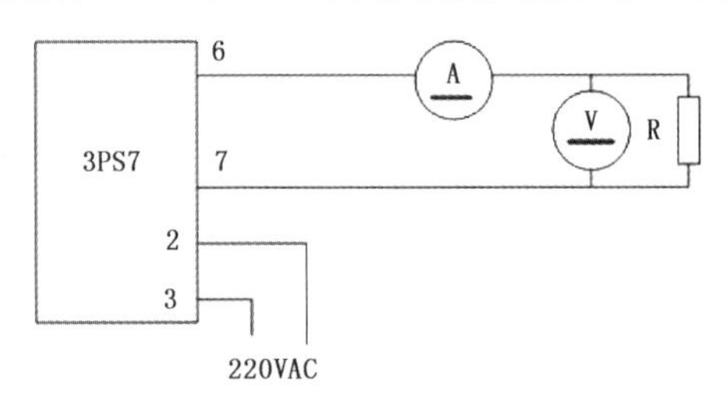

图 7-1 低压电源老化测试平台

将 3A7/＋40V 电源加电半个小时，定时观测电压、电流表的数值，分别变化不大、正常。

拔出 3A4/XS1 插头，检查 3PS7/XP3 接口电缆的 P6&P7 之间未见短路漏电现象，正常。

最后将故障定位在 3A4/RF 激励器内。

调用发射机 3A4A1/RF 激励器电源控制原理框图，如图 7-2 所示。

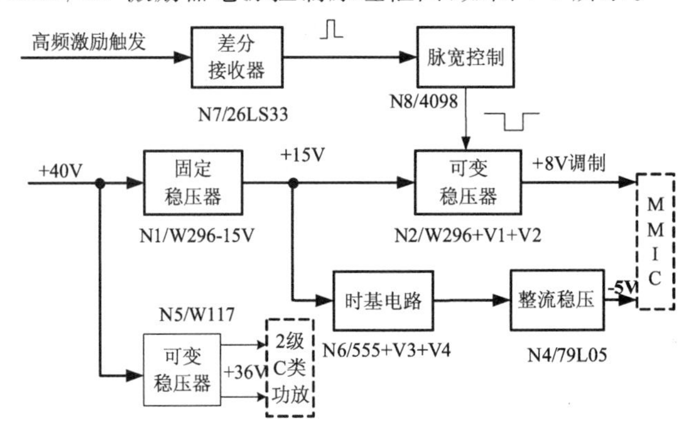

图 7-2 发射机 3A4A1/RF 激励器电源控制原理框图

根据故障现象：＋40VDC 负载过重，对照原理图进行理论分析（或由 3A4/40VDC 负载过重现象的 FTD）可得到：不是 N1/固定稳压器输出（＋15V）电流偏大，就是 N5/可调稳压器输出（＋36V）电流偏大。到底是哪一路负载偏重？最简单的方法是打开 3A4 机盖，外加上＋40VDC后，过一段时间用手指分别感觉 N1 和 N5 的外壳温度。这里的实际情况是 N1 和 N5 的外壳温度均偏高。

根据规范化维修的方法：先从简单测试开始，在 40VDC 下降时，用万用表分别测试 N3/输出＋5 VDC 和 N4/输出－5VDC，变化小，说明这 2 路输出电压不是造成 40VDC 负载过重的主要原因。再用示波器测量 MMIC/＋8V 调制脉冲接入端的脉冲波形，发现＋8V 调制脉冲波形变差、PRF 大增。逐级往前测试发现 N7/28LS33＝差分输入和 N8/CD4098＝脉宽控制芯片均已损坏。更换后，雷达工作一段时间后，40V 电压不再下降；实测＋8V 调制脉冲输出波形正常，3A4输出功率和波形正常，发射机恢复正常，雷达正常开机。此次故障排除。

(3)故障成因分析及注意事项

1)故障成因分析：由于3A4A1的N7/26LS33差分接收＋N8/4098单稳电路芯片和外加触发信号决定了＋8V调制脉冲电压的周期 T 和脉宽 τ 大小，如 T 变小或 τ 增大即工作比增大使得＋8V和＋36V(C类功放)负载都加重；由于受到强烈的电弧冲击和强烈的电磁脉冲干扰，会造成大范围的相关接口电路损坏，有些接口芯片虽然当时仍可使用，但是过一段时间后问题也会暴露出来，所以在排障过程中要充分地考虑发射机不久前曾经遭受高电压、大电流短路故障的事实。

所以本次故障实际上应该是发射机4800V脉冲高压短路的后续故障，是个典型的安装工艺造成的后续问题。

2)排障注意事项：根据规范化的排障流程，凡是出现负载太重的故障现象，应该先检查负载是否出现短路现象，免得出现二次故障。再检查电源的负载能力是否减弱了。

功率放大器里的C类功放随着输出功率增大它的功耗增加。＋40V电压下降必然导致＋36V电压下降，所以不能简单地认为是2级C类放大器短路。

7.2.1.2 Alarm 200＋527－Tr 发射功率低－3A4第2级C类功放V2故障

(1)故障现象

2004年7月，舟山CINRAD/SB在试运行过程中，雷达发射机发射功率逐渐变小直至报警最后无发射功率输出，并退出工作程序(RDASC)，主要报警为：

Alarm 200 Transmitter Peak Power Low，发射机峰值功率低。

Alarm 527 Lin Chan Test Signals Degraded，线性通道众测试信号超限。

在雷达性能参数RDASC/Performance Data/上出现表现为：

Trans. 1/XMTR PK PWR＝380 kW，超过适配数据规定：

Adap Data/Trans. 1/Minimum Transmitter Peak Power Alarm Level＝400kW，发射机最小峰值功率报警电平＝400kW；

Cali1/ΔCW 与 $\sum(\Delta \mathrm{RFDi})]/3$ 之差远大于2dB；

$$\Delta \mathrm{CW} = (\mathrm{CW\ ME}) - (\mathrm{CW\ EX})$$

$$\sum(\Delta \mathrm{RFDi})]/3 = \{(\mathrm{RFD1\ ME} - \mathrm{RFD1\ EX}) + (\mathrm{RFD2\ ME} - \mathrm{RFD2\ EX}) + (\mathrm{RFD3\ ME} - \mathrm{RFD3\ EX})\}/3$$

超过适配数据规定：Adap Data/R237 Lin Chan Test TGT Consistency Degrade Limit＝2dB，线性通道测试目标一致性的容许极限为2dB。

由此可以断定本次故障的原因：发射机高频放大链路部分的RF激励信号输出变小。

(2)故障分析与排障过程

发射机高频放大链路部分如图7-3所示。

退出RDASC，将发射机处于“本控”和“手动”状态，运行CtrlXmtr2程序，选择Transmitter/Short Pulse/321.89Hz，用功率计逐级往前测：

3A5/XS4，测得输出脉冲功率(τ＝1.56μs下)远小于15W；

3A4/XS5，测得输出脉冲功率(τ＝8.2μs下)远小于48W，且波形形状错。

3A4/XS3，测得输出脉冲功率(τ＝8.2μs下)约为10mW，波形正确。

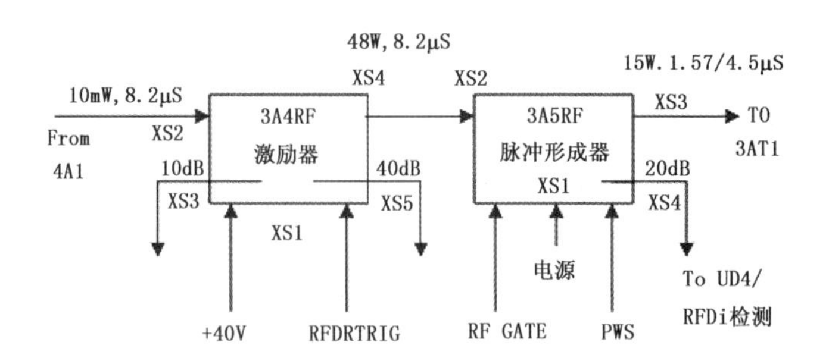

图 7-3　发射机高频链路部分的原理框图

从 3A4/RF 激励器输入正常，输出错误；检查其电压/＋40V 和控制波形/RFDRTRIG，基本正确；可以锁定故障出在 3A4/RF 激励器组件。

调用发射机 3A4/RF 激励器的原理框图，如图 7-4 所示。

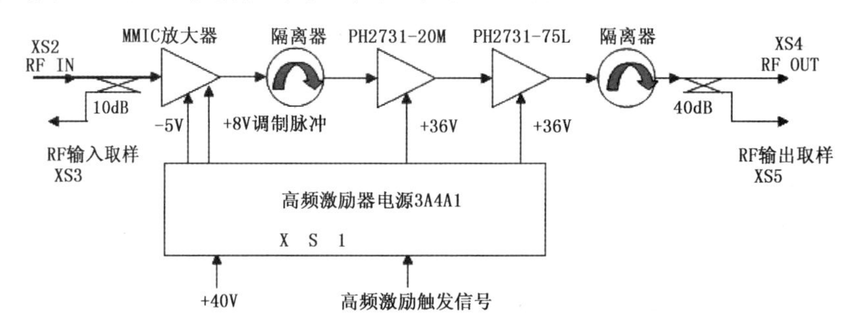

图 7-4　发射机 3A4/RF 激励器的原理框图

在图 7-4 中，3A4/RF 激励器的 XS2/RF IN 输入为 10mW/8.2μs 的 RF 脉冲方波，前级放大器采用微波单片集成电路(MMIC)砷化镓微波放大器，工作在 A 类，增益约 25dB；后级功放采用硅功率放大晶体管，分成二级放大，功放管型号分别为 PH2731－20M 和 PH2731－75L，工作在 C 类，其增益约 13dB；3A4/RF 激励器的 XS4/RF OUT 输出为 48W/8.2μs 的 RF 脉冲方波。

根据 3A4 电路原理框图和规范化的维修方法(对分法＋方便测试点)，先用示波器前置 20dB 衰减器和检波器检查第一级隔离器后的输出波形：测得输出波形为 τ=8.2μs 的 RF 脉冲方波为正常，由此可以断定故障出在后面的 2 级 C 类功放。

检查加在 2 级 C 类功放上的＋36V 电源为正常，观测微带电路未见明显损坏。再用示波器前置 40dB 衰减器和检波器检查第一级功放后的输出波形，测得输出波形为 τ=8.2μs，幅度相对增大的 RF 脉冲方波为正常；而第二级功放后的 XS5/RF 输出取样的波形形状错了。

由此可以断定 3A4/RF 激励器第二级 C 类功放管/PH2731－75L 损坏。

更换此功放管后，进入 RDASC，开启发射机高压，适当调整 3AT1/衰减器的输出，使得发射机输出功率和输出波形满足要求。故障排除。

(3)故障成因分析及注意事项

1)故障成因分析：由于 3A4/RF 激励器的后级是 C 类功放，会随着输出功率增大它的功耗增加；如果 C 类功放长时间超负荷工作，会损坏功放管子。在舟山雷达发射机 4800V 脉冲高压短路产生强烈的电弧冲击和强烈的电磁脉冲干扰后，当时排除了发射机有关分机已经显现的所有故障;10天内才发现3A4A1/RF激励器的电源控制板故障,使得短暂时间内,3A4/RF激励器的后级功放处于超负荷的状态;一个月后,3A4/RF激励器的问题再次暴露出来。

所以本次故障实际上应该是发射机4800V脉冲高压短路的后续故障。是个典型的安装工艺造成的问题。

2)测试注意事项:每次测试RF功率前,均应注意小功率计功率头和示波器的检波头所能承受功率容量,将实际输入功率头和检波器的RF功率限制在其标称值的2/3以下。

测试前必须将功率计或示波器预先与被测设备同电位,均可靠接地。

7.2.1.3 Alarm 201—Tr的Pt变大—3A5一路PIN调制器及驱动块开路故障

(1)故障现象

舟山CINRAD/SB运行过程中突然退出工作程序RDASC,并发生报警:

Alarm201 Transmitter Peak Power High,发射机峰值功率超限。

重启雷达工作程序(RDASC)或雷达发射机后,发射机能短暂地产生高压,其余故障现象照旧。

在雷达性能参数RDASC/Performance Data/上显示:

Trans. 1/XMTR PWR Meter Zero=13,发射机功率计零点=13(未变化)。

断定报警非内置功率计的零点漂移大而引起。

XMTR PK PWR=930kW,发射机峰值功率=930kW(650kW<正常<750kW);

断定报警是雷达发射峰值功率超过适配数据的门限值而引起的:

Adaptation Data/Trans. 1/Maximum Transmitter Peak Power Alarm Level=900kW,发射机最大峰值功率报警门限=900kW。

Cali 1/RFDi(i=1,2,3)的实测值比原来大1dBz左右,但未引起相应的报警。

再用外加功率计测量发射机短暂输出的峰值功率约为930kW,即发射机输出峰值功率确实超限了。

初步锁定发射分机故障。

(2)故障分析和排障过程

查阅CINRAD专家库内的发射机输出峰值功率超限的FTD,可知发射机峰值功率超限主要是:调制器人工线电压升高、发射脉冲波形变宽、速调管输入功率增大或改变适配数据。

由维修方便原则,先观测:人工线电压是4800V(未升高);速调管输入衰减器3AT1位置未变(输入功率未增大);Trans. 1有关适配数据未改变;再测发射脉冲波形的形状却畸变了(底部变宽),但脉冲重复频率未变,如图7-5所示。

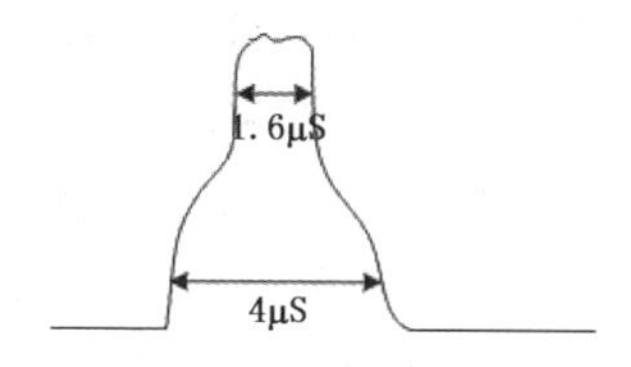

图7-5 发射脉冲变宽图形

由于发射脉冲底部变宽导致测量所得平均功率P增大。由于发射机输出峰值功率P_t为

$$P_t = (T/\tau)P = CP \tag{7-1}$$

式中，τ 为发射脉冲宽度，T 为发射脉冲周期，$C=T/\tau$ 为内置常数。

断定是发射脉冲畸变(底部变宽)，造成此故障。

发射机输出脉冲波形变宽的最大可能是：高频放大链路的 3A5/RF 脉冲形成器的输出脉冲波形变宽。测量 3A5/XS4 的 20dB 耦合输出，RF 脉冲波形如发射机输出(脉冲波形底部变宽、PRF 未变)，测试 3A5 输入 RF 脉冲的耦合输出波形(8.2μs 方波)，3A5 输入控制触发信号 RFG 均正常，顺便测试 PWS 和工作电压均正常。

可以锁定发射机 3A5/RF 脉冲形成器组件故障。

由 CINRAD 专家库内的 CINRAD-SA&SB/UD3/3A5 组件的功能部件级 FTD(图 7-6)，结合电子设备的维修经验，完成芯片/元器件级的维修。

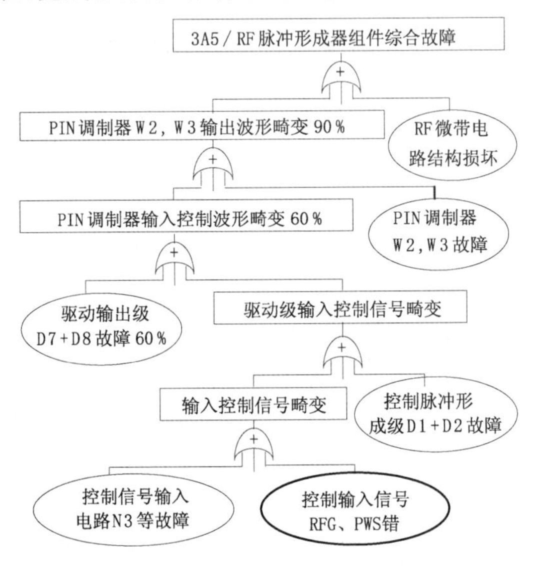

图 7-6　3A5/RF 脉冲形成器综合故障的 FTD

首先脱机直观检查 3A5/RF 脉冲形成器的 RF 微带电路，无结构损坏现象；由于难以直接测量微带电路上 PIN 调制器的输出 RF 脉冲波形的形状，故先测量 PIN 调制器输入控制波形，即驱动输出控制波形。

调用 CINRAD/SA&SB 分级资料库中 CINRAD-SA&SB/UD3/3A5 组件/3A5A1 的驱动块功能部件的信息资料，任选可得到 3A5A1 的驱动功能块的测试位置、波形图、原理框图和电路图，如图 7-7 所示。

如图 7-7(d)所示，拔下 PIN 调制器与驱动功能部件输出的连接 XP2，在 PIN 调制器驱动波形测量处(R8+R9 的下端)测量驱动功能部件输出的控制脉冲波形。

双踪示波器测试结果：参照图 7-7(b)，测试点 A/控制脉冲波形错误(负方波宽度变大)，而测试点 B/控制波形正常。根据图 7-7(a)和图 7-7(c)，由于 B 点波形正常，确定测试点 C/驱动功能块输入控制波形正常，锁定 D7/JLQ7 驱动块故障。更换后，测试点 A/输出控制波形正常。

插好 XP2，通电后，故障照旧。更换 D7 所控制的 PIN 调制器 W2，再恢复后，3A5 耦合输出波形正常，实测发射机峰值输出功率和脉冲波形正常。故障排除。

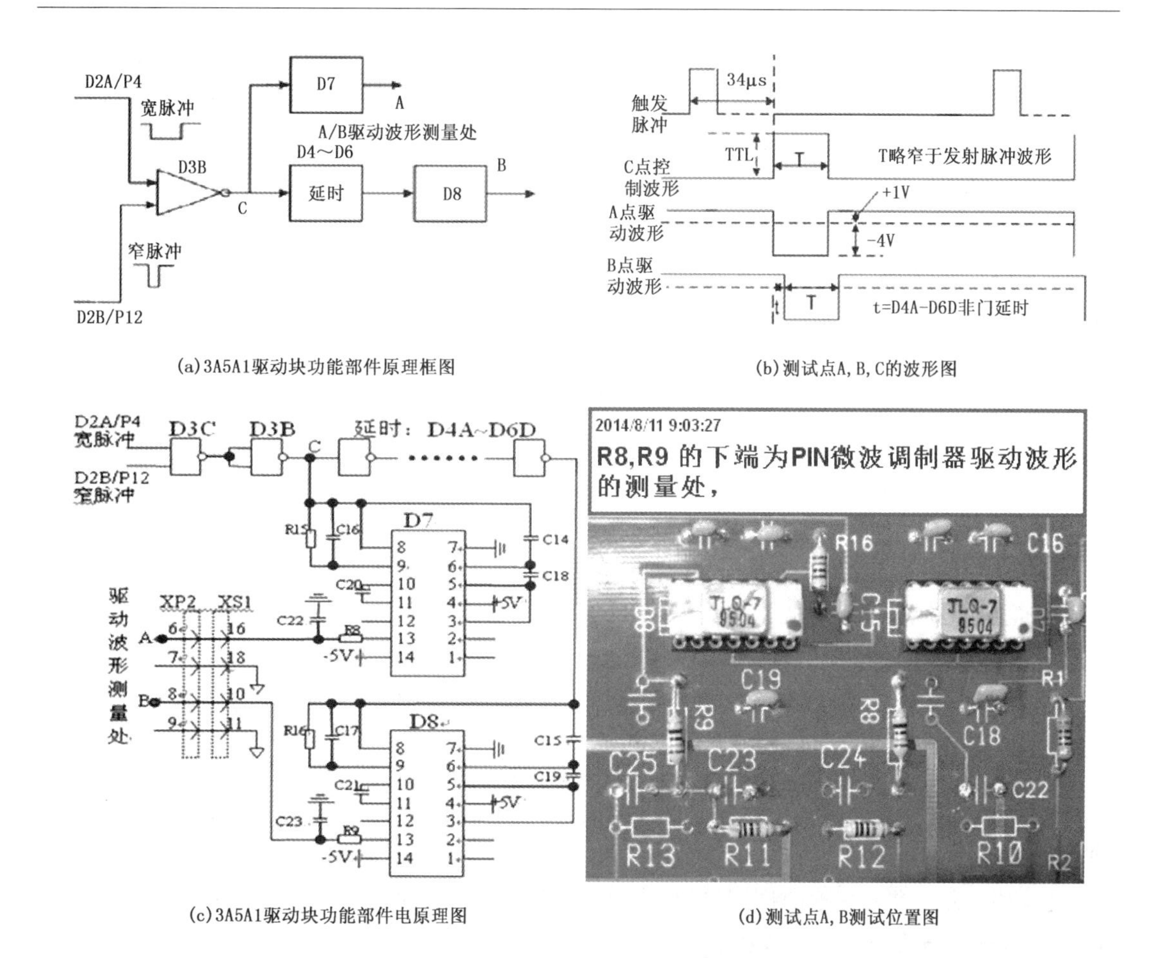

(a)3A5A1驱动块功能部件原理框图

(b)测试点A,B,C的波形图

(c)3A5A1驱动块功能部件电原理图

(d)测试点A,B测试位置图

图 7-7 分级资料库中的 3A5A1 的驱动功能能块的信息资料

(3)故障成因分析及注意事项

排障结束后，应对故障进行成因分析，并给出注意事项，以免同类电子设备再次发生类似故障。为了减少电子设备的故障时间，还可进行应急运行。

1)故障成因分析：本次故障的根源是发射机高频放大链路的 3A5 的 W2/PIN 调制器和 3A5A1 的 D7/驱动控制块故障所致，使得发射脉冲波形底部变宽，造成报警。是元器件本身问题造成的故障。

由于是类似的电路和类似的元器件(PIN 调制器和驱动块)，同样的工作条件，电路中一路正常，另一路故障，所以此故障属于元器件质量问题。

2)经验总结和注意事项：本 PIN 微波调制器在加上约＋1V 电压时与地短路，对 RF 信号产生全反射，相当于 RF 信号通路插入衰减达 50dB 以上；在加上－4V 电压时与地开路，相当于 RF 信号几乎无衰减地通过，插入衰减在 0.2dB 以下。

更换 PIN 调制器，需在微带上进行焊接，要用低温焊锡(如含铟材料的焊锡)焊接，焊接速度要快，焊接位置要和原来一样，不能烫坏微带。

3)应急运行：如果没有 3A5 备用组件，为减少 CINRAD 台站的故障时间，可去掉故障的驱动块/D7 和 PIN 微波调制器/W2，使得 2 路 PIN 调制输出暂时成为 1 路输出。这样，需减小3AT1衰减量约3dB,使得发射机输出脉冲功率维持在正常值,脉冲波形基本满足要求,即可进行应急运行。但是,应急工作造成了雷达性能参数/Cali. 1/RFDi($i=1,2,3$)首次实测值变小约3dB,发射机输出信号极限改善因子略微变差等。

7.2.1.4 Alarm 523+486—RFDi实测值大+3A5输出频谱差—3A5的RF输入端破损

(1)故障现象

某CINRAD/SA在维护过程中,进行off—line operate后,一切正常,其中CAL#<1dB;雷达正常工作了2个体扫进行第2次VCP定标后,突然报警527、481、523,且CAL#=—11.6dB,但是雷达回波信号还算正常。

STANDBY后,雷达到PARK位置,再退出RDASC,删除rdaclib. dat文件,重新进入RDASC定标检查后,主要报警如下:

Alarm 523 LIN Chan RF Drive TST Signal Degraded,线性通道RF驱动测试信号超限。

Alarm 487 LIN Chan CLTR Reject—Maint Required,线性通道地物抑制维护请求。

查阅RDASC上的性能参数Performance Data/Cal 1/RFD1,2,3ME≈50、50、58dBz。

地物抑制能力<48dB。

(2)故障分析与排障过程

由于RFD1ME≈50dBz,RFD2ME≈50dBz,RFD3ME≈58dBz,而雷达监视器上的回波强度并未增加或层次不清,可以认为故障不是发生在RFDi的检测电路就是发生在信号处理电路SP中。由于RFDi是从3A5/XS4=20dB耦合→DL→4A22/J2→J5→RF测试源选择通道→接收机主通道→SP部分,本着方便检查的原则,从RFDi检测的输入端=3A5/XS4的20dB耦合输出开始检查,发现3A4(RF激励放大组件)到3A5(RF脉冲形成组件)的连接电缆头屏蔽层已破裂,失去屏蔽接地的作用,使得大量的RF脉冲能量通过耦合进入RFDi的测试电缆中(此DL的质量也不佳),造成报警523。

更换2根连接DL,报警信息523消除;雷达再次进入工作程序RDASC正常运行后,经常出现报警487,即地物抑制能力小于48dBz。

地物抑制能力sup与相位噪声σ的关系为

$$\mathrm{sup(dB)} = -20\log(\sin\sigma^{\circ}) \tag{7-2}$$

为了判断地物抑制能力下降是由于发射机问题还是接收机问题引起,分别用2种方法测量RDA系统的相位噪声:

1)将雷达速调管发射RF信号经衰减延迟后(KD)注入接收机前端,对KD信号放大,相位检波后的I,Q值进行多次采样,由每次采样的I,Q值计算出信号的相位,求出相位的均方根误差σ_{φ}来表征信号的相位噪声。在验收测试时,取其10次相位噪声σ_{φ}的平均值来表征系统相干性,S波段雷达相位噪声$\leqslant 0.15^{\circ}$;

这种相位噪声测量方法不但考虑了接收机及信号处理部分的地物抑制能力,也考虑了发射机的输出极限改善因子对RDA地物抑制的贡献。

2)借用CW信号作为测试信号,注入接收机的前端,后面通道一样,所以本相角法测相位噪声只是考虑了接收机及信号处理部分的地物抑制能力,而没有考虑发射机的因素。

利用二种相角法测相位噪声,可以判断地物抑制能力不足是由发射机输出极限改善因子变差引起,还是由接收机及信号处理部分的性能变差引起。

第1)种方法测试RDA系统的地物抑制能力为50dB,而第2)种方法所得为55dB,说明地物抑制能力下降完全是由于发射机输出极限改善因子下降的原因。

根据发射机输出极限改善因子下降的FTD图，有5种原因导致这个问题：

发射机RF放大链路输出RF脉冲波形；

调制器输出高压脉冲波形；

灯丝电源与RF脉冲的同步情况；

后充电校平对脉间幅度变化的校正能力；

速调管调谐情况。

根据方便测试的原则：先用频谱仪加20dB衰减测量RF脉冲形成组件3A5/XS3的RF脉冲信号频谱波形，发现在偏离工作频率的20MHz处存在较大的干扰信号；再用频谱仪加20dB衰减测量RF激励放大组件3A4/XS4的RF脉冲信号波形（$\tau=8.2\mu s$，脉冲前后沿陡峭），发现频谱波形基本正常。

可以断定是3A5/RF脉冲形成组件的输入输出极限改善因子变差导致RDA系统的地物抑制能力变差。再测量3A5A1/D7&D8两路PIN调制器的驱动芯片的输出波形，得到略微延迟关系的两个漂亮方波，据此这个问题的根源是在分布参数的微波电子线路中，需要在平台对3A5组件进行调试，只能整个更换3A5组件。

更换3A5组件后，在Test Signal测试平台适当地对3A5在不同脉宽下进行延时和脉宽调整，使之满足要求；进入RDASC，检查地物抑制能力恢复到原来的sup＞54dB（滤波前23.0dB，滤波后－31.6dB），利用off－line operate连续做10次地物抑制，平均值在54dB以上，完全满足性能指标。到此故障排除。

（3）故障成因分析与注意事项

1）故障成因分析。本次故障的根源有2个：

① 3A4输出到3A5输入的连接RF电缆接头破裂，造成RF放大链路信号泄露到RFDi破损的检测电缆内，产生RF干扰；

② 3A5/RF脉冲组件形成有问题造成放大链路输出频谱中有杂波干扰。

这是个安装调试和元器件质量的综合问题。

2）注意事项。大多数情况下，在关联到微波电子线路的问题后，台站往往只能排除微波电子线路附属电路的问题，排除微波电子线路的一些简单的故障，通过简单的测试定位和更换元器件故障，在做完所有这些工作以后，如果故障还未排除，只能将故障组件送到上级保障部门维修调试。

7.2.2 发射机调制部分的经典案例

7.2.2.1 Alarm 94－Tr有时不能工作＋出现多种报警－3A8内部高压打火

（1）故障现象

2004年4月，舟山CINRAD/SB在试运行期间，发射机经常出现各种报警，有时会切断发射机高压，雷达退出工作程序RDASC，雷达发射机控制面板上显示与报警对应的故障指示，重新开启发射机高压，有时又能够自动恢复正常。

虽然发射机每次报警的形式不同，报警的频率也不定，难以统计，但是出现频率最高的报警形式是：

Alarm 94 XMTR Post Charge Reg Requires Maint，发射机后充电校平请求维护。

在雷达性能参数 RDASC/Performance Data/上对应显示：

Trans. 2/POST CHG REG＝MAINT，发射机 2/后充电校平＝维护。

根据这些故障现象，可以锁定此次故障在发射机内。

(2)故障分析与排障过程

考虑到拉出发射机 3A8/后充电校平组件并不明显影响发射机的工作状态，只是略微降低了发射机输出的(脉冲波形的)极限改善因子，表现在雷达整体性能上只是略微降低了雷达整机的相位噪声。所以，可以先假定 3A8/后充电校平组件有故障，为了使得雷达能够继续运行，停电后，先抽掉 3A8/后充电校平组件。再次使得雷达运行，在相当长的时间内，原有的故障现象不再出现。

可以锁定本次故障出在 3A8/后充电校平组件及相关接口内。

由于故障出现时，并不仅仅是报警 94，还会无规律地出现发射机的其他报警信息，而抽出 3A8/后充电校平组件后，所有的报警信息均不再出现，因此可以推断本次故障可能是由 3A8/后充电校平组件内高压元器件打火，电磁感应脉冲干扰所引起。根据维修方便原则，放电已抽出的 3A8/后充电校平组件各高压端，检查各高压端接头情况，人手感觉 3A8/后充电校平组件的多根热缩管内的高压接线处于似断非断状态，极易产生高压打火，由此产生干扰，出现不确切的发射机各类报警。

重焊这些高压接线，再用热缩管套牢，插入 3A8/后充电校平组件。

雷达恢复运行，原有故障不再出现。

(3)故障成因分析与注意事项

1)故障成因分析：本次故障的根源是发射机 3A8/后充电校平组件内各高压引线质量太差，安装工艺也有问题。在长途运输过程中，将本来就不是可靠连接的高压引线震断，而每根高压线外面又套着热缩套管，在外面保持着连接状态，内部引线虽然已经开路，但是还处于藕断丝连状态，时不时地由于各种原因引起高压打火，产生电弧脉冲干扰，进而使得发射机产生各种报警。

本次故障是典型的安装工艺和材料问题所造成的。

2)注意事项：当发射机产生各种故障时，为了更加方便地隔离故障范围，凡是出现 3A8/后充电校平组件有关联的报警，均可先抽出 3A8/后充电校平组件，重新开机后再去分析发射机新出现的故障现象。等发射机其他故障现象均消除后，再插入 3A8/后充电校平组件，继续观测插入 3A8 后的雷达性能参数的变化。

7.2.2.2 Alarm 94－Tr 尚可工作－3A8 的 U7C 反相器坏

(1)故障现象

2008 年 3 月某 CINRAD/SA 在报警信息栏显示：

Alarm 94 XMTR Post Charge REG Requires Maint，发射机后充电校平请求维护等报警信息，此时，发射机基本工作正常。

在雷达性能参数 RDASC/Performance Data/上对应显示：

Trans. 2/Post CHG REG＝Maint，发射机 2/后充电校平＝维护。

(2)故障分析与排障过程

如图 7-8 所示，考虑到拉出发射机 3A8/后充电校平组件并不明显影响发射机的工作状态，只是略微降低了发射机输出的(脉冲波形的)极限改善因子，表现在雷达整体性能上只是略微降低了雷达整机的相位噪声。所以,可以先假定 3A8/后充电校平组件有故障,为了使得雷达能够继续运行,先抽掉 3A8/后充电校平组件。再次使得雷达运行,在相当长的时间内,原有的故障现象不再出现。可以锁定本次故障出在 3A8/后充电校平组件内。

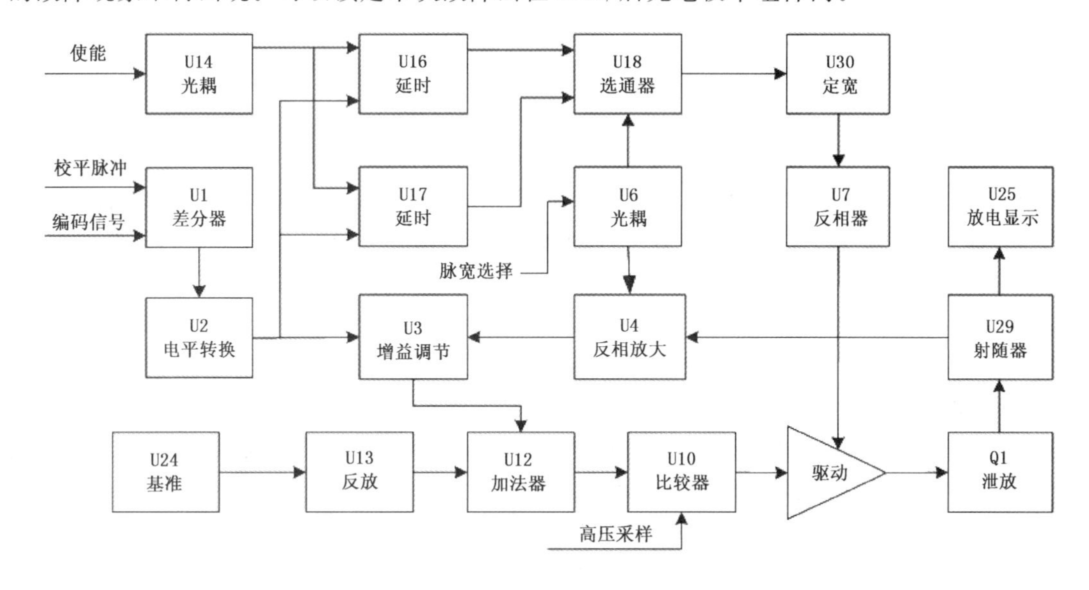

图 7-8　发射机 3A8A1 控制电路原理框图

3A8 的检修思路(电路不同,芯片编号甚至芯片也不同,仅作参考):

1)一般是先查 3A8A1 电路板内±15V、±8V、+5V 电压是否正常。

2)再查外部输入信号如校平触发信号、使能信号、脉冲频率编码、脉宽选择是否正确。具体方法是:将示波器的地线夹在机壳上,用探头的探针观察 U1/13 脚,应该看到幅度约为 5V,脉宽 10 μs 的脉冲,表示校平触发信号正常。使用 RDASOT 测试平台,发出宽、窄脉冲切换的命令,用探针观察 U6/4 脚,其电平应有高低变化,表示脉宽选择信号正常。再使用 RDASOT 测试平台发出切换窄脉冲重复周期的指令,用探头的探针分别观察 U3/9,10,11 脚,其对应脚的电平也应发生变化,表示脉冲重复频率编码信号正常。用探头的探针观察 U14/3 脚,按面板上"高压开"按键,电平应有高低变化,表示校平使能信号正常。

3)按电路功能分段检测,正常时,泄放电压过压检测 U19 和泄放电压欠压检测 U20 这两路输出均应为逻辑低电平,通过或门 U22A 后输出也应为逻辑低电平并封住与门 U15A,如发现那一路输出为逻辑高电平,则这一路就有问题。高压采样保护检测电路 U21 正常时输出应为逻辑高电平,与 U22A 输出同时送入三输入与门 U15A,如发现其输出为逻辑低电平,表明该路已有问题。

4)对放电时间控制电路,用示波器检测 U16/6 和 U17/6 点,均应有幅度约为 15V,脉宽为 11 μs 的脉冲,查 U16/10 和 U17/10 均应有幅度约为 15V,脉宽分别为不到 25 μs 和不到 110 μs 的脉冲,而 U18 二选一电路的输出应是这两路延时脉冲其中的一路,可使用 RDASOT 测试平台,发出宽、窄脉冲切换的命令,在 U18/13 处验证。U30 定宽电路输出应是幅度约为 15V,脉宽为不到 250 μs 的反向脉冲,反相器 U7C/6 最后输出的是脉宽不到 250 μs 的正脉冲。

5)对固定基准电压值,重点查 U24、U13,U24 为一高速精密采样保持放大器,由采样电路

R13 得到的人工线电压的分压值作为模拟信号由 2 脚输入，14 脚为采样保持输入端，当＝1 时，电路处于采样状态，当＝0 时，电路处于保持状态，工作时接收校平脉冲指令，通过比较其 2 脚输入与 8 脚输出及 U13 的输出，可判别各级工作状态是否正常。对浮动基准电压值，使用 RDASOT 测试平台发出切换窄脉冲重复周期的指令，通过查 U12/6 输出的浮动基准电压值是否发生变化，可以逐级检测到 U1、U2、U3 是否正常。

参考图 7-8 原理框图和上述维修思路和方法，先查±15V、±8V、＋5V 几路电压均正常。再查外部输入信号校平触发信号，使能信号，脉冲频率编码，脉宽选择也正常。接着再用示波器逐级检测，查 U16/6 处有幅度约为＋15V 脉宽约 11μs 的脉冲，查 U16/10 处，有幅度约为＋15V脉宽 20 μs 左右的脉冲，查 U18/13 处也有幅度约为＋15V 脉宽 20μs 左右的脉冲，查 U30/7 处，有幅度约为＋15V 脉宽约 240μs 的反向脉冲，但反相器 U7C/6 处却无脉冲输出，怀疑集成块 U7C 已有问题，后拔出该集成块，经 IC 测试仪检测确实已损坏。

更换 U7 反相器后，插入 3A8，报警 94 消除，雷达发射机工作正常。

(3)故障成因分析与注意事项

1)故障成因分析：由于集成块 U7 已击穿损坏，致使驱动级 Q2、Q3 的输入端相当于强制钳位到地，从而截止了后级高压晶体管 Q1，中断了泄放回路，并造成泄放检测电压报警。

2)注意事项：当进行灾害性天气监测过程中，后充电校平组件发生故障时，只需抽出该组件，可保证雷达连续开机，等待无天气过程时再对它进行排障。

7.2.2.3　Alarm 68＋69－Tr 不能工作，短暂有 DC 高压－3A10 单个 IGBT 故障

(1)故障现象

2005 年内 4 月 30 日，舟山 CINRAD/SB 运行过程中，突然发生多种报警并退出工作程序 RDASC，雷达发射机不能工作；重启 RDASC 后，发射机仍不能工作，此时出现主要报警如下：

Alarm 68 Flyback Charge Failure，回扫充电(3A10)的综合故障；

Alarm 69 Inverse Diode Current Undervoltage，(3A10)的回授过流/整流欠压；

Alarm 73 Transmitter Overcurrent，发射机(3A12)的充电过流。

发射机故障显示 3A1A1 面板上：发射机的“过流”，充电故障的“回授过流/整流欠压”故障指示灯亮。

发射机高压开关合上后，短暂能出现 510V 直流电压。

初步锁定发射分机故障。

(2)故障分析与排障过程

考虑到无发射机 3A12 充电过压(和 3A11 相关的)报警，说明 3A12 放电是正常的；而且关闭高压，对地泄放残存电荷，用万用表检查 3A12A5 二极管单向整流组合为正常，可控硅开关组合为正常，人工线为正常(等效电容正常)。利用电阻分压法示波器测量 3A7T2/次级的波形，为非正常波形。正常波形如图 7-9 所示。

图 7-9 中(窄脉冲时)，t_1 为 210～250 μs，t_2 为 410～450μs，PRT 为脉冲重复周期。

初步锁定故障是发射机 3A10/回扫充电组件或它的控制信号。

从 CINRAD 专家库中选择故障组件 3A10 的功能部件级故障树图，如图 7-10 所示。

四路控制信号对应控保电路包括：充电电流信号对应充电电流保护(N15，D11A)，充电电压信号对应充电电压保护(N16，D11B)，反馈过流信号对应反馈过流保护(N17，D12A)，充电故障信号对应充电故障保护(N18，D12B)。

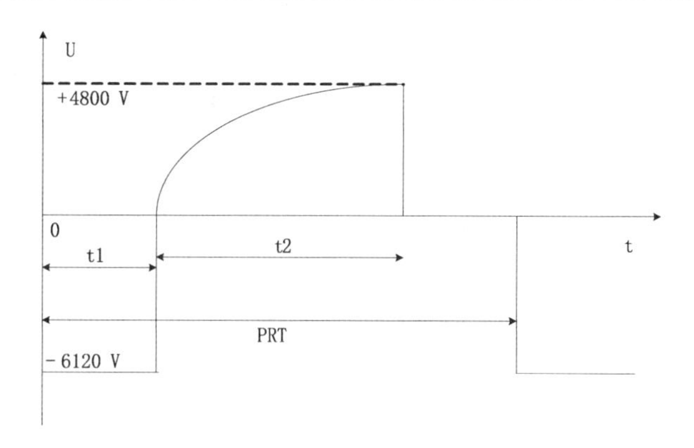

图 7-9　3A7T2/次级输出的理想正常波形

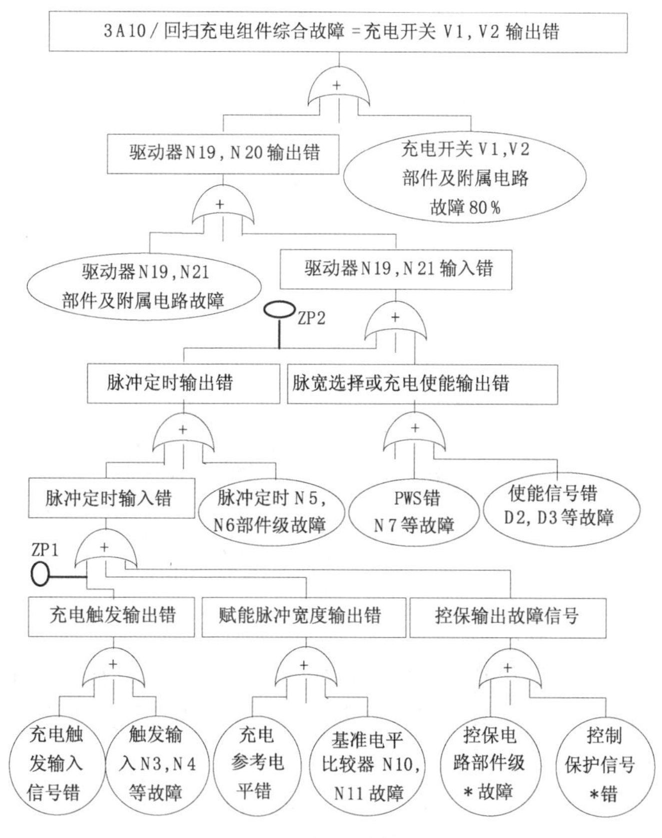

图 7-10　3A10/回扫充电组件综合故障的 FTD
（* 表示可以继续往下细分）

因充电开关 V1/IGBT，V2/IGBT 的损坏概率高、次数多，为了测试方便，先用双踪示波器测试 IGBT 的 2 组输入波形即隔离驱动/EXB841 的输出波形，均为正常的控制方波形（基准 =－5V，幅度＝＋14V，τ＝230 窄/370 宽 μs），说明前级正常；再检查 B2/充电故障检测未发现短路现象；则可初步判定是 IGBT 存在故障。如图 7-11 所示。

由于 IGBT 输出是 510V 的脉冲电压，双踪示波器的最高可测量波形的电压为 80V 左右，所以不能直接用双踪示波器直接去测量 IGBT 输出的脉冲波形，这时可用 2 组精确的 3MΩ 电

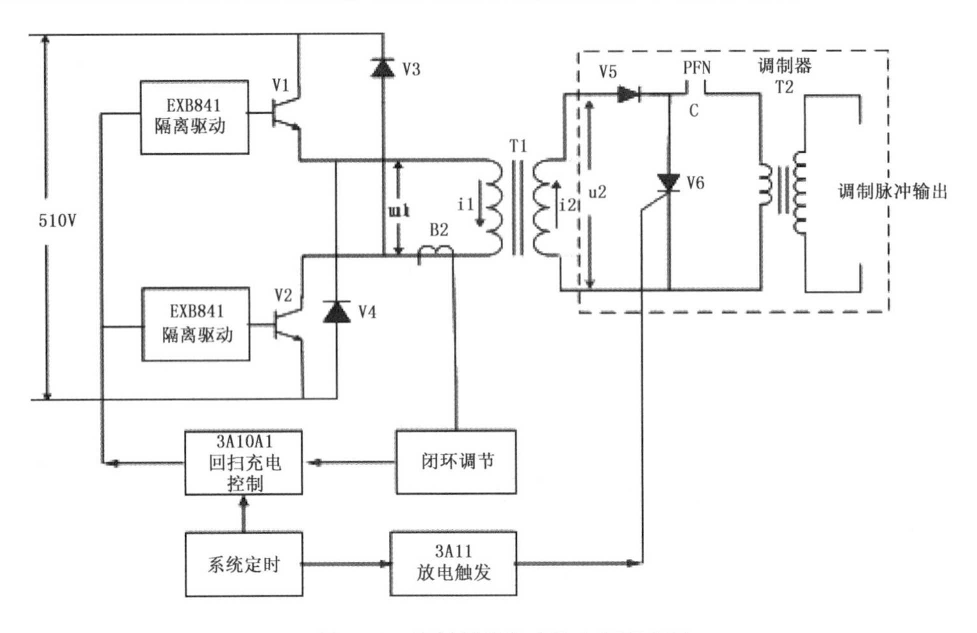

图 7-11　调制部分的充放电原理框图

阻串联200kΩ电阻分压法对2路输出的IGBT对管进行输出波形测试，如图7-12所示。

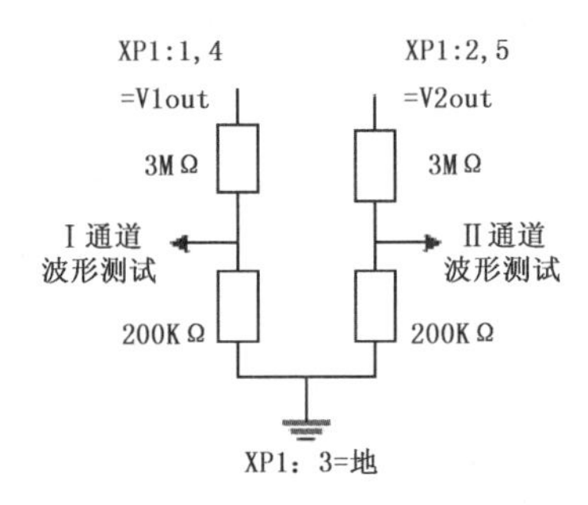

图 7-12　分压法测量高压电路的示意图

双踪示波器实际测量V1/IGBT输出波形有误，而V2/IGBT输出波形正常；进一步检查V1/IGBT的输入波形和外围电路无故障；则可锁定V1/IGBT故障。更换这一对IGBT管子即可。重新开机，雷达发射机工作正常。

(3)故障成因分析及注意事项

1)故障成因分析：由于故障的V1/IGBT正好位于3A10/回扫充电组件的3A10A1/控保电路板下方，年维护时，未松开控保电路板清洁IGBT管子，日久积累灰尘，产生极间短路，故导致V1/IGBT损坏。

此故障典型地属于年维护工作不到位。

2)经验总结和注意事项：V1/IGBT、V2/IGBT是不同极性的一组对管，一般情况下，V1/IGBT、V2/IGBT需要成对更换。如果只更换单个IGBT，除了极性配对外，必须保证双路IGBT输出的波形大小相等、相位相反。

由于IGBT模块是MOSFET结构，IGBT的栅极通过一层氧化膜与发射极实现电隔离。由于此氧化膜很薄，击穿电压只有20～30V，因此静电极易击穿此氧化膜。使用时需注意：

①必须对人体或测试仪器先接地,才能接触IGBT的输入驱动端子;

②禁止在IGBT的输入驱动端子直接进行焊接,必须先将接线焊上铜套后再插上去;

③采用双绞线来传送驱动信号,以抵消寄生电感和极间电容产生的振荡电压;

④只有在输入端栅极回路正常加电情况下,才能给输出回路加电;

⑤保存时,需将IGBT的输入端子用短路环套上,以免不慎静电击穿。

另外,IGBT管座与散热器要紧密结合,中间要涂上导热硅脂,以利散热。

7.2.2.4 Alarm 68+充电过流指示—Tr不能工作—3A10充电电流检测电路故障

(1)故障现象

某CINRAD/SA的RDA监控器显示雷达体扫正常,但没有回波;有时雷达刚开机时一切正常,一段时间后发射机突然停止工作,控制面板3A1A1显示“充电过流”故障。重新进入RDASC工作程序正常运行一段时间后,故障会再次出现,并在RDA上出现下列报警:

Alarm 68 Flyback Charger Failure,回扫充电器(综合)故障。

同样,在RDASC的性能参数Performance Data/Trans2/ Flyback Charger=Fail。

因为报警68结合3A1A1上“充电过流”故障显示说明调制器部分充电检测过流;即本次故障发生在发射机调制部分。

可以锁定故障发生在发射分机。

(2)故障分析与排障过程

根据“充电过流”故障和报警68画出发射机调制部分充电,放电原理图如[彩]图7-13所示。

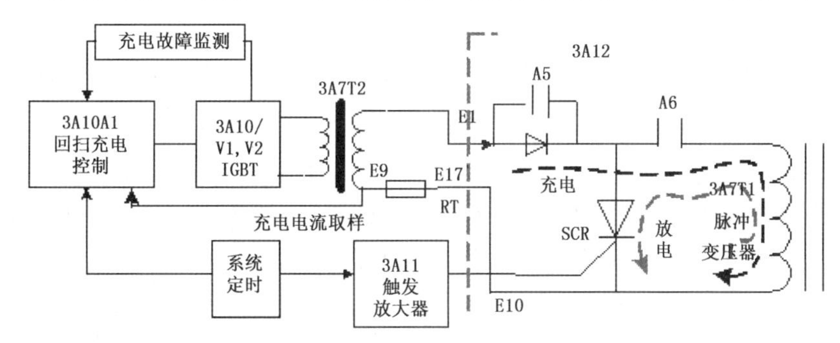

图7-13 发射机调制部分充电放电原理图

为了确定“充电过流”的故障到底是调制器组件3A12负载短路或者只有充电没有放电引起,还是回授充电组件3A10充电过流检测故障引起,分析如下:

如图7-13所示的发射机调制部分充电路径图,在3A1控制面板组件多路开关SA9指向人工线充电电流时,发射机电压/电流表P4读数正常,基本可以确定人工线充电过流故障并非实际的充电过流(充电电流检测串联R也正常);由于没出现3A11相关的报警,所以一般不会出现只有充电没有放电的故障;出现故障时观测到3A10A1控制板上的V14(充电过流故障)闪亮;则可将故障范围缩小在3A10A1/充电控制板的充电过流检测电路。

根据回扫充电控制板3A10A1电路图AL2.900.489DL等得到充电电流取样及监测电路途径如图7-14所示。

在“本控”、“手动”、“低压”状态下,按下控制面板3A1的“手动复位”和”故障显示复位”按钮,不起作用,3A1A1仍旧在显示“充电过流”故障,并且V14还闪亮。根据上图调制部分充电

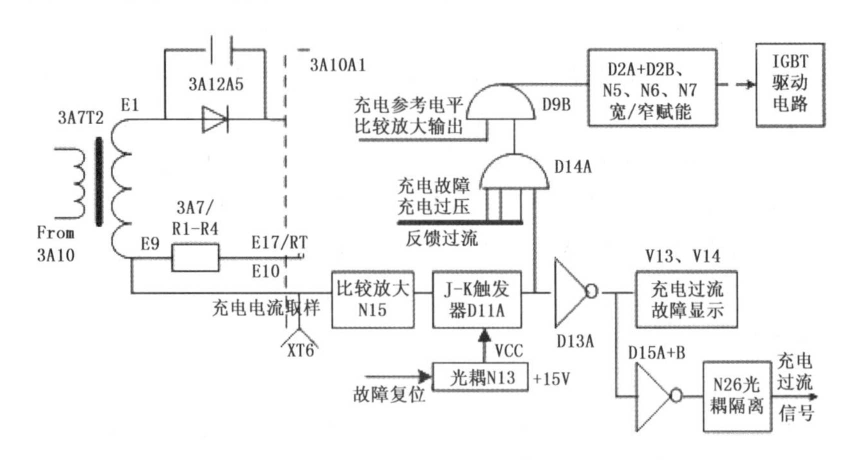

图 7-14　调制部分充电电流取样、监测路径图

电流取样,监测路径图分析可知故障发生的最大可能在 D11A/J－K 触发器或者在 D13A/非门及外围电路(也可以逐级测量)。先替换 D11/CD4027J－K 触发器后,再次在"本控"、"手动"状态下加高压,3A1A1 面板上"充电过流"故障灯不再显示。

再次进入工作程序 RDASC,报警消除,发射机工作正常,雷达回波正常,故障排除。

(3)故障成因分析及注意事项

1)故障成因分析:本次故障的根源是 3A10A1 的充电电流检测电路中 D11A＝CD4027/J－K 触发器损坏。属于元器件质量问题。

2)注意事项:拉出 3A10 机箱,可以在低压情况下测试维修 3A10A1,但不能加高压。

7.2.2.5　Alarm 70＋64－Tr 掉高压＋不能工作－3A11 保护电路故障

(1)故障现象

某 CINRAD/SA 运行过程中发射机掉高压,强制关闭发射机,发生主要报警如下:

Alarm 70 Trigger Amplifier Failure,触发放大器故障;

Alarm 64 Modulator Overload,调制器过载。

重启雷达工作程序(RDASC),报警序列照旧,发射机高压短暂加上后掉电;

对应在雷达性能参数 Performance Data/ Tr2/上显示:Trigger AMP＝Fail,触发放大器故障;MOD Overload＝Fail,调制器过载;

对应雷达发射机控制面板 3A1A1 上的"触发器故障"和"调制器过载"故障报警指示灯也亮启,发射机高压被强制关闭。

可以锁定故障发生在发射分机。

(2)故障分析与排障过程

报警 70 必然引起报警 64,即只有 3A10 回扫充电开关组件对 3A12 调制器充电,而没有 3A11 触发器组件输出的触发脉冲(报警 70)时,就使得调制器 3A12 不能放电,这种情况下也会造成报警 64,表示 3A12/调制器脉冲形成网络(PFN)的峰值脉冲电流过量。

可以锁定故障发生在 3A11 触发放大器组件及相关触发信号。

如图 7-15 所示,触发电路控制板 3A11A1 的主要功能是:在使能触发电路的控制下,将来自监控系统和系统的同步的放电触发信号,经接收器 N1,电平转换器 D1 通过触发器 N2A 及高速驱动集成电路 N3，驱动场效应管 V1 放大后，产生一个幅度为－200V，宽度为 6 μs 左右的脉冲信号提供给调制器作为开启调制器 10 只 SCR 组合的触发脉冲。

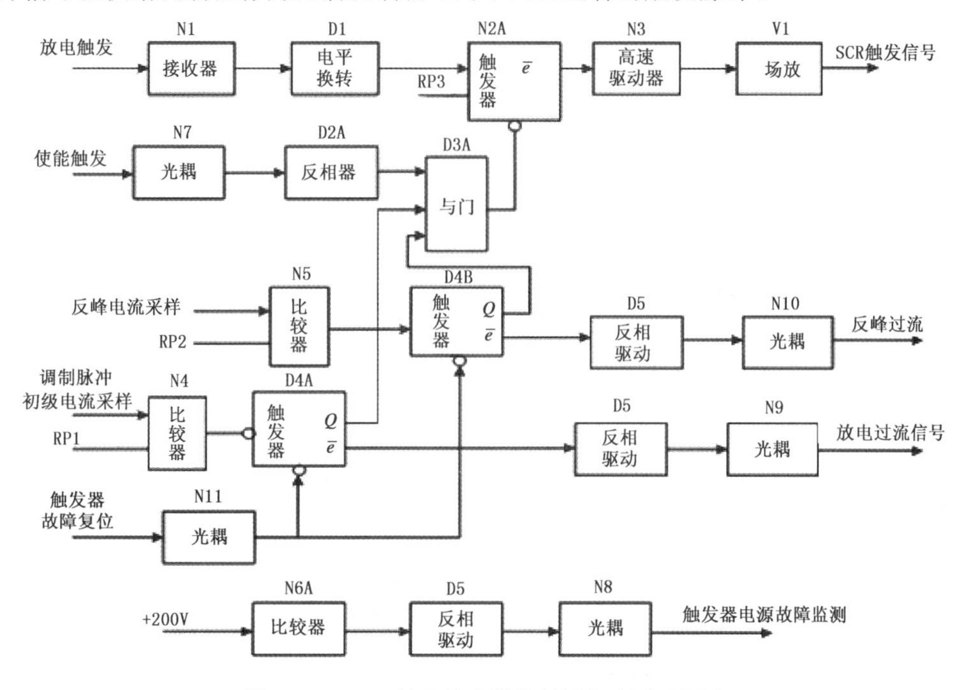

图 7-15　3A11 触发放大器控制板电路原理框图

3A11 触发放大器同时具有三项保护功能：

调制器放电(调制脉冲初级电流采样)过流保护，调制器反峰过流保护，＋200V 电源故障监测。

这三项保护出现故障时会向发射机监控系统报警，停止输出 200V 的 SCR 触发信号，直至收到触发器故障复位指令。

对 3A11 进行元器件级排障，必须先断开有关保护信号：关闭高压开关 Q1，无＋510V 电源输出。拉出 3A11 触发放大器机柜，利用 D37 芯加长线连接 3A11 触发放大器的通用接口 3A11 A1/XS1，调制脉冲初级电流采样支路，触发器电源故障监测支路。拔下 N8 光耦，并将 D3A/2＝1 高电平。通过使能触发打开 N2A 触发器后，ZP5 处仍旧无驱动脉冲，造成 3A11 无法输出－200V 的 SCR 触发脉冲信号。

通过级联式规范化排障流程 FTD(图 7-16)检测放电触发信号放大支路，确定了本次故障的原因是 3A11 其中的二路保护器(放电过流与反峰过流)出现误报警，台站没有继续寻找故障根源的部件，只是整个更换 3A11 触发放大器。

实际上只要参考 FTD 和原理框图结合电路图列出排障路径：

反峰电流采样→比较器 N5→触发器 D4B→{1→D3A 与门→D2A 触发器＝禁止或允许；2→D5 反相驱动→N10 光耦→反峰过流。}

放电电流采样→比较器 N4→触发器 D4A→{1→D3A 与门→D2A 触发器＝禁止或允许；2→D5 反相驱动→N9 光耦→放电过流。}

(3)注意事项

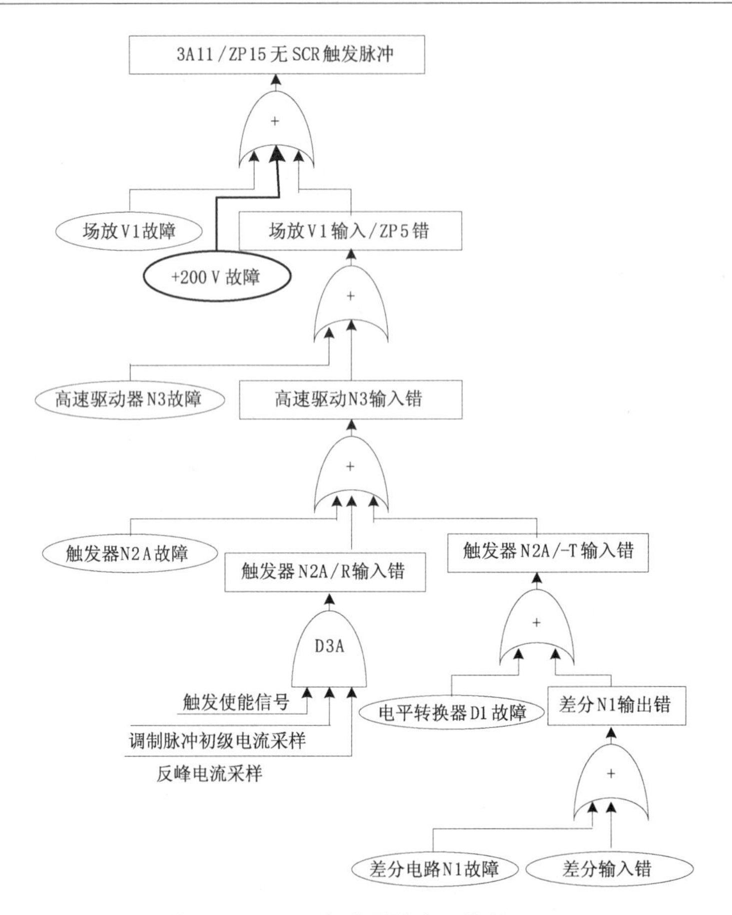

图 7-16　3A11/触发器放大组件的 FTD

在明确了本次故障关键报警信息 Alarm 70 后，再采用故障隔离法来确定 3A11 触发放大器无 SCR 触发脉冲输出故障的原因是由三个保护电路引起还是由触发信号放大电路引起。

7.2.2.6　Tr 多种报警—Tr 不工作+3A12 内有焦味—3A12 充电电压取样的高压短路

(1)故障现象

2004 年 3 月，舟山 CINRAD/SB 在试运行工作时，突然发生多种发射机报警并退出工作程序(RDASC)，曾显示过许多种报警，重启 RDASC 后，主要显示报警信息有：

Alarm 64 Modulator Overload，调制器过载；

Alarm 68 Flyback Charge Failure，回扫充电(3A10)的综合故障；

Alarm 70 Trigger Amplifier Failure，触发放大器故障；

Alarm 110 XMTR/DAU Interface Failure，发射机/数据采集单元的接口故障。

在雷达性能参数 RDASC/Performance Data/上出现了许多出错指示，主要报警是：

Trans. 2/Mod Overload=Fail，调制器过载；

Trans. 2/Trigger Amp=Fail，触发放大器故障；

Trans. 2/Flyback Charger=Fail，回扫充电器故障；

Trans. 2/Test Bit i(i=0,1,2,3,4,5,7)≡Fail，测试 8 个 Bit 位 7 位故障。

发射机故障显示面板上指示“低压电源”、“电源”、“发射机”、“充电系统”、“调制器”、“速调管”故障或”循环失败”。

退出 RDASC 将发射机处于“本控”和“手动”状态，运行 CtrlXmtr2 程序，选择 Transmitter/Short Pulse/321.89Hz。

发现：高压加不上，但发射机故障显示面板只指示：发射机/“过压”、“过流”故障；充电系统/“回授过流和整流欠压”、“充电故障”；“触发器故障”且触发器/3A11(从上往下数第2个)使能灯 V4 闪亮着；听不到发射机柜内的高频蜂鸣声；打开发射机右门和 3A12/调制组件外盖闻到烧焦味。

初步断定发生故障的主要范围是在发射分机。

(2)故障分析与排障过程

由于闻到 3A12/调制组件内有烧焦味，必须先找到烧焦处。

在调制器内部发现 3A12A11/充电电压取样测量板内两根低压引线太长，使得它们的下凹点 B、C 两处和高压端子 A 处的间距太小被人工线上 4800V 左右脉冲高压击穿短路，产生的大电流引起电弧将 B、C 两处烧结在一起短路并和 3A12XS7/初级脉冲电压观测断开，调用发射机 3A12/调制组件的故障部分对应的示意图，如图 7-17 所示。

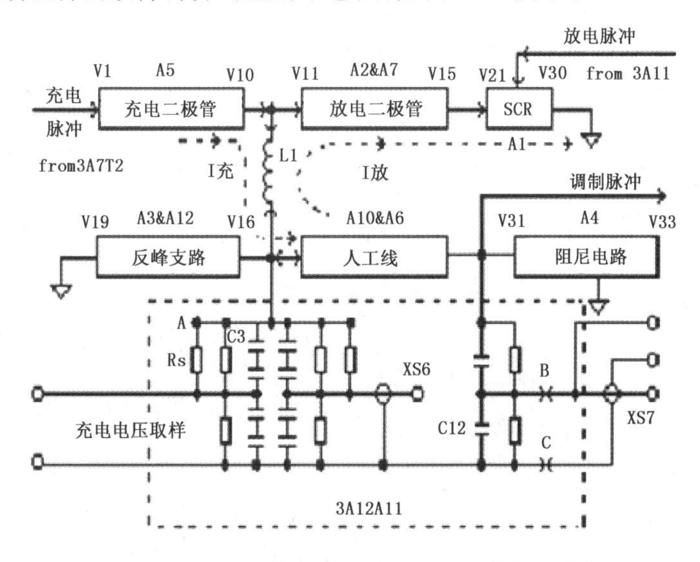

图 7-17　3A12 的充电取样故障源发部位的示意图

如此脉冲高压短路必然在瞬间产生强烈的电弧冲击，电磁脉冲感应而损坏其他电子元件，特别是有关接口的集成电路芯片。

根据上述的故障现象，分析故障的原则是先由表及里，再按照规范化排障流程进行，重点分别检查 3A12/调制组件、3A11/触发器组件、3A10/回扫充电组件和相应的控制信号。

先拉出后充电校平组件 3A8 机柜，使它不发挥作用，对地放掉残存高压。

调用发射机调制部分各组件及主要控制信号的路径图，如图 7-18 所示。

1)3A12/调制组件的排障过程

外观检测可以看到 3A12A11/取样测量板的 R5、C3 和 C12 被烟熏黑，其中 R5(2MΩ/10W)经电弧烧结，阻值变大，C12(0.01 μf/1kV)开裂，去污后 C3 未坏，将它们都更换；悬空并处理好 B、C 处接线；再用万用表粗测 3A12 的充电二极管 V1—V10(正向电阻 $R_+ \approx 8.4k\Omega$，反

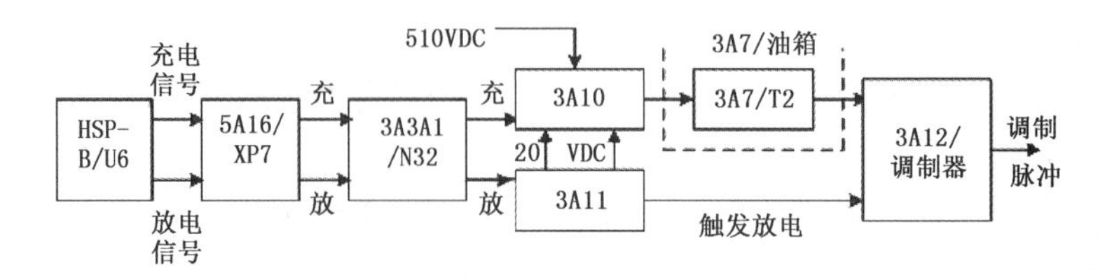

图 7-18　调制部分各组件及主要控制信号的路径图

向电阻 $R_{-}\approx 800\text{k}\Omega$)，确定短路脉冲大电流并未造成放电路径上这些晶体二极管损坏。同样 L1 电感未发现局部短路或开路现象。

3A12/调制组件排障暂时结束。

2)3A11/触发器组件的排障过程

如图 7-19 所示，示波器测试 3A11/触发器组件的输出 ZP15 的波形不正常，并且 3A11/触发器组件的使能 V4 指示灯闪亮。拉出该机柜，它的+200V 电源是从后面大插件供电而低压直流和控制信号是从前面 3A11/XS1 的 DB37 插座供电，开启发射机低压后，无+200V 直流使触发器电源故障指示灯 V3 长亮，禁止使能指示 V4 长亮，将触发使能信号 N7 输入端 PIN2 对地短接后，V4 灭，可认为 3A11 的 V4 相关电路正常。

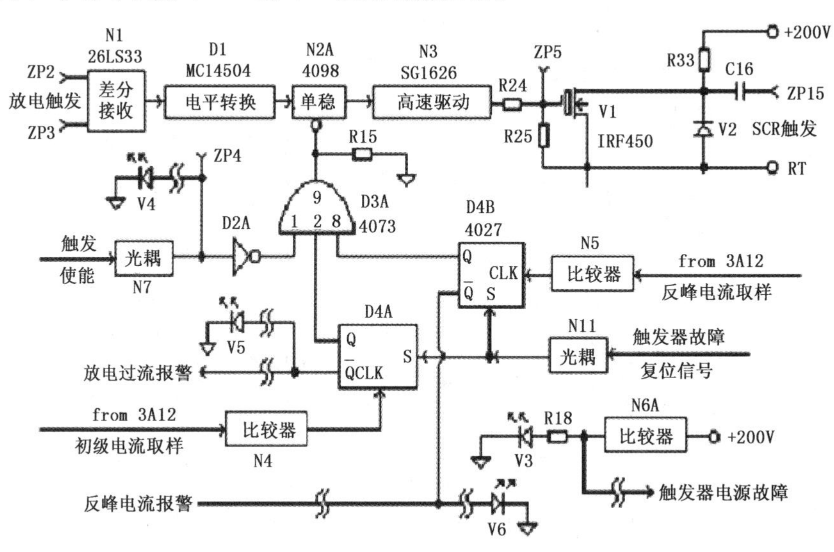

图 7-19　3A11 触发器部分故障路径图

(图中省略号“≈”代表无关的简单电路，如非门、比较器等)

进一步分析图 7-19 发现，由于机柜抽出后，3A12/调制器的初级电流取样和反峰电流取样都没有电流输入，不产生放电过流或反峰电流的故障报警导致禁止使能，特别是舟山站的 CINRAD/SB 未安装 V5 和 V6 故障指示，不能显示放电过流取样和反峰电流取样报警。3A11 的+200V 和 V4 相关电路又是正常的，使能 V4 闪亮可能是由于脉冲干扰故障锁存器 D4/CC4027 的自身问题，即 D4 不仅不能锁存 3A11/触发器或控制电路脉冲干扰型故障而且本身输出不断地被反转，产生误报警从而间断禁止使能，V4 闪亮。更换 D4 后，V4 恢复正常，即低压和故障时 V4 长亮，使能时 V4 灭。(如果安装了 V5，V6 故障指示，可以非常容易地判断本故障)。

根据规范化排障流程，为了方便起见，用示波器直接测试 3A11/触发器的 ZP5/前置驱动，无激励信号；运用两头测量法，再测试 3A11/ZP2&ZP3，无放电触发信号输入；由图 7-18 追溯到 5A16/XP7 仍无此信号，换 HSP－B 板/U6 差分发送 26LS31 后，3A11/ZP2&ZP3 放电触发输入信号正常，但触发器 3A11/ZP5 仍旧无激励信号；再对分法测试 3A11/触发器的 D1 电平转换 MC14504/PIN15 输出无信号，PIN14 输入也无信号，更换 3A11/N1 的 26LS33 差分输入后，D1/PIN14 输入有信号了，但 PIN15 输出仍无信号，更换 3A11/D1 电平转换 MC14504，触发器 3A11/ZP5 激励信号正常；插入机柜后，测得 ZP15/SCR 放电触发信号输出正常。

3)回扫充电组件 3A10 的排障过程

为了方便起见，示波器先测试 3A10/回扫充电组件 ZP2/输出前置控制波形。

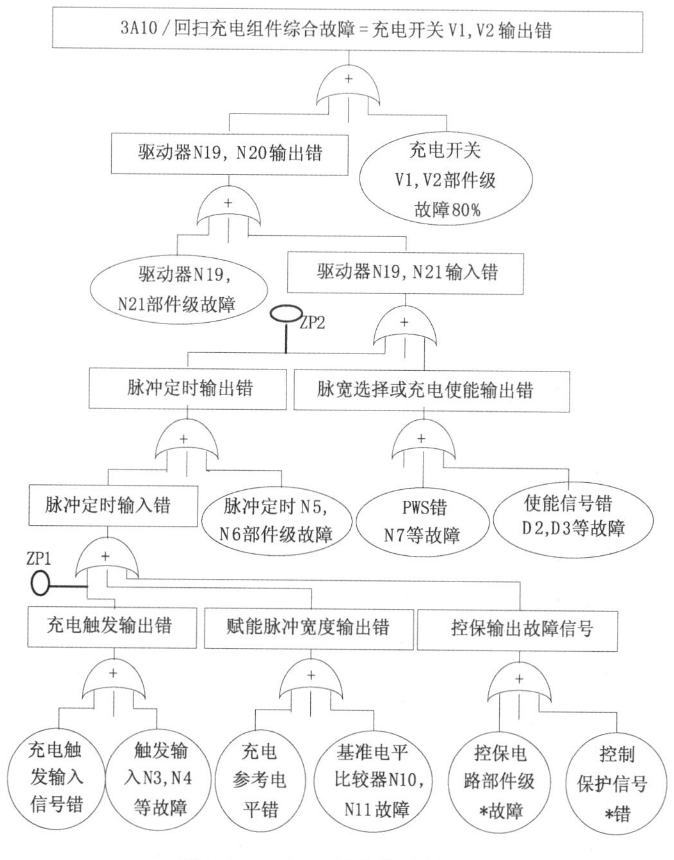

图 7-20　3A10 综合故障的 FTD

（* 表示可以继续往下细分）

发现在高压时，控制波形不正常且重复频率错误；考虑充电触发输入可能存在问题。抽出机柜，采用两头测试法：先测 3A10/ZP1 充电触发信号，波形情况类似；再测充电触发信号输入端 N3 差分接收 26LS33/PIN1&2，雷同；根据图 7-18 更换发射机控制保护板 3A3A1/N32 的 26LS31/差分发送，则 26LS33/PIN1&2 充电触发信号输入，正常；但是测试点 ZP1 波形仍错误，考虑到受高压脉冲的影响在这些控制信号通道上差分接口电路均易损坏，故此更换 3A10/N3 的 26LS33/差分接收，3A10/ZP2/输出前置控制波形正常了。

插入 3A10 的机柜后，开启发射机高压，雷达恢复正常。

(3)故障成因分析及注意事项

1)故障成因分析:本次故障是因为 3A12/调制器充电电压取样的低压测量引线过长其下凹处与充电电压高压端子 A 之间击穿短路放电,产生的大电流引起电弧,瞬间的高压和大电流脉冲使得有关集成电路均被损坏。

这是一个典型的安装工艺问题造成发射机的特大综合性的故障。

2)经验总结和注意事项:如果 3A12/调制器没有高压充电脉冲输入或只输入充电脉冲没有输入放电触发控制信号时,发射机会出现许多报警,其 3A12/XS6 充电电压波形观测都无正常波形输出。

日常维护工作中,如果移动了发射机的高压部件,就需检查有关高压端子或高压引线的隔离情况,以免产生高压短路大故障。

7.2.2.7　Alarm 64—Tr 加不上高压—3A7T1 脉冲变压器初级开路

(1)故障现象

海南 CINRAD/SA 在正常运行过程中突然发生故障,RDA 退出工作程序,加不上高压。当用发射机"本控"加高压时,发射机控制面板 3A1A1 的故障显示"调制器过载"、"速调管过流";发射机控制面板 3A1A3 的状态指示"高压通"、"高压断"、"故障"三个灯不停地闪烁。查 RDA 上报警曾显示:

Alarm 64 Modulator Overload,调制器过载;

Alarm 80 Klystron Overcurrent,速调管(阴极电流)过流;

Alarm 96 Transmitter HV Switch Failure,发射机高压开关故障;

Alarm 97 Transmitter Recycling,发射机循环;

Alarm 110 XMTR/DAU Interface Failure,发射机/DAU 接口故障;

Alarm 209 Transmitter Power BITE Fail,发射机功率内置测试/平均功率检查失败(Performance Data/Tr1/XMTR PWR=0);

Alarm 398 Standby Forced by INOP Alarm,被不可操作报警强制等待;

Alarm 471 System Noise TEMP Degraded,系统噪声温度超限。

虽然出现的多个报警信息,先认为原发性报警信息是 Alarm 64 和 Alarm 80,其他均为继发性报警信息。

由于原发性报警均指向发射机,所以暂时可锁定故障发生在发射分机。

(2)故障分析与排障过程

注意到 Alarm64、Alarm80,结合控制面板故障显示板 3A1A1 上显示"调制器过载"、"速调管过流",可以暂时锁定故障发生在发射机调制部分及外围电路,特别是高压部分。

由于在发生过的报警信息中没有出现下列报警:

Alarm 68 Flyback Charge Failure,回扫充电(3A10 组件)综合故障;

Alarm 70 Trigger Amplifier Failure,触发放大(3A11 组件)综合故障;

同样在故障显示板 3A1A1 未出现对应故障指示;可以暂时只将故障根源锁定在 3A12 调制器组件及外围电路。

1)定位故障元器件

调制组件 3A12 原理框图,如图 7-21 所示。

关闭发射机电源,马上将人工线上的残存电荷对地放电,放电火花基本正常,说明调制器

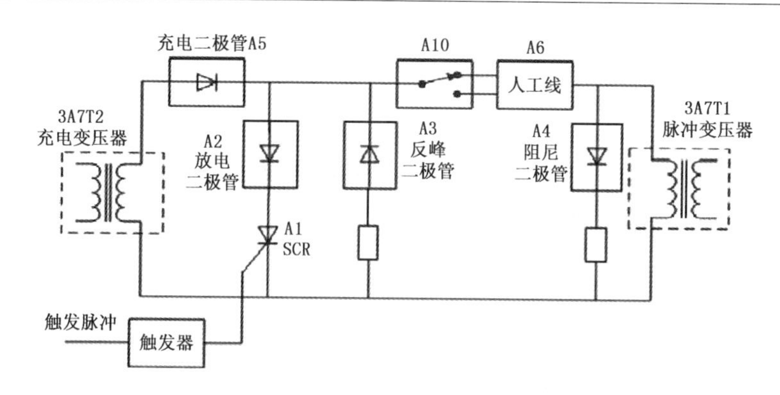

图 7-21　调制组件 3A12 原理框图

有充电过程。抽出调制器组件 3A12，外观检查调制器各个高压接点和引线未见短路打火情况，全部正常。再分别用万用表测试调制器的充电回路和放电回路的所有大功率元器件的正反向电阻和通断情况。

调制器充电回路：3A7T2/次级→A5→A10→A6→3A7T1/初级(并联 A4)→3A7T2/次级。

发现脉冲变压器 3A7T1 的初级开路。根据图 7-21 分析可知，调制器不正常地通过与脉冲变压器初级并联的阻尼二极管 A4 代替 3A7T1 的初级对人工线进行充电，所以人工线对地人为放电时还有火花出现。

考虑到只有充电没有放电也会引起调制器过载。调制器已经抽出，顺便测试调制器的放电回路：A6→A10→A2→A1→3A7T1/初级→A6。

除了 3A7T1 脉冲变压器的初级开路外，其余正常。

可以定位故障的元器件就是脉冲变压器 3A7T1 初级开路，需要打开油箱最后确定是 3A7T1 脉冲变压器的引线开路还是它的线圈开路？

把油箱上接口打开，在加高压时，发现放电管在打火放电。

3A7 油箱组件的放电管 V1、V2 平时处于开路状态，当灯丝中间变压器的次级两端即脉冲变压器的两个次级线圈的低压端出现过高的尖峰电压时，放电管 V1、V2 击穿而呈短路状态，以保护灯丝中间变压器 T1 和脉冲变压器 3A7T1。此处放电管打火应该是由于脉冲变压器初级线圈开路，没有放电使得在高压充电期间由于过高电压在开路处出现打火，耦合到脉冲变压器的两个次级，使得放电管打火。

2)油箱维修更换步骤

① 油箱放油

油箱的油有 100kg 左右，放出到几个干净的油桶中。

② 取出油箱

把葫芦挂在机柜前上方的横梁的吊钩上；将滑座放到油箱的下面，也就是葫芦正下方，并用两只 M8 螺钉将滑座与机柜固定，使滑座的轨道与机柜的油箱轨道相连；拆出油箱上速调管与聚焦线圈的所有连线，螺丝和冷却装置；取出两个用来锁定的螺钉，打开油箱轨道，缓慢地推油箱到滑座轨道上；把吊板挂在葫芦上，将速调管从聚焦线圈中吊出，放在专用的三脚架上，推开并放到安全的地方；吊板挂在葫芦上，将聚焦线圈吊起，要吊高一些，使油箱容易抬出。

检查油箱上连接脉冲变压器 3A7T1/初级的接头：E18＝E19，E20＝E21 与 3A7T1 初级的

2 接线情况，正常，说明是脉冲变压器 3A7T1 的初级线圈开路所致，必须更换脉冲变压器 3A7T1，雷达故障才能排除。

③ 装油箱

更换了脉冲变压器 3A7T1 后，确保油箱已在轨道并加油；放下聚焦线圈；把速调管吊回聚焦线圈中；从滑座轨道缓慢推回油箱；锁死油箱轨道上的两个螺钉；恢复所有连线与螺钉，收滑座，收葫芦。

④ 油箱拆装的安全注意事项

因为油箱加上速调管和聚焦线圈超过 400kg，移动它时必须在滑座轨道上；当收起滑座时，必须锁死油箱轨道上的两个螺钉。否则，如此重的设备移动起来，不受控制，容易造成伤害。

(3)故障成因分析及注意事项

1)故障成因分析：本次故障是 3A7T1 脉冲变压器初级线圈内部开路所致，应该是元器件质量问题。

2)注意事项：如果人工线 3A12A6 出现开路也会出现类似故障现象，而且人工线开路难以测量，可以用下面的方法判断：

发射机关闭高压后，将脉冲变压器 3A7T1 的初级(3A12/E8A＋E8B)对地放电，如果完全没有火花或火花很小则人工线上的电感线圈开路，调制器在刚开始的充电期间就不能正常对人工线储能。

7.2.3 发射机电源部分的经典案例

7.2.3.1 开机时—3PS1 内部出现电弧—3PS1A1 震荡部分过流

(1)故障现象

2007 年 11 月，浙江温州 CINRAD/SA，在其发射机 3PS3/＋28V 电源输入电路的滤波器件短路故障排除以后，重新开启发射机 Q2/低压电源，按照发射机监控系统的控制，在 1 min 延迟后，发射机 3PS1/灯丝电源开始加电，3PS1/灯丝电源中内部突然出现电弧并伴有焦味。紧急关闭发射机低压开关 Q2。

可以断定故障出在发射机内。

(2)故障分析与排障过程

由于出现电弧和烧焦的味道，必须先找到故障现象的根源。拉出 3PS1/灯丝电源组件，发现灯丝电源的 3PS1A1/灯丝电源控制板的振荡器电路中电阻 R7 被烧焦开路。

暂时将故障根源锁定在 3PS1/灯丝电源组件。

调用发射机 3PS1A1/灯丝电源控制板的原理框图，如图 7-22 所示。

根据故障现象(R7 被烧焦开路)，R7 是振荡器 V6/场效应管的限流电阻，给出振荡器部分的电路图，如图 7-23 所示。

首先检查 R7/22 Ω 限流电阻对应的振荡器的场效应管 V6/IRF450，已经被击穿短路；接着检查振荡器中与 V6 串联的场效应管 V7/IRF450，发现其性能也已经极差了；但检查 R9/22 Ω 限流电阻未变值。

为了可靠起见，在更换 R7、V6、V7 之前，相对较容易地将振荡器相关器件均测试检查一番(如 T2、T3、R8、R10、V8、V9 及布线情况)，均正常。

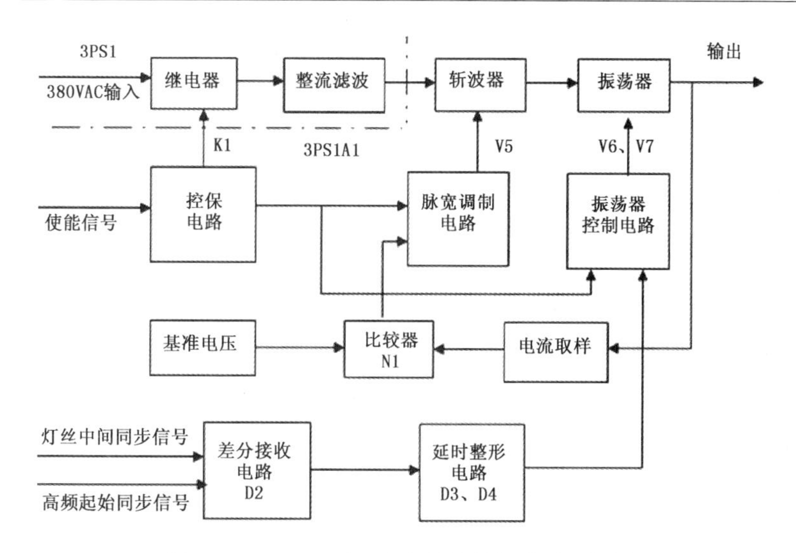

图 7-22　3PS1A1/灯丝电源控制板的原理框图

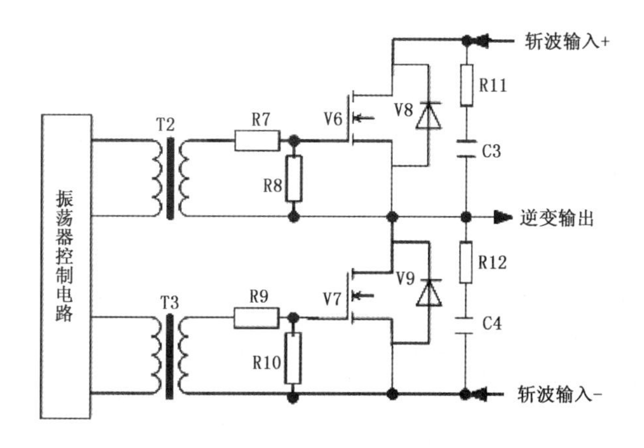

图 7-23　3PS1A1/灯丝电源控制板的振荡器部分电路图

更换 R7、V6 和 V7 后，开启发射机低压，延迟 1min 后 3PS1/灯丝电源组件输出电压正常。故障排除。

(3)故障成因分析及注意事项

1)故障成因分析：本次故障发生在该雷达的发射机 3PS3/＋28V 电源组件的输入电路发生短路，造成其输入保险丝被气化的故障被排除后，3PS3/＋28V 电源组件的输入电路短路产生的强大电流脉冲扰乱了振荡器控制电路的输入控制波形，或者短暂时间内增大了振荡器输入的斩波电压的波形幅度。使得振荡器的场效应管 V6 先击穿短路，进而使得 R7/限流电阻通过大电流产生电弧而冒烟烧焦，当 V7 受到影响时将要彻底损坏时，已被人为地关闭了发射机电源，阻止了该故障的进一步扩大。

所以，这是一个由于控制电路受到强烈电磁脉冲干扰而产生的故障，也说明 3PS1A1/灯丝电源控制板的振荡器的电路设计中功率余量和抗干扰性不足。

可以认为本次故障属于雷达本身设计缺陷所造成的。

2)注意事项：在确诊了故障的根源，拆卸掉损坏的元器件后，应该趁机将此故障根源的相关元器件均测试检查一遍。因为这个时候电路中损坏的元器件均被拆除，相关元器件相对独立，使得测试检查工作比较容易，还可能会找出其他故障隐患。

7.2.3.2 Alarm 82－Tr不工作－磁场电源3PS2/V1桥堆故障

(1)故障现象

2013年7月3日，舟山CINRAD/SB的发射机突然不可工作，RDA终端上出现主要报警：

Alarm 82 Focus Coil Current Fail，聚焦线圈电流错；同时发射机高压被强制关闭。

重新开高压，发现报警变成为：

Alarm 83 Focus Coil Power SupplyVoltage Fail，聚焦线圈电源电压故障；同时发射机高压被强制关闭。

在RDA的性能参数Performance Data/Trans 1/Focus Coil PS＝Fail；3A1A1故障显示板“聚焦电压故障”指示灯亮。

可以锁定故障发生在发射分机的3PS2聚焦电源/磁场电源(供电)组件或其负载聚焦线圈。

(2)故障分析与排障过程

检查发现3PS2/磁场电源组件未在工作。3PS2未工作时，首先需要检查聚焦线圈电源中的三只保险丝FU4—FU6接触情况，进而发现保险丝FU4—FU6熔断。每当电源输入的保险丝熔断后，需要对电源输入/隔离变压器3T1的初级和2组次级线圈进行测试，变压器初次级线圈的阻抗分别为正常的0.7Ω和0.3Ω；基本正常，未发现短路现象。再对本组件的负载/聚焦线圈进行测试，以排除输出电路是否短路，线圈的正常阻抗为2.7Ω，基本正常。更换上同样规格的保险丝后，开启发射机高压，检查聚焦线圈输入端的电压U＝67V，电流I＝20A。聚焦线圈输入的实际参数低于原值(84V，22A)。

聚焦电源3PS2工作原理框图如图7-24所示。

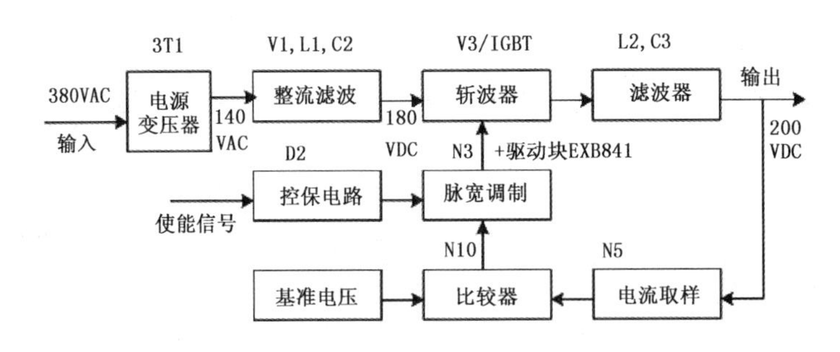

图7-24 3PS2/聚焦电源工作原理框图

逐级测量，发现电源变压器3T1输入三相均为380VAC，输出三相均为140VAC，还有三相输出均为10VAC基准电压；但是整流桥硅堆V1/4，5输出远低于180VDC，而且关闭发射机低压电源后，测量三相桥堆的输出未见明显的短路现象，怀疑是桥堆V1某一相输入故障，重新开启发射机高压电源，将交流电流钳表耦合套入桥堆V1/1，2，3输入引线，发现$I_1=5A$，$I_2=5A$，$I_3=0.4A$，I_3明显变小，可以锁定桥堆V1/3路故障。需要更换整流桥堆V1/VUO36－12N08。

(3)故障成因分析与注意事项

1)故障成因分析:本次故障的原因是磁场电源3PS2组件的V1/VUO36－12N08整流桥堆的三相输入中一相输入故障,使得输出电流减小,经过电流取样N5和比较器N10后,自动保护引起故障报警82。

考虑到舟山气象雷达站的CINRAD/SB已经运行了近8万小时,这可能是一起元器件老化所引起的故障,注意判断该雷达站后续故障发生的成因,必要时需要向上级部门汇报,要求进行大修,免得该雷达进入故障高发期,影响天气观测。

2)注意事项:每当电源输入的保险丝熔断后,首先需要检查该电源输入部分是否短路?只有在确认输入电路没有短路后,再更换同样的保险丝,然后通电测试。

7.2.3.3　Alarm 82＋83－Tr不工作－3PS2磁场电源组件故障

(1)故障现象

某CINRAD/SB运行过程中,发射机突然不工作,RDA终端上发生主要报警如下:

Alarm 82 Focus Coil Current Fail,聚焦线圈电流故障;

Alarm 83 Focus Coil Power SupplyVoltage Fail,聚焦线圈供电故障等报警信息,同时发射机高压被强制关闭。

重新开机故障现象照旧,并且RDA的性能参数Performance Data/Trans1/Focus Coil PS＝Fail;Focus Coil CUR＝Fail。

3A1A1故障显示板"聚焦电压故障"和"聚焦过流"故障指示灯亮。

可以锁定故障发生在发射分机的3PS2聚焦电源组件或负载聚焦线圈。

(2)故障分析与排障过程

聚焦电源3PS2是一个斩波稳流电源,它将位于机柜内左侧的电源变压器(3T1)的次级输出的140 V交流电源经过控制变换成标称值22A左右稳定电流(输出电流稳定度≤0.2A,防止对速调管束流产生影响)的直流电源,并对输出电源进行采样监测。"聚焦电流输出"从聚焦电源驱动板3PS2A1中霍尔传感器N2得到聚焦"电流取样"信号,经N5A分两路输出,一路送给电流调整N5B,其RP8对应调整3A1聚焦线圈表头的电流指示;另一路输出信号在N10A与基准电压进行比较;N10输出的误差电压控制N3"脉冲输出"的宽度经3PS2A2/N1驱动块EXB841送入3PS2/V3/斩波器IGBT,从而实现稳流。"使能信号"和"故障复位"通过N8和N9光耦,D1和D2等组成控制保护电路,产生"合成准加"信号控制脉宽调制的N3。从聚焦电流输出还能得到"电压取样"信号,通过N4A、N6A产生"过/欠压信号"。

聚焦电源3PS2的核心部分是斩波器,聚焦电源3PS2工作原理框图如图7-25所示。

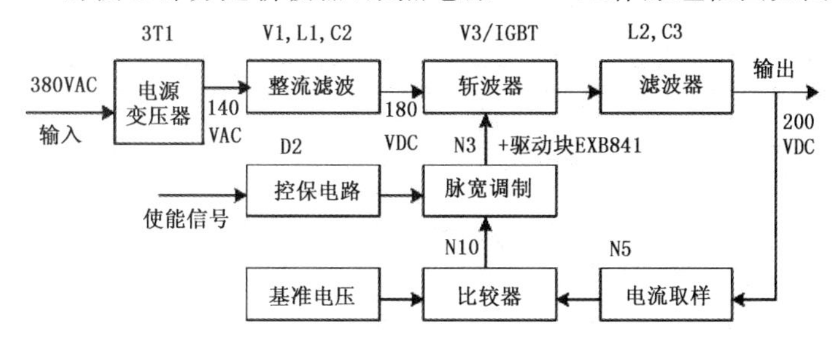

图7-25　3PS2/聚焦电源工作原理框图

3PS2故障时，首先需要检查聚焦线圈电源中的三只保险丝FU4—FU6接触情况。若正常，可对聚焦线圈进行测试，线圈的正常阻抗为2.7Ω；再对隔离变压器3T1的2组次级线圈进行测试，变压器线圈的阻抗分别为正常的0.7Ω和0.3Ω；电源变压器3T1输入三相380VAC，输出三相140VAC，还有三相10VAC基准电压。在排除了聚焦线圈本身和隔离变压器之后，则基本判断是聚焦线圈电源的故障了。

根据方便原则，先逐级测试聚焦电源3PS2的主电路上的各级电压，注意的是输出电压随着负载阻抗而变，输出电流基本保持不变；关键是驱动块EXB841输出方波的脉宽随着负载电流大小而变化。

根据3PS2的电路原理框图、电路图和3PS2斩波器V3驱动脉宽控制电路(3PS2A1＋3PS2A2)的FTD进行元器件级排障(图7-26)。

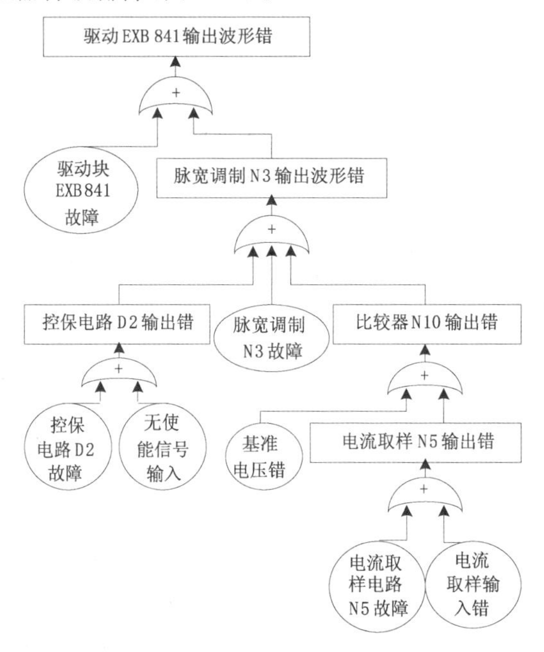

图7-26　3PS2驱动脉冲控制电路的FTD

在测量脉宽调制的N3/P10＝$\overline{SD}$始终处于高电平，所以没有使能信号！查使能信号的路径：使能信号(低有效)XS1/P3&P21(地)→N8/P3＝1→D2C/P8＝0→D2D/P11＝1＝ZP8→V19/C＝0＝N3/P10＝$\overline{SD}$。

逐级测量使能信号的逻辑一直到ZP8＝正常，所以V19射随器或作为负载的N3/P10坏。

更换了V19射随器后，发射机低压通电后，N3/P10＝0，使能信号加到脉宽调制电路N3了。推入3PS2磁场电源组件，重新进入RDASC，故障消除，说明正是该晶体管损坏造成了聚焦线圈电源组件的故障。

(3)故障成因和注意事项

本次故障的原因就是3PS2A1的使能信号路径中的射随器V19损坏，使得使能信号不能到达脉宽调制芯片N3，不能发挥使能信号的作用。

本次故障是典型的元器件质量问题。

7.2.3.4 关机时—3PS3 保险丝熔断气化爆炸—3PS3 电源输入短路

(1)故障现象

2007 年 11 月,在温州 CINRTAD/SA 的年维护过程中,已退出 RDASC,走到发射机边准备关闭发射机低压开关 Q2 时,突然发射机左面板内发生强烈的电弧光和爆炸声。

紧急关闭发射机低压电源开关 Q2,并锁定故障发生在发射分机内。

(2)故障分析与排障过程

除了紧急关闭发射机的 Q2/低压开关外,马上关闭 Q3/机柜灯开关,并将 Q1/高压开关暂时也关闭,还切断了电源机柜的发射机电源。

打开发射机左侧的 3A1/控制面板,发现背面的 3A1A2/测量接口板的上半部分布满了黑糊糊的胶木粉末,细小玻璃粒子和细碎的黄铜片。仔细检查,清洁 3A1A2/测量接口板,发现 3A1A2/测量接口板本身并没有元器件被气化爆炸。

查找 3A1A2/测量接口板对面的组件,看到发射机的 3PS3/+28VDC 的输入电源保险丝座连同其 FU1/5A 保险丝一起被气化爆炸的现象。气化的结果喷出了大量的胶木粉末,细小的玻璃粒子甚至黄铜碎片。

松开 3PS3/XP8/电源插座,拉出 3PS3/+28VDC,根据规范化维修流程,先检查 3PS3/+28VDC 的 XP8/PIN2—PIN3 的 220VAC 输入电源,正常。

可以锁定故障出在 3PS3/+28VDC 组件内。

调用发射机/3PS3/+28VDC 电源组件的原理框图,如图 7-27 所示。

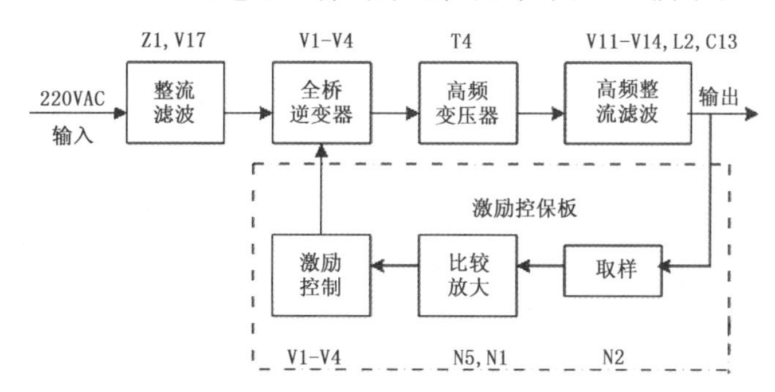

图 7-27 发射机 3PS3/+28DC 电源组件原理框图

由于 3PS3 的 FU1/5A 保险丝被气化时通过的电流必须超过 30A 以上,所以+28VDC 电源组件的输入电路部分肯定短路过了;再测量 XP8/PIN2—PIN3 的电阻,且未发现短路现象。清洁干净 FU1 保险座的周围后,重新安装 FU1/5A 保险丝,发射机开启低压,检查 3PS3/+28V 电源组件输出是正常的。

因该组件的内部均被硅胶封死,难以深入地查到故障的元器件,故障排除暂时到此为止。

(3)故障成因分析及注意事项

1)故障成因分析:根据图 7-27,可以分析出:这个故障可能是由于 3PS3/+28DC 电源组件的前置滤波器/Z1 内部的滤波电容短路所致,大电流正好熔断了 Z1 内滤波电容的短路处,使得该滤波电容处于开路状态,不再发挥作用。

这是个元器件质量问题造成的故障。

2)注意事项:凡是电源组件的输入保险丝被熔断等故障现象,先检查其输入电压是否会变大许多,其次再检查电源组件作为负载的输入是否有短路现象。

由于缺少3PS3/+28VDC电源组件,本次故障组件3PS3/+28VDC仍然在使用。可以推断:此3PS3/+28VDC输出电压的纹波会增加,发射机性能可能会受到影响。

建议该台站尽快地订购3PS3/+28VDC电源组件,及早更换。

7.2.3.5 Alarm 82—泵源缓慢过流,Tr不能工作—3PS8泵源输出DL漏电

(1)故障现象

舟山CINRAD/SB运行过程中突然退出工作程序(RDASC)并发生报警:

Alarm 112 Klystron Vacion Current Fail,速调管泵流故障。

重启雷达工作程序RDASC,发射机预热时间(13 min)到后,开启发射机高压正常,但是雷达正常工作半小时后,重现此故障现象。

可以锁定此次故障出在发射分机内。

(2)故障分析与排障过程

新启动发射机Q2/低压开关,通过发射机3A1/控制面板的P4/发射机电压和电流表和SA9/波段开关检查发射机3PS8/泵源输出电压,为正常的3000V左右;通过发射机3A1/控制面板的P3/钛泵电流表观测钛泵电流,刚开始时,泵源电流也是正常的,低于1μA;但是随着时间延长(约15 min后)泵流慢慢增大,半小时后增大至20μA以上(此时泵压未变),报警82。报警是因为泵流超过出厂时工厂在发射机3A1A2/测量接口板上设置3PS8/泵源的输出参数门限:欠压保护门限为2.5kV,过流保护门限为20μA。

根据维修常识,某电源装置输出电压正常而输出电流增大,应该是负载加重,或者输出电流检测电路故障。锁定本次故障出在3PS8/泵源的输出电路。

调用3PS8/泵源的电路原理框图,如图7-28所示。

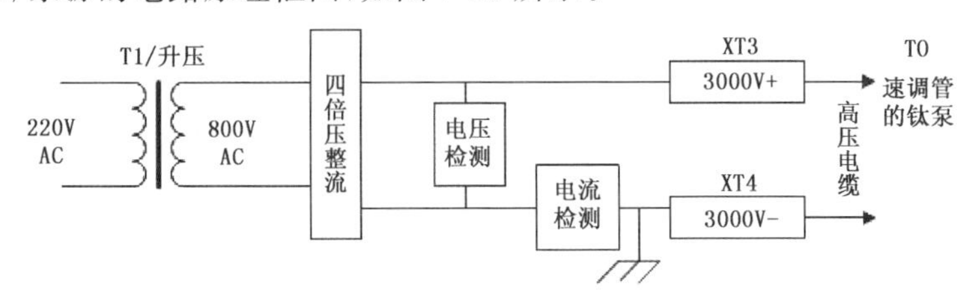

图7-28 3PS8/泵源的原理框图

3PS8/泵源的输出电路包括泵源的输出电路检测,输出高压电缆和输出负载(速调管)。根据规范化维修流程,先检查泵源的输出电流检测(R7、C9并联),正常;接着检查泵源3000VDC输出到速调管的高压电缆是否漏电,没有明显的漏电现象,趁机用酒精擦洗此高压电缆;考虑到泵源的负载(速调管)工作正常,其束流、输出波形、输出功率等参数均稳定正常,可以认为速调管并未出现明显的损坏(如打火、漏气故障),不会造成泵流增大太多。待高压电缆上的酒精风干后,重新开启发射机Q2/低压电源开关,故障不再出现;进入雷达工作程序RDASC,开启发射机Q1/高压,雷达工作正常。但是过一段时间(20多天)后,同样故障重现。

到此为止,基本可以确定本故障是由于3PS8/泵源的3000V+到速调管的高压电缆两处与外壳地之间轻微漏电造成的,只要更换此高压电缆或提高此电缆的绝缘性即可。可采取的方法是在高压电缆外皮与地接触处加装高压绝缘套管。

再次使得发射机正常工作，此故障从此再未出现。

(3)故障成因分析及注意事项

1)故障成因分析：本故障是由于3PS8/钛泵电源组件到速调管钛泵接口的高压电缆质量较差，绝缘余量不够，受污染后降低绝缘性，使得泵源输出高压3000V+与外壳地之间轻微漏电造成的。

本故障属于典型的材料质量问题。

2)应急处理方法：由于更换此高压电缆较为麻烦，再次用酒精清洗此高压电缆，并用高压套管套在高压电缆两处与外壳地之间的接触处，将高压套管用尼龙搭扣夹牢，以免滑动，可以提高此电缆对地的绝缘性，效果良好。

7.2.4　发射机监控和保护部分的经典案例

7.2.4.1　Alarm 58－Tr 不能工作－3A6 电弧反射保护组件故障

(1)故障现象

上海 WSR－88D 运行过程中 RDA 终端上突然发生报警，并强制关闭发射机高压：

Alarm 58 Waveguide ARC/VSWR，波导电弧/电压驻波比检测报警；

Alarm 97 Transmitter Recycling，发射机(自检)循环；

Alarm 98 Transmitter Inoperative，发射机不可操作。

重启雷达工作程序(RDASC)，报警序列照旧，发射机高压加不上。对应在雷达性能参数 Performance Data/ Tr1/上显示：

(WG ARC/VSWR)＝FAIL；XMTR Recycle Count 加1；XMTR＝INOP。

暂时可以锁定故障是在发射分机。

(2)故障分析与排障过程

这里的源发型报警信息是报警58，其余均为继发性报警信息。

拔出3A6A1/N6＝TLP526－1保护信号输出光耦，切断向发射机监控电路发送报警58信息，模拟“无故障信息”。正常开机，发现 RDA 监视器上的报警58等不再出现，马上关机(防止可能存在的波导打火损坏发射机)，恢复N6。由此确定报警信息确实是由3A6电弧反射保护组件及检测的两路信号所引发。

可锁定故障发生在3A6电弧反射保护组件和相关电路中。

从3A6电弧反射保护组件的原理框图(图7-29)可知，有三路信号输入3A6，分别是：

1)波导反射信号/VSWR电压驻波比——反映了速调管向波导以及天线传输RF功率的能力。VSWR的理想值为1，它表示电磁波能量通过波导和天线全部辐射出去，没有任何能量反射回速调管。发射机速调管输出RF功率分别通过机房内波导1DC1/30dB定向耦合器、衰减器、检波器和1DC2/35dB双定向耦合器、衰减器、检波器，再经T形BNC接头合成VSWR后输入到3A6/XS2。当3A6测出的电压驻波比大于1.5，对应检波包络的幅度大于95mV时，保护电路将产生“Waveguide Arc/VSWR Alarm”的报警信息，雷达发射机故障循环，当无法完成纠错或多于4次循环后，会强迫使发射机关闭高压，防止因波导馈线等故障损坏发射机速调管。

2)电弧检测器(arc detector)——传感器SD5600位于速调管的输出口外的波导中。它的主要作用是通过光敏二极管监视速调管输出口附近的波导内是否有电弧打火。电弧检测信号

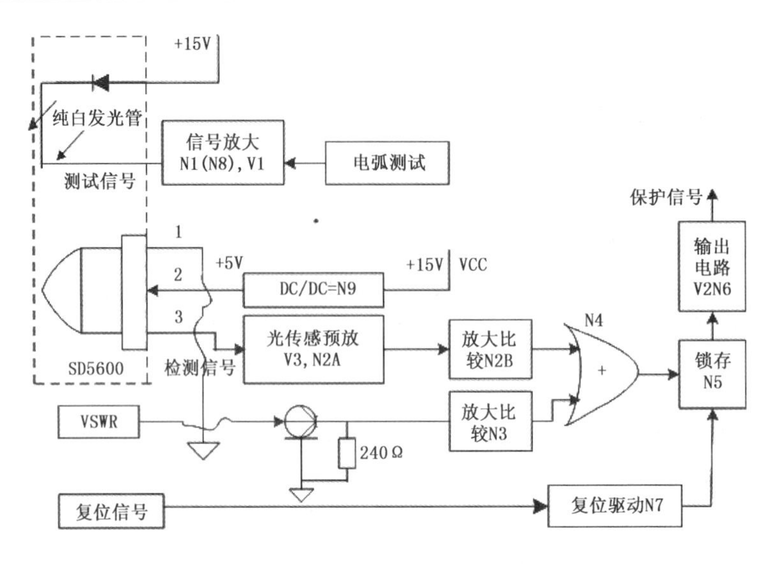

图 7-29　3A6/电弧反射保护组件的原理框图

输入到 3A6A1/XS1。当检测出速调管打火时,3A6 的保护电路将产生"Waveguide Arc/VSWR"的报警信息,雷达发射机故障循环,当无法完成纠错或多于 4 次打火时,会强迫使发射机关闭高压,防止因速调管打火故障损坏速调管。

3)电弧测试——在 RDA 系统工作正常,无故障指示,特别要求发射机无故障指示,将发射机转换为本控状态,使它处于正常工作,再按下控制板 3A1 上的"电弧测试"按钮;由于电弧测试的纯白发光管和 SD5600 封装在一起,犹如模拟速调管打火,所以可观察到控制面板 3A1 上"电弧"故障指示灯亮,"高压通"状态指示灯灭,"高压断"状态指示灯亮,人工线电压表指示降为零。

另外,时基电路 N8 构成多谐振荡器,它输出的方波经 V4、V5 整流在电容 C24、C25 上产生负压,给 N2、N3 供电－15V。

综上所述,必须明确:"Waveguide Arc/VSWR"的报警是由这三个外来信号引起,还是 3A6 组件本身故障引起的虚报警。

在 RDA 系统将发射机转换为本控状态,使它工作。分别断开 3A6XS2/VSWR 反射检测,3A6A1XS1/4 电弧检测,3A6XS1/5 测试信号并分别将检测信号的输入引线对应接口短接(防止干扰信号串入)。如果发现报警消除,就是对应的输入信号引起报警 58;如果报警现象照旧,则是 3A6 组件本身故障引起的虚报警。

由于 WSR－88D 的维修承包给外方,在确定了是 3A6 组件本身故障引起的报警 58,只是整个更换了 3A6/电弧反射保护组件,故障排除,证明是 3A6/电弧反射保护组件本身故障。

也可通过 3A6/电弧反射保护组件的原理框图,3A6 组件输出保护信号的 FTD(图 7-30),CINRAD/3A6A1 的原理框图及电路图 AL2.900.472DL,AL2.900473DL 结合电子设备的维修经验,定位 3A6 组件本身的元器件引起的故障。

(3)故障成因分析与注意事项

本次故障时由于 3A6 组件本身故障引起的报警,是个完全可以由台站自己进行修复的故障。可以分段检查,每个部分的电路相对简单。

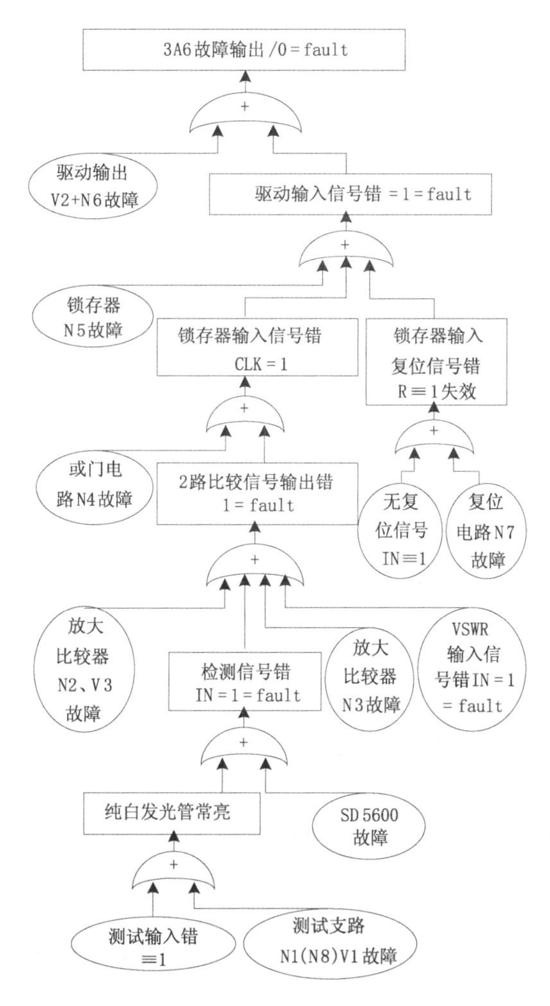

图 7-30 3A6 综合故障的 FTD

7.2.4.2 Alarm 173＋60－Tr 机柜过温＋不能工作－速调管抽风通道堵塞

(1)故障现象

舟山 CINRAD/SB 早期运行期间经常自动切断雷达发射机高压，退出雷达工作程序(RDASC)，并出现下列报警。重启雷达工作程序(RDASC)开启发射机高压，雷达能够正常工作一段时间，再现此故障现象。

Alarm 173 Transmitter Leaving Air Temp Extreme，发射机流出风温超限；

Alarm 60 Transmitter Over Temp，发射机柜过温。

在雷达性能参数 RDASC/Performance Data/Trans. 2/Cabinet Air Temp＝Fail，发射机2/机柜风温超限；

Tower Utilities/XMTR Air Temp＝56 DEGC，铁塔设备/发射机风温 56℃。

发射机面板上“机柜/过温”故障指示灯亮。温度传感器 S13 在总出风道内。

雷达设备机房空调工作正常。根据此故障现象可断定此报警是雷达发射机柜的出口风温超过适配数据的门限值而引起的：

Adaptation Data/Tower3/Muximum XMTR Leaving Air Alarm Temperature=55℃(正常工作时一般在42℃);

可以锁定此次故障发生在发射分机内。

(2)故障分析与排障过程

发射机风温超限,但是并未出现报警61、报警75、报警83和报警84,即发射机柜气流、聚焦线圈气流、速调管气流、速调管风温均正常。

发射机总出风口通畅。雷达工作一段时间后,手触摸发射机主要的热源:聚焦线圈、3A12/调制器、3A7/油箱或热交换器、3PS1/灯丝电源、3PS2/磁场电源、3A2/高压电源、M4/总进风电机、3A10/回扫充电器和3A11/触发器,没有明显的过温出现。

用纸片在发射机总进风口外测试发射机的总进风量,感觉基本正常;

用纸片在聚焦线圈抽风机的出风口外测试出风量,感觉基本正常;

用纸片在速调管抽风机的出风口外测试出风量,感觉速调管的出风量小了。

可以锁定本次故障是由于速调管出风量小了,虽然并未使得速管风温超限,即报警83(门限为≤115℃),但是却造成发射机柜过温(门限为≤55℃)。

根据CINRAD/SA&SB发射机速调管出风量小的FTD,其主要原因是:

1)速调管抽风机M1输出功率减小;

2)速调管抽风通道的软风管部分堵塞;

3)速调管过温(速调管出现明显的束流过流、灯丝过流、打火;人工线过压、束电压/电子注电压过压等故障现象)。

由于在雷达正常运行期间并未发现速调管存在明显的上述故障现象,感觉速调管的抽风机M1工作也是正常的,重点检查速调管的抽风通道。发现在速调管抽风通道的软风管上部滤尘网罩被速调管脱下的黑漆皮遮去大部分面积。

清洁速调管抽风通道的软风管上部滤尘网罩,再复原,重新开机,此故障不再出现。

(3)故障成因分析及注意事项

1)故障成因分析:本次故障的原因是发射机M1/速调管风机下的抽风通道滤网被速调管脱落的黑漆皮遮去一大半面积,造成速调管抽风通道不畅,减小了速调管的抽风量,而速调管的风温传感器S9门限偏高(≤115℃)又和风接点开关S10一起紧靠速调管端,还未起保护作用,就使得发射机排出的风温超限(≤55℃)。

本次故障属于年维护工作不到位所造成。

2)注意事项:只要速调管抽风机M1开始抽风,速调管的风接点开关S10(弹性水银翻板)就能够翻转,并不一定需要在速调管冷却风量为4.5m^3/min(海平面)~6.2m^3/min(海拔3048m),风压199Pa才会翻转。所以不能仅从速调管的风接点开关S10已经翻转来确定速调管的冷却风量够了。同样,聚焦线圈的风接点开关S8也是如此。

建议,发射机总进风口对着雷达机房冷空调的出风口,以提高雷达设备机房中空调的制冷效率,可节约空调的电能。

7.2.4.3 Alarm 265—波导转换开关"咔、咔"声+Tr关高压—波导转换开关故障

(1)故障现象

在舟山CINRAD/SB开始工作VCP自检后,在RDA监视器上发出下列报警:

Alarm 265 Waveguide Switch Failure,波导开关故障;

发射机进入故障循环，进行自动纠错过程；并可听到波导转换开关连续发出机械转动机构切换时的“咔、咔”声，但始终无法切换到位，最后迫使发射机关闭高压。

重新开机，进入 RDASC 工作程序，发现在发射机加高压进行自检时，波导转换开关切换之前，无报警，无“咔、咔”声，即一切正常；但是进入工作状态故障现象照旧。

可锁定故障出在发射机的波导转换开关和它的控制电压。

(2)故障分析与排障过程

波导转换开关位于波导传输组件中的一种利用电磁吸合改变机械位置的微波器件，它根据控制命令，确定通过波导的射频电磁波能量是向天线传输辐射出去还是直接通向高功率 RF 吸收负载 1FH4。

波导转换开关内有 2 组电磁吸合线圈，一组是吸合电磁铁的主线圈，将波导开关由 RF 高功率向吸收负载 1FH4 切换到向天线发射；另一组线圈是副线圈，将电磁铁保持在吸合位置，通过波导转换开关，传输波导向天线传输 RF 功率。

波导转换开关的传动执行装置的工作电压为直流 28V。在一般情况下，执行装置上的电压只有 18V，机械传动装置不动作，速调管与天线之间的波导通路被隔断，速调管的输出直接连到吸收负载。而当计算机发出命令，控制执行装置上的电压变为 28V 时，机械传动装置动作，使速调管与天线之间的波导通路被联通。因此在出现上述故障现象的情况下，在排除了周围其他控制电路出现故障的可能性后，可以在波导转换开关上直接加 28V 直流电压，观察执行装置的动作情况，从而判断波导转换开关是否存在故障。

图 7-31 为波导转换开关及其周围部分控制电路的电原理图。

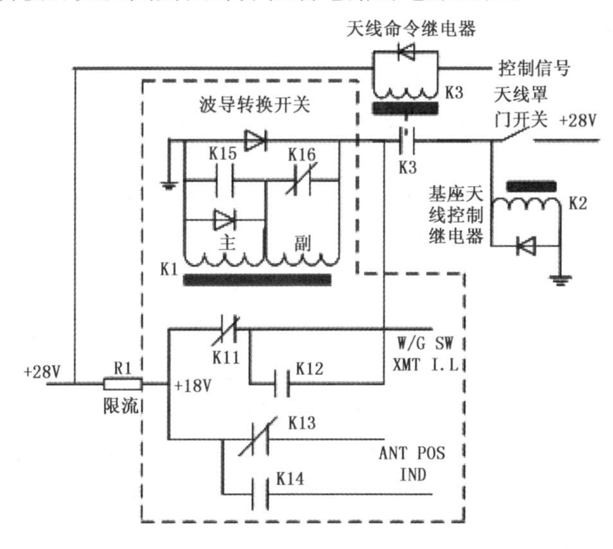

图 7-31　波导转换开关电原理图

K1 为波导转换开关控制继电器线包，K3 为天线/负载命令继电器，K2 为天线基座(保护)控制继电器。波导转换开关切换控制信号未来前，控制信号=0，K3 线包上没有 28V 的电压差，K3 开路，28V 也加不到 K1 的两端，K1 线包上同样没有 28V 的电压差，K1 不动作。此时，K11 和 K13 闭合而 K12 和 K14 开路，28V 通过限流电阻 R1 加到这四个继电器开关，K11 向外送出“W/G SW XMT I. L=波导开关发射禁止”信号。

当控制信号=0,使得 28V 电压(在天线罩门关闭的情况下)通过 K3 加到了 K1,使 K1 执行装置动作,波导转换开关将波导通路从负载切换到天线。此时,K14、K12 闭合而 K11 和 K13 开路,“W/G SW XMT I. L=波导开关发射禁止”信号消失,K14 发出“ANT POS IND=天线位置指示信号”,代表波导通路已切换到天线;刚切换时开始 K16 闭合、K15 开路,主线圈工作,电磁铁转动,而副线圈旁路;波导开关切换到天线端时,K15 闭合、K16 开路使得主线圈旁路而不工作,副线圈工作,电磁铁保持吸合。

另外,一旦天线罩门开关被打开,K2 开路,28V 加不到 K3,即使命令波导转换开关进行切换的控制信号=0 发出,28V 加不到 K1,执行装置也不会动作。

根据此次故障现象,波导开关副线圈不能保持在吸合位置,不断需要主线圈进行吸合,产生“咔、咔”声和报警信息,造成发射机停机故障。

(3)故障成因分析及注意事项

1)故障成因分析:根据经验,波导开关损坏的往往是副线圈,可以看到长时间通直流电使得线圈连接处易出现霉变现象,造成开路,就不能维持吸合位置,控制系统会再次接通主线圈产生吸合电流,反反复复出现“咔、咔”声。

2)注意事项:此时可卸下波导转换开关,拆去损坏的副绕组,再用同样的漆包线(∅=0.13 mm)高强度绕大约 1300 圈即可。

检修的波导转换开关中发现大部分的上下主轴承均因缺少润滑油脂而锈蚀严重,甚至转动困难,必然造成电磁线圈因转不动造成负载过大而烧线圈,所以必须注重波导开关的使用环境,既避免潮湿又要保持它每 8 小时转动一下(做 8 小时定标)。

7.2.4.4 发射机测试、维修和维护过程中应注意的事项

由于发射机是在高电压、大电流下工作,所以发射机的故障率位于 CINRAD 各分机之首,为了减小发射机的故障次数,提高 CINRAD 的可用性,CINRAD 用户在测试、维修和维护工作中应该注意如下事项:

(1)测试发射功率前,功率计的地线必须和被测分机的地线可靠连接;先计算所测功率是否在功率头的允许功率范围(一般在 100mW=20dBm)内,如超过此数值必须外加一定的衰减量,否则就会损坏功率头。

同样,用示波器检测 RF 脉冲波形的检波头也要考虑其允许功率范围(一般也在 100mW = 20dBm)内。

(2)用示波器测试雷达各组件的波形前,需先将示波器和被测组件的地线可靠地连接;在测试发射机的有关波形前,应先关掉发射机高压,将示波器的测试棒钩于对应测试点上,再开发射机高压测量波形;否则可能会产生脉冲电压,有可能会击穿有关接口的集成电路。

(3)改动 RDA 的适配参数必须符合实际数值并且有据可查,否则会影响雷达的性能,还可能会使 RDA 产生相应报警,甚至无法正常工作或者无法恢复;改动适配数据后,有时需要重新定标。

(4)触动发射机任何高压装置后,均需仔细检查是否有可能会造成高压短路。测试发射机高压装置前,须先关掉高压电源 Q1,连接好测试装置后再开高压进行测试;

触摸发射机任一高压装置前,须先关掉高压电源 Q1,再对该高压装置进行放电,以免电容内储存的高压电荷对人体产生电击。

(5)雾气极易从发射机进气管道或发射机/抽风机未工作时从排气管道涌入发射机,雾气

会产生积水,引起高压打火,击穿高压可控硅或二极管等高压元件。

长时间关掉发射机高压时,应将发射机向室外排气的活动门关闭;机房外空气较干时才允许进气管从室外直接进气;需精密制作排气管和进气管的活动门;所以,一般的雷达机房外,再加一圈回廊,以免雾气渗入发射机内。

(6)机房内空调吹出的冷气应尽量对准发射机的进气道,以提高制冷效率,需将空调的控制器电源直接接入UPS的总电源,以保证夏天断电再恢复供电后,机房内的空调能立即恢复原先的工作状态,如果空调长时间未恢复正常的工作状态,极易造成机房和设备的温度超限。

(7)应定期清扫发射机进风道,速调管出风道及聚焦线圈进出风道的滤尘网。如果发射机进出风口滤尘网孔堵塞,会在高压开启后的短时间内就使发射机内温度急骤上升,引起各种报警。每年的雷达年维护,需要对发射机各个机箱清扫灰尘,紧固固定螺丝,用酒精清洗高压电缆,按紧所有插入式IC芯片。

(8)另外,雷达发射机前门内侧应加贴弹性屏蔽金属橡皮条。这样可以减少大约8倍的发射机机柜内微波辐射向外泄露的能量。

7.3 接收分机的经典案例

7.3.1 接收机RF测试通道的经典案例

7.3.1.1 Alarm 527等—回波强度偶尔突变—4A22的J3—J5接触不良

(1)故障现象

舟山CINRAD/SB预报员们在台风观测期间注意到雷达显示回波信号强弱偶尔发生突变,频繁的时候达到一天5～6次。同时,在雷达的性能参数RDASC/Performance Data/上显示:

接收机反射率定标ΔCW变化±3.0dB左右,SYSCAL显示值也会跟着变化;

查RDASC/Calibration.log文件中ΔCW先是随机地大于原值3.0dB,会产生报警:

Alarm 527 LIN Chan Test Signals Degrade,线性通道众测试信号超限;

RFDi未与CW作同步变化,经接收通道增益订正,此报警会自动消除;CW再随机地恢复正确值,或许会报警523,经接收通道增益订正,系统恢复正常;SYSCAL也会略有变化。

故障现象均由接收分机产生,所以可以锁定故障发生在接收分机。

(2)故障分析与排障过程

由于ΔCW突变,但ΔRFDi未变,会产生报警527;接收通道增益自动补偿后,报警消除,再使得雷达定标常数SYSCAL和雷达回波强度变化,几个体扫后,又会使得ΔCW和SYSCAL有所恢复,报警527会消除,所以,只需重点检查CW测试信号通道。接收机RF Test(CW)测试通道的电路框图如图7-32所示。

由于该故障是随机发生的,难以捕捉,只能用小功率计挂在CW测试通道的耦合监测点,一旦发现报警527,就利用雷达体扫的间隙VCP定标期间,读取小功率计上CW的读数。从4A22/J3(从4A22/J7读)开始到4A22/J5(从4A23/J3读)测试CW信号功率。根据适配数据,可计算出CW的正常输出值:

P(4A22/J3)=R34(适配数据/接收机第34项—DL插损)≈20～25dBm;

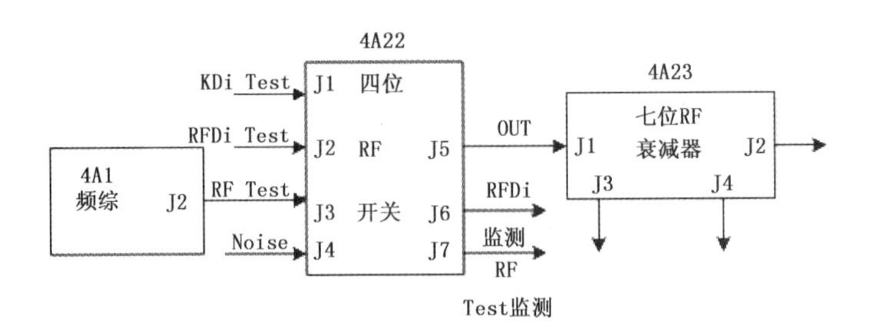

图 7-32　接收机 RF TEST(CW)测试通道原理框图

P(4A22/J7)＝P(4A22/J3)＋R62≈P(4A22/J3)－30dB；

P(4A23/J3)＝P(4A22/J5)＋R64＝P(4A22/J3)＋R59＋R64≈P(4A22/J3)－2dB－30dB。

此故障和环境温度没有关联，在报警 527 时，经过多次监测，发现 4A22/J7 的 CW 监测功率正常，未发生变化；而 4A23/J3 的 CW 监测功率会发生突变。

一般情况下，耦合器不太会损坏，故先锁定故障发生在 4A22/J3—J5 之间，即 4A22/四位 RF 开关组件损坏。

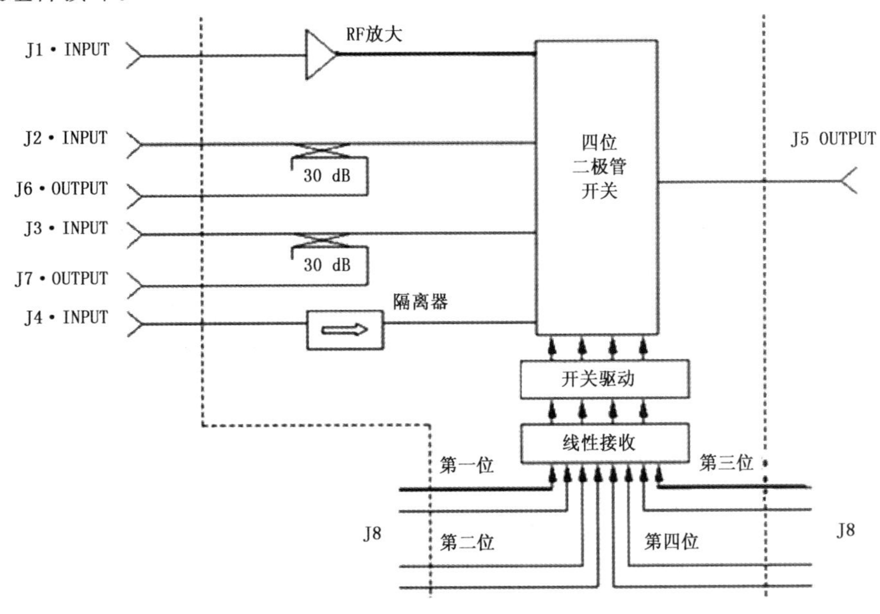

图 7-33　4A22/四位 RF 二极管开关原理框图

如图 7-33 所示，4A22 外加电压是±5V，＋5V 由 J8/3&5、－5V 由 J8/2&1 输入，J8/1 和 J8/5 是地线。

由于该故障仅仅是 RF TEST(CW)测试通道的路径损耗偶尔增加，说明 4A22 的外加控制信号与电源均是正常的，仅仅是 J3－J5 的通道有故障。打开 4A22 发现内部被硅胶封死，无法进一步判断是否线性接收、开关驱动还是 RF 器件故障放弃元器件级维修，只能整个更换 4A22。

(3)故障成因分析及注意事项

1)故障成因分析:这是由于4A22/四位RF开关组件内部元器件损坏造成的故障。这是个典型的元器件质量问题。

2)注意事项:更换4A22后,需要根据新的四位RF开关的参数填入对应的适配数据R57、R58、R59、R60、R61和R62。

7.3.1.2 大量的Re报警—但回波变化不大—4A23/RF七位衰减器故障

1)故障现象

某CINRAD/SB在运行过程中突然出现大量报警信息,但是雷达回波面积变化不大。主要的报警信息有:

Alarm 470 LIN Channel Noise Level Degraded,线性通道噪声电平超限;

Alarm 471 System Noise Temp Degraded,系统噪声温度超限;

Alarm 481 LIN Chan Gain CAL Constant Degraded,线性通道增益定标常数超限;

Alarm 523 LIN Chan RF Drive TST Signal Degraded,线性通道RF驱动测试信号超限;

Alarm 472/473 I/Q AMP/Phase Balance Degraded,I/Q幅度/相位平衡超限;

Alarm 490 I Channel Bias out of Limit,I通道偏置超限。

在RDASC的性能参数Performance Data/显示:

噪声电平约增加了1个数量级达到2×10^{-5};

但是ΔCW和ΔRFD 1、2=−33dBz。相当于实测信号几乎没有。

在RDASC运行界面中CAL#=14,即线性通道定标常数Syscal变化量达到14dB;

I/Q相位平衡检查=100,幅度平衡检查=0.25,差别均很大。

由于所有的故障现象均指向接收机,可暂时锁定故障在接收分机。

(2)故障分析及排障过程

考虑到雷达回波面积变化不大,而ΔCW和ΔRFD1、2≥−33dBz这个主要事实,说明故障并非发生在主通道(否则RDA上的雷达回波就很少),可以先将故障锁定在RF测试源选择通道。

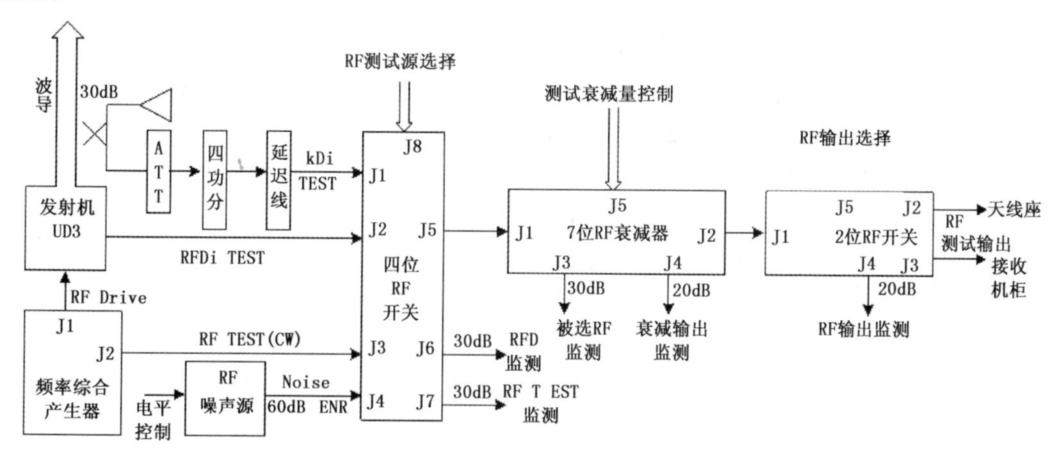

图7-34 RF测试源选择电路原理框图

根据图7-34,再次判断故障出在RF测试源选择电路还是出在接收机主通道。

运行TestSignal.exe程序,选择信号类型=CW,RF衰减=0dB,RF源=频率产生器;用小功率计从 4A22/J3 开始直到接收机前端 2A3/J3 定向耦合器输入端逐级测试 CW 信号功率。根据该 CINRAD/SB 的适配数据,可以计算出各级 RF/CW 的正常输出值。逐级测量进行对比,发现:

P(4A22/J3)=R34(适配数据/接收机第 34 项)≈22dBm;

P(4A23/J1)=P(4A22/J3)+R59=R34+R59=20dBm(正常);

P(4A24/J1)=P(4A22/J5)+R63=P(4A22/J3)+R59+R63=−18dBm(正常值为 14dBm,相差−32dB)

说明 4A23/七位 RF 衰减器输入 RF/CW 功率正常,输出 RF/CW 功率小了 32dB,所以 4A23/七位 RF 衰减器故障。

功率计挂在 4A23/J2,改变 TestSignal 程序上 RF 衰减的预置值,再次发现当衰减量在 0～31dB 变化时,P(4A24/J1)测量值≈P(4A24/J1)理论值−32dB;但是当 RF 衰减的预置值=32dB 时,P(4A24/J1)测量值≈P(4A24/J1)理论值。

说明 32dB 插入衰减始终存在,参照表 7-1 可能是衰减量控制端口的 J6/P11 差分驱动控制信号始终有效(高电平有效),造成衰减量控制失控。

表 7-1 RF 数字衰减器衰减量控制信号表

4A23/J6	P1/P2	P3/P4	P5/P6	P7/P8	P9/P10	P11/P12	P13/P14
1dB	1/0	0/1	0/1	0/1	0/1	0/1	0/1
2dB	0/1	1/0	0/1	0/1	0/1	0/1	0/1
4dB	0/1	0/1	1/0	0/1	0/1	0/1	0/1
8dB	0/1	0/1	0/1	1/0	0/1	0/1	0/1
16dB	0/1	0/1	0/1	0/1	1/0	0/1	0/1
32dB	0/1	0/1	0/1	0/1	0/1	1/0	0/1
40dB	0/1	0/1	0/1	0/1	0/1	0/1	1/0
4A32/J8	P10/P29	P9/P28	P8/P27	P7/P26	P6/P25	P5/P24	P4/P23

4A23 外加电压是±15V,+15V 由 J5/5&1、−15V 由 J5/7&1 输入,J5/1 是地线。

然后判断衰减量失控是由于 4A23/七位 RF 衰减器本身故障还是控制信号出错。

在 4A23/J6/P11&P12 挂示波器检测,发现 RF 衰减在其他预置值时,一直出现 P11=1 的差分驱动信号,那么故障处在外加控制信号上。

表 7-2 4A32/J8 与 4A23 接口的信号定义表

4A32/J8 引脚	英文信号或代号	4A23/J6 引脚	中文信号名	IN/OUT
4/23	2/7	13/14	RF 衰减控制指令 40dB	OUT
5/24	2/6	11/12	RF 衰减控制指令 32dB	OUT
6/25	2/5	9/10	RF 衰减控制指令 16dB	OUT
7/26	2/4	7/8	RF 衰减控制指令 8dB	OUT
8/27	2/3	5/6	RF 衰减控制指令 4dB	OUT
9/28	2/2	3/4	RF 衰减控制指令 2dB	OUT
10/29	2/1	1/2	RF 衰减控制指令 1dB	OUT

根据表7-2，接收机接口电路通过4A32/J8发送7bit数据到7位RF衰减器4A23/J6控制RF衰减量，逐级用示波器往上查，发现4A32通道上1个光耦坏了。更换后，控制信号恢复正常，P(4A24/J1)测量值正常。

进入工作程序RDASC，雷达恢复正常，故障排除。

(3)故障成因分析

本次故障是由于接收机接口电路中的七位RF衰减量控制电路中32dB衰减量控制的1个光耦坏了，造成32dB衰减常有效，产生失控所造成。这是个元器件质量问题。

7.3.1.3　Alarm 471等—Re多项报警+不能工作—4A24/输出接错被反射漏能烧断

(1)故障现象

舟山CINRAD/SB在早期的试运行过程中突然产生多项报警：

Alarm 471 System Noise Temp Degraded，系统噪声温度超限；

Alarm 474 IF Atten Step Size Degraded，中频衰减步进大小超限；

Alarm 472 I/Q AMP Balance Degraded，I/Q幅度平衡超限；

Alarm 473 I/Q Phase Balance Degraded，I/Q相位平衡超限；

Alarm 483Velocity/Width Check Degraded，速度/谱宽检查超限；

Alarm 523 LIN Chan RF Drive TST Signal Degraded，线性通道RF驱动测试信号超限；

同时，在雷达的性能参数RDASC/Performance Data/上显示：

(Receiver/Signal Processor)/System Noise Temp=710K，系统噪声温度=710K；

Cali2/AGC/STEP 1—STEP 6/ΔAMP&ΔPhase=很大，

定标2/AGC/步进1—6的幅度和相位的实测值与期望值均相差很大；

Cali2/AGC/(I/Q)/ΔAMP BAL&ΔPH BAL=很大，

定标2/AGC/(I/Q)的幅度和相位的实测值与期望值均相差很大；

Cali1/ΔVEL&ΔWidth=很大，

定标1/速度和谱宽的实测值与期望值均相差很大；

在RDASC/Calibration.log文件中反射率定标首次读数：

Cali1/CW(ME)=−5.0dBz；RFDi(ME)≡−1.5dBz；很小。

但在几个VCP体扫后CW(ME)=−33dBz；RFDi(ME)≡−33dBz；

重启RDASC后，除了上述报警继续以外，追加报警：

Alarm 533 LIN Chan KLY out Test Signal Degraded，线性通道速调管输出测试信号超限。

Alarm 486 LIN Chan Clutter Rejection Degraded，线性通道杂波抑制超限(滤波前后的输出功率极小)；

同时，在雷达的性能参数RDASC/Performance Data/上显示：

Cali Check/KDi(ME)=很小。

定标检查/KDi实测值均减小许多；而发射机输出功率正常。

故障现象均与接收分机有关，所以可以先锁定故障发生在接收分机。

(2)故障分析与故障分析

根据上述故障现象：接收机噪声温度很大而噪声电平正常，反射率定标的CW和RFDi的实测值与定标检查的KDi的实测值均远小于期望值，杂波抑制滤波前的输出功率也很小，可以说明四路 RF 测试信号均不能正常通过 RF 测试通道或接收机前级。接收机 RF 测试通道的电路框图如图 7-35 所示。

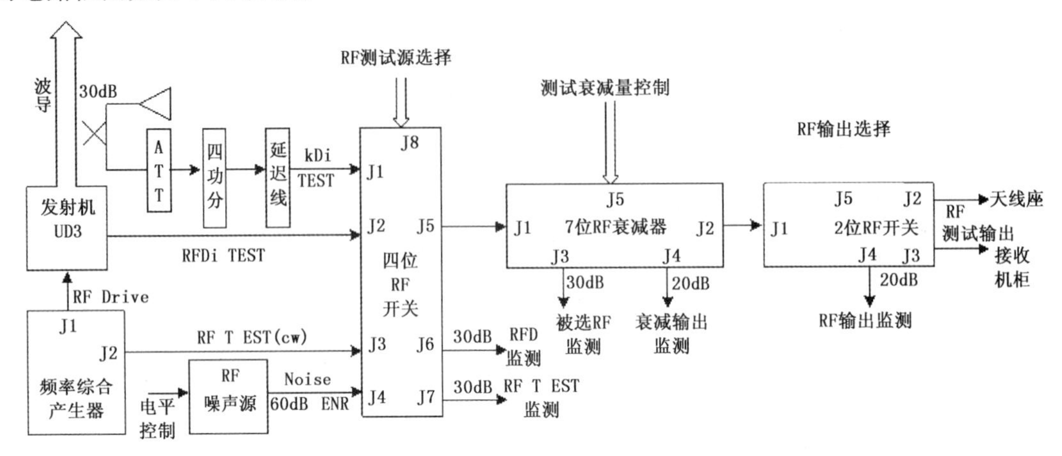

图 7-35　RF 测试源选择通道电路框图

运行 TestSignal. exe 程序，选择信号类型＝CW；RF 衰减＝0dB；RF 源＝频率产生器；用小功率计从 4A22/J3(四位 RF 开关的 J3)开始直到接收机前端(在天线座的 2A3/J3 定向耦合器输入端)逐级测试 CW 信号功率，根据适配数据，可以计算出各级 RF/CW 的正常输出值。为了方便起见，可以测试各级的耦合功率作为替代值，如各个阶段的 RF/CW 耦合功率值：

P(4A22/J3)＝R34(适配数据/接收机第 34 项)≈20～25dBm；

P(4A22/J7)＝P(4A22/J3)＋R62≈P(4A22/J3)－30dB；

P(4A23/J3)＝P(4A23/J1)＋R64＝P(4A22/J3)＋R59＋R64≈P(4A22/J3)－2dB－30dB；

P(4A23/J4)＝P(4A23/J1)＋R65＝P(4A22/J3)＋R59＋R65≈P(4A22/J3)－2dB－26dB；

P(4A24/J4)＝P(4A24/J2)＋R68＝P(4A24/J1)＋R66＋R68＝P(4A22/J3)＋R59＋R63＋R66＋R68≈P(4A22/J3)－2dB－6dB－2dB－20dB。

实测结果：4A23/J4 输出 RF/CW 功率正常，而 4A24 输出功率极小，而且舟山站 4A24 输出到天线座 2A3/J3 是从 4A24/J3 端输出不是从 4A24/J2 输出。

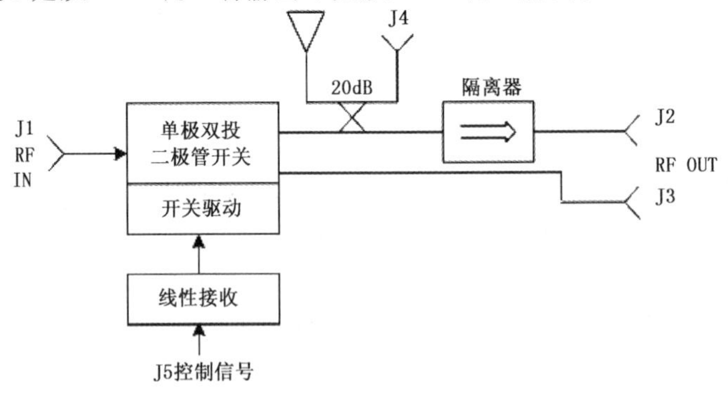

图 7-36　4A24/RF 两位开关的原理框图

如图7-36和表7-3所示，由于4A24/J1输入功率正常，而4A24输出端功率极小，可以断定4A24组件内部“开路”故障。

表7-3　4A24/J5接口逻辑和外加电源

引脚	J1 TO J2	J1 TO J3
P8/P9	0/1	1/0
P3	+5V	外加电压
P6	−5V	外加电压
P1	地线	外加电压

打开4A24组件的机壳发现内部全部被硅胶所封死，没办法进行元器件级排障，只能整个更换4A24组件。

(3)故障成因分析、应急处理及注意事项

1)故障成因分析：本站雷达装配期间错误地将4A24/J3输出到天线座2A3/J3。因为4A24/J2输出端内部带有隔离器而4A24/J3没带隔离器，所以从天线座2A3/J3偶尔漏过来发射机的RF能量会损坏4A24输出口，造成4A24输出开路，产生上述故障现象。

这是一个典型的安装问题造成的故障隐患。

2)应急处理：由于改进4A24控制电路较麻烦，手头又有一个隔离器，所以在新的4A24/J3输出端串接隔离器，就可排除故障，消除隐患；但是要将4A24的路径损耗和隔离器的插入损耗一起计入适配数据R66中。

3)注意事项：雷达每次发生故障，在找到故障部件后，原则上都应该先进行故障成因分析，免得装上新的部件再次发生损坏事件。

7.3.2　接收通道的经典案例

7.3.2.1　Alarm 471+481－麻点回波但能恢复－Re输入波导馈线驻波偏大

(1)故障现象

2008年4月某CINRAD/SA在试运行工作4天后，雷达回波出现大量的噪声点，接收机Syscal与T_{sn}又开始出现报警，其Syscal从17.6附近慢慢抬升至18以上，偶尔出现Tsn维护请求。

Alarm 481 LIN Chan Gain CAL Constant Degraded，线性通道增益定标常数超限。

Alarm 471 Syatem Noise Temp Degraded，系统噪声温度超限；

后来出现特别异常状况，Syscal在一个小时内上升至30，而正常状态下300左右的Tsn竟到了7000附近。

故障现象均与接收通道有关，可以暂时锁定故障发生在接收分机。

(2)故障分析及排障过程

雷达回波出现大量的噪声点，T_{sn}和Syscal变化如此之大，而CW，RFDi均变化不大，可锁定故障发生在接收通道的前端。另外，T_{sn}和Syscal两参数曾剧烈振荡，后来又能恢复到Syscal>18左右(此时设定阈值为20)，相应地RDA报警信息Alarm471、481和回波毛躁点均自动清除，但是Syscal较故障前略有增大。所以利用频综作为机内信号源对接收机前端进行逐级测量，发现无源限幅器的插入损耗又增大了约0.5dB，初步将故障定位在接收机保护器的无源限幅器上。

而更换无源限幅器后，插入损耗减小了0.5dB，T_{sn}=17.6dB恢复故障前的数据；说明无源保护器内的限幅二极管性能下降。考虑到该CINRAD/SA在安装调试过程中不到1个月的时间内，第3次更换无源限幅器的情况，甚至将2A4/LNA场放器件烧坏，因此必须查清故障根源。

根据无源限幅器损坏的FTD图示，只有四种可能：①限幅器本身的质量问题；②铁氧体收发开关的隔离性问题；③接收机保护器的隔离性问题；④保护器前端有关馈线的驻波偏大问题。

考虑到大多数CINRAD/SA都用此种无源限幅器极少出现此类故障，而该CINRAD/SA且在不到一日连续出现3次同类故障，要考虑其他的可能性了。

由于报警信息能够自动消除，T_{sn}和Syscal能够回到正常值附近，那么除非铁氧体收发开关短暂地出现微小的机械改变而且能够恢复原来的形状，才有可能。需要仔细检查铁氧体收发开关有否出现机械松动问题，就可排除铁氧体收发开关的隔离性问题；

接收机保护器的隔离性问题也可通过检查微带结构和元器件情况进行判断；

最后测量接收机无源限幅器的前端所有馈线的驻波大小。

对限幅器前端波导馈线系统的驻波进行测量，检测结果显示：在该CINRAD射频频率2.865GHz，驻波系数ρ=1.46；2.8～2.9GHz频段最大驻波数据ρ=1.62。尽管1.46的驻波系数符合其设计的要求（ρ<1.5），但是1.46的值在临界附近。由于CINRAD/SA发射机峰值功率高650kW以上，长时间的较强反射信号是造成保护器上无源限幅器性能下降的主要原因，因此请求对2.8～2.9GHz这一频段的驻波进行最佳调整。通过调整，这一频段内的驻波系数ρ<1.36。

调整驻波系数后，雷达连续工作多月，参数T_{sn}、Syscal都保持稳定，没有出现原有的报警信息，故障排除。

（3）故障成因分析和注意事项

1）故障成因分析：本次故障是有源限幅器前的波导馈线驻波偏大，使得过多的能量进入无源限幅器，造成无源限幅器的限幅二极管的性能下降。

这是个典型的安装调试问题。

2）注意事项：在CINRAD/SA建站后，现场最好对接收机前端的驻波和发射机输出波导的驻波进行检测。在第2次发生此类故障时，就应彻底找出故障根源，这样可减小损失。

7.3.2.2　Alarm 527+523等—回波强度突变—Re内多根RF电缆接触不良

（1）故障现象

舟山CINRAD/SB早期运行期间，冷机进入RDASC会随机地出现各种报警，甚至退出RDASC：

Alarm 527 LIN Chan Test Signals Degraded，线性通道众测试信号超限；或

Alarm 523 LIN Chan RF Drive TST Signal Degraded，线性通道RF驱动测试信号超限。

Alarm 481 LIN Chan Gain CAL Constant Degraded，线性通道增益定标常数超限。

Alarm 480 LIN Chan Gain CAL Check Degraded，线性通道增益定标检查超限；或

Alarm 533 LIN Chan KLY out Test Signal Degraded，线性通道速调管输出测试信号超限。

Alarm 486 LIN Chan Clutter Rejection Degraded，线性通道地物抑制超限。

同时，在雷达的性能参数 RDASC/Performance Data/上显示：

ΔCW 增大，ΔRFDi 误差增大；CW，RFDi(i=1,2,3)的实测值减小 3～6dB；

在这个过程中，SYSCAL 变大在 3.5dB 左右；

ΔKDi 误差增大或 KDi 实测值减小 3～6dB；地物抑制未加滤波器前的功率也减小 3～6dB；

雷达回波图像的强度也会发生变化；但噪声温度 T_{sn} 和噪声电平虽然也变化但不明显。

雷达运行一段时间充分热机后 RDA 系统一般能逐步恢复正常，能消除大多数报警。

故障现象全由接收分机产生，所以故障锁定在接收机。

(2)故障分析与排障过程

由于 RFDi、CW、KDi 的实测值均变小，地物抑制滤波前的功率也变小；先考虑接收机 RF 测试通道，给出接收机 RF 测试通道的原理框图如图 7-37 所示。

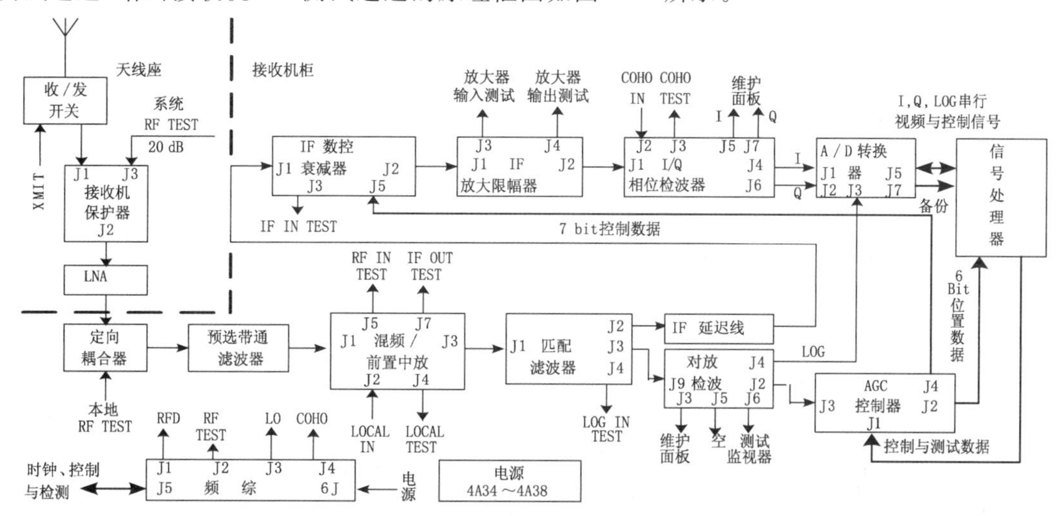

图 7-37　接收机 RF 测试通道原理框图

冷机时，逐级测量 CW TEST 通道的信号功率。

运行 TestSignal.exe 程序，选择信号类型＝CW，RF 衰减＝0dB，RF 源＝频率产生器；用小功率计从 4A22/J3 开始直到接收机前端 2A3/J3 定向耦合器输入端逐级测试 CW 信号功率。根据适配数据，可以计算出各级 RF/CW 的正常输出值。

P(4A22/J3)＝R34(适配数据/接收机第 34 项)≈20～25dBm；

P(4A23/J1)＝P(4A22/J3)＋R59＝R34＋R59；

P(4A24/J1)＝P(4A22/J5)＋R63＝R34＋R59＋R63；

P(2A3/J3)＝P(4A24/J1)＋R66＋R69≈R34＋R59＋R63＋R66＋R69。

发现从 4A22/J3→4A23/J1→4A24/J1→2A3/J3 之间的信号功率均不规则地变小；进而发现几根 RF 电缆 SMA 插头座接触不良。

故障锁定在接收机的连接电缆上。

索性检查接收机所有的 RF 和 IF 电缆，发现舟山 CINRAD/SB 的接收机实际上共有 5 根 RF 或 IF 的 SMA 电缆头中心针尖内缩，造成了接触不良的隐患。

重做电缆头或更换这些电缆。故障隐患消除。

(3)故障成因分析及注意事项

1)故障成因分析：本次故障是由于接收机 RF、IF 电缆的 SMA 接头压钳不牢靠，使得共有 5 个 SMA 头子针尖内缩，造成了接触不良的故障隐患。冷机时针尖内缩严重，产生众多报警；充分热机时受热膨胀，针尖内缩缓解，有时会消除故障现象。

这是个典型的工艺质量问题。

2)注意事项：尽量用相同规格、相同长度的 RF 或 IF 来替换故障电缆，否则就要测量新电缆的插入损耗计入接收机的适配数据中去。

7.3.2.3　Alarm 471－Tsn 不稳定－Re 中的 DL 信号互扰

(1)故障现象

某 CINRAD/SA 建站以来，其噪声温度 T_{sn}(接收通道噪声系数 NF)就处于不稳定中，主要表现在每次体积扫描结束后的 VCP 检测中，T_{sn} 的变化较大，经常报警：

Alarm 521 System Noise Temp-Maint Required，系统噪声温度维护请求，($T_{sn} \geq 600$K)。

或 Alarm 471 System Noise Temp Degraded，系统噪声温度超限($T_{sn} \geq 700$K)。

在雷达工作程序 RDASC 的性能参数 Performance Data/中表现为：

(Receive/Signal Processor)/System Noise Temp＝200～1600K，

(接收机和信号处理器)/系统噪声温度 T_{sn}＝200～1600K；

(Receive/Signal Processor)/Short Pulse LIN Chan Noise＝$(1\sim4)\times10^{-6}$，

(接收机和信号处理器)/窄脉冲线性通道噪声功率＝$(1\sim4)\times10^{-6}$。

即 T_{sn} 经常远超过由适配数据规定的 2 个阈值：

Adaptation Data/R228：System Noise Temp Maint＝600K，

适配数据/接收机第 228 项：系统噪声温度维护请求＝600K；

或 Adaptation Data/R227：System Noise Temp Degrade Limit＝700K，

适配数据/接收机第 227 项：系统噪声温度超限＝700K。

在雷达监视器上表现为：当 T_{sn} 较大，低仰角特别是 EL＝0.5°强度扫描时，显示噪声点较多，仰角抬高后噪声点明显减少。

通过省级保障中心 CINRAD 实时运行监控系统，跟踪某 CINRAD/SA 的 T_{sn} 变化状况，上述故障现象的存在，严重影响了雷达运行的稳定性和观测数据的可靠性。

根据上述故障现象可以锁定本故障是发生在接收分机。

(2)故障分析与排障过程

由于接收机输出噪声温度经常变化较大并报警，但是噪声功率输出虽然数值也较大且未报警，所以可以暂时将此故障锁定在接收通道的中间以前。给出接收通道如图 7-38 所示。

利用机内信号源(频综/CW)，噪声源和 TestSignal.exe 程序，对某 CINRAD/SA 接收通道各组件进行了逐级检查(表 7-4)。

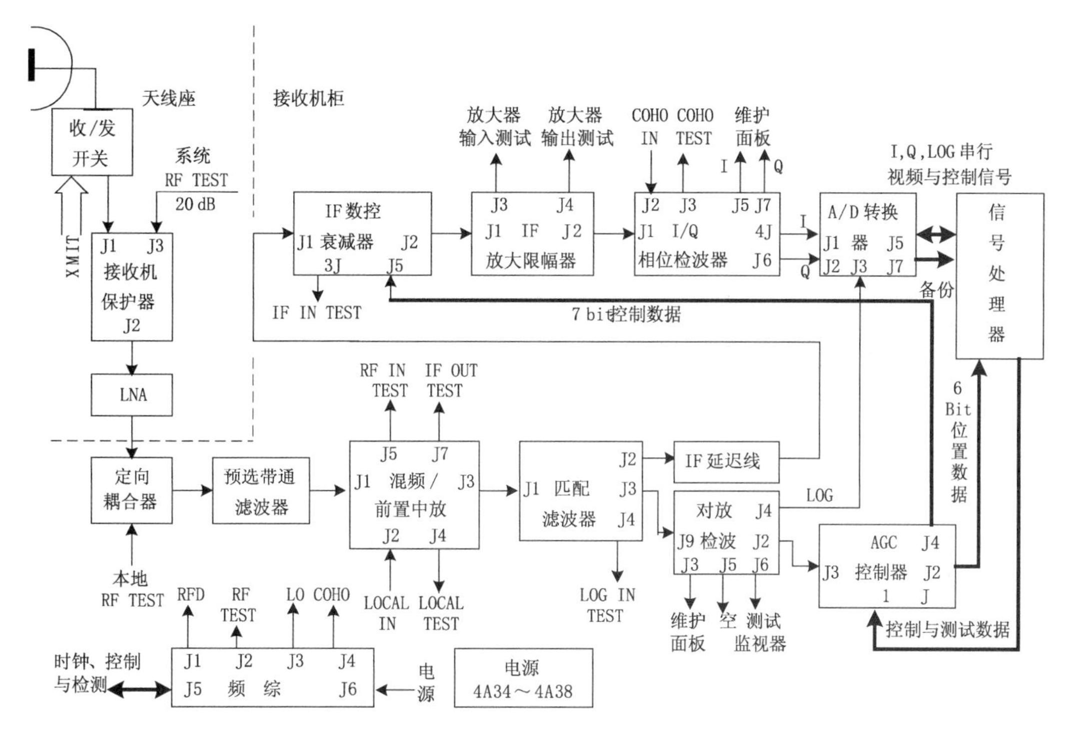

图 7-38 接收通道原理框图

表 7-4 接收通道各主要组件的性能参数的理论值与实测值

组件名	组件号	增益	本级 NF 理论值	本级输出 NF 实测值
场放 LNA	2A4	≥28dB	<1.3dB	1.0dB
LNA 至机柜输入电缆	W45	−5.0dB		
预选带通滤波器	4A4	−2dB		=1.0dB
混频前中组件	4A5	17dB	<18dB	输出端=1.1dB
匹配滤波器	4A6	−8.5dB		=2.4dB
IF 延时线	4A7	−7.5dB		
IF 数控衰减器	4A8	0dB	<7dB	=2.6～6.8dB
限幅中放	4A9	38dB	<8dB	
I/Q 检相	4A10	3～8dB		
主对数放大器	4A12	92dB		

接收机各级噪声系数计算公式为

$$NF = NF_1 + (NF_2 - 1)/G_1 + (NF_3 - 1)/(G_1 G_2) \tag{7-3}$$

式中，NF 为噪声系数，NF_1 为一级噪声系数，NF_2 为二级噪声系数，G_1 为一级噪声增益，G_2 为二级噪声增益。

一个正常的接收通道从 LNA 输入至限幅中放输出的增益调为 63dB±2dB，I/Q 检相器的增益调为 4dB±1dB。

由于接收通道至 IF 数控衰减器输出端的 NF=2.6～6.8dB(在雷达出厂和现场验收时，

NF=2.68dB和2.58dB)，接收通道至匹配滤波器输出端的NF正常，而匹配滤波器后级IF延迟线接触良好并无断路开路现象，至此问题集中在IF数控衰减器即4A8组件。

拉动接收机内柜门，接收通道至IF数控衰减器输出端NF会发生明显变化。据此分析认为接收通道4A8输入输出可能存在干扰。在酒精擦洗接收机内各RF接线、电缆接头等无果的情况下，仔细观察机柜内部结构，发现沿接收机柜内柜门铺设的电源、射频信号线、控制信号线均捆扎在一起，当移动内柜门时NF随之变化，将电源线、控制线、信号线分开并相对隔离，还进行了必要的屏蔽，这时检测到接收通道至IF数控衰减器输出端的NF≡2.7dB。

在雷达工作程序RDASC的性能参数Performance Data/中表现为：

(Receive/Signal Processor)/System Noise TEMP=370K，

(接收机和信号处理器)/系统噪声温度$T_{sn}=370$K；

接收通道的噪声系数可根据下面公式计算

$$NF(\mathrm{dB})=20\log(1+T_{sn}/290) \tag{7-4}$$

在信号处理器后面，接收通道的噪声系数小于标称值4dB。

此故障(干扰)排除后，彻底解决了该雷达建站以来长期存在的问题。

(3)故障成因分析

雷达中AC/DC转换基本上都由线性电源改为开关电源，省去了体积较大的变压器，所占的体积亦大为减小，提高了性能及可靠性。然而，由于开关电源的大量采用，也给雷达带来了电磁兼容性(EMC)方面的问题。

开关电源是一个很强的干扰源，干扰来源于开关器件的高频通断和输出整流二极管反向恢复。很强的电磁干扰信号通过空间辐射和电源线的传导而干扰邻近的敏感器件。

当电磁兼容设计不合理必然引来干扰。如在结构布局上存在不合理状况；这里是沿机柜内柜门铺设的电源，控制及信号线等多种线缆均捆扎在一起，加之各线缆如果屏蔽不好。

这是个典型由安装工艺问题和线缆屏蔽质量差的2个问题的综合所产生的故障。

7.3.3 接收机监控部分经典案例

7.3.3.1 Alarm 361—接收机无法工作—4A1的本振无输出

(1)故障现象

CINRAD/SB在运行过程中雷达突然无回波，接收系统出现多项报警，RDA出现报警：

Alarm 361 RF GEN Stalo Fail；射频产生器的射频/本振故障。

再次开机，发现故障现象照旧，在RDA的性能参数上显示：

Perf Data/(Re/SP)/RF GEN Stalo =Fail。

锁定本振输出故障，使得CINRAD/SB接收通道故障，产生报警361和其他多项报警，雷达无回波。

(2)故障分析与排障过程

功率计前串接10dB衰减器，实测频综4A1/J3的Stalo输出，功率计读数远低于正常值14.85～17dBm，只有0dBm左右；其余输出正常。断定频综组件的本振输出故障。

频综的原理框图如图7-39所示。

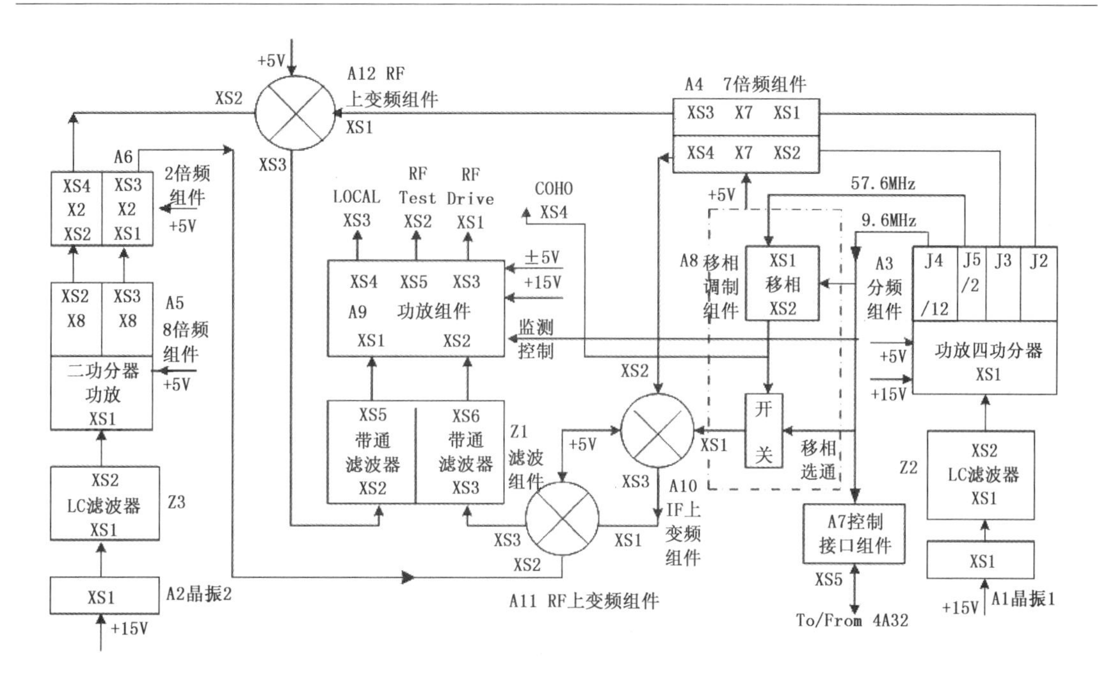

图 7-39　CINRAD/SB－4A1/频综的原理框图

由于报警 361 时，频综的 RF Test(CW)和 RF Drive 输出实测值正常，根据频综的原理框图，逻辑上可确定故障只在频综的本振支路。同类故障发生在浙江省不同的 CINRAD/SB 台站，但故障的根源不同。

第一次故障：从 4A1/J3 本振输出逐级向前测：实测 4A1/A9 功放组件输出/XS3 连续波功率很小；而 4A1/A9 功放组件输入/XS1 的连续波输入功率正常≈－4dBm(A9 功放组件功率放大倍数约 20dB)；所以断定故障发生在功放组件 4A1/A9 的本振电路的功放部分。

排障过程：向厂方报告频综故障定位情况，快件收到 4A1/A9 射频功放组件，整个更换 4A1A9 射频功放组件，并测量频综 4A1/J3＝Stalo 输出功率填入适配数据 R39；严格测量频综 4A1/J3＝RF Test 输出功率填入适配数据 R34。重新进入 RDASC，雷达回复正常，故障排除。

第二次故障：从 4A1/J3 本振输出逐级向前测：4A1/A9 功放组件输出/XS3→4A1/A9 功放组件输入/XS1(≈－4dBm)→4A1/Z1 带通滤波器输入/XS2→4A1/A12 RF 上变频输入的 CW 功率测试值(≈－25dBm 不正常)；而进一步实测 4A1/A6 二倍频组件输入/XS2(≈ 2dBm 正常)，说明 4A1/A6 二倍频组件的左支路故障；由于 4A1/J2 RF TEST 输出正常，所以对应 4A1/A6 二倍频组件的右支路正常。

排障过程：向厂方报告频综故障定位情况，快件收到 4A1/A6 二倍频组件后，整个更换 4A1/A6 二倍频组件。重新进入 RDASC，雷达回复正常，故障排除。

(3)故障根源分析和排障注意事项

1)故障根源：这是典型的两个元器件故障。

2)排障注意事项：如果 4A1/J3 STALO 输出功率略超出 14.85～17Bm 的范围，但是只要雷达接收机对数动态范围不会出现因本振功率不足而产生明显的过早饱和问题就认为是正常的；另外，理论上还需实测 4A1/ J1＝RF Drive 输出 RF 脉冲功率是否等于 11dBm 左右，且脉宽 8.2μs。在 4A22/J2 处分别实测宽和窄脉冲时的射频驱动 RFD 测试信号功率(≈23dBm)

填入适配数据 R36 和 R37 中。

7.3.3.2　Alarm 523＋200－Tr 不能工作－4A1 频综故障

(1)故障现象

江苏省台 CINRAD/SA 运行过程中，突然发现 CW、RFDi 等定标实测值变小 5～8dBz 报警，发射机功率低于门限 400 kW 报警等，RDASC 不能正常工作强迫到待机状态：

Alarm 523 LIN Chan RF Drive TST Signal Degraded，线性通道 RF 激励测试信号超限；

Alarm 200 Transmitter Peak Power Low，发射机峰值功率低。

在 RDASC 的性能参数 Performance Data 上对应参数变化如表 7-5 所示，报警发生时 CW、RFDi 实测值减小许多，后经接收通道增益自动补偿，CW、RFDi 实测值增大，报警 523 可能被消除，但是雷达定标常数 Syscal 增大。

表 7-5　接收机和发射机部分雷达性能参数

测试时间	期望 CW	测量 (dB)	期望 RFD1	测量 (dBz)	期望 RFD2	测量 (dBz)	期望 RFD3	测量 (dBz)	Tr 峰值功率(kW)	雷达常数(dB)
11:56	20.71	12.5	25.21	20	37.21	32	65.21	60	381.2	20.96
11:57	22.30	20	25.21	26	37.21	37.5	65.21	65.5	380.2	23.76

用小功率计带上 30＋40dB 衰减器测量发射机峰值功率仅为 380kW(原值＞650kW)，而且示波器测试输出包络也不好，说明发射机输出峰值功率确实小了。

(2)故障分析与排障过程

由于 CW 和 RFDi 实测值同时减小，需要用小功率计加 10dB 衰减器首先测试频综 4A1 输出的 RF 信号：

4A1/J_1(RF Drive)＝5dBm(低于正常值约 7dBm 左右)；

4A1/J_3(RF Test)＝12.2dBm(低于正常值 10dBm 左右)；

顺便测试频综其他输出信号(Stalo，Coho)功率均正常。

根据 CINRAD/SA 频综的原理框图(图 7-40)进行逻辑判断，确定频综 4A1 的 RF Drive 与 RF Test 同通道故障。

确定故障在 16 倍频输出与晶振 2 输出的放大移相控制后电路，或晶振 2 经过 14 倍频以后电路。用小功率计＋10dB 衰减器从 RF Drive 和 RF Test 信号的输出端逐级向前检查(隔离器、滤波放大、混频器、隔离器、滤波放大、混频器等)A1A17、A1A6、A1A7 等电路输入输出 RF 功率，最后确定 A1A6 滤波放大电路上一个电容击穿。

(3)故障成因分析和注意事项

1)故障成因分析：由于 4A1A6 滤波放大电路上一个电容击穿，造成本次故障。

这是个典型的元器件质量问题。

2)注意事项：如果 RF Test 及 RF Drive 输出功率其中一路信号输出功率变小，往往是对应隔离器故障，也可能是滤波器故障；如果 RF Test 及 RF Drive 输出功率同时变小，往往是共同通道故障，且接收机报警较多。

微波电子线路时分布参数电路，CINRAD 中的微波器件往往是各自独立的单元，利用现有测试仪器能够进行故障定位，加快排障进程，但难以进行微波器件单元内部的元器件排障，除了一些明显的微带结构问题或耦合与滤波电容之外。

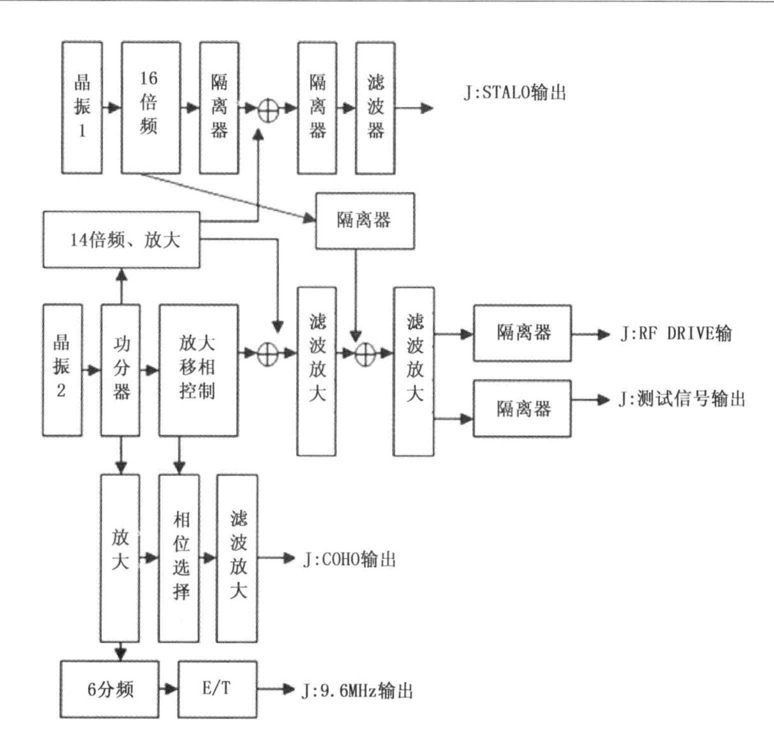

图 7-40 CINRAD/SA 的 4A1/频综原理框图

7.3.3.3 Alarm 527 等—回波强度突变—4A1 的 RF TEST 输出功率突变

(1)故障现象

舟山 CINRAD/SB 在台风观测期间,注意到雷达显示回波信号强弱偶尔发生突变。同时,在雷达的性能参数 RDASC/Performance Data/上偶尔显示:

接收机反射率定标 ΔCW 变化±3.5dB 左右,SYSCAL 显示值也会跟着变化;

查 RDASC/Calibration.log 文件中 ΔCW 先是随机地大于原值 3.5dB,RFDi 未与 CW 作同步变化,再随机地恢复原值;SYSCAL 略有变化,并伴有报警:

Alarm 527 LIN Chan Test Signals Degrade,线性通道测试信号报警。

故障现象均由接收分机产生,所以可以锁定故障发生在接收分机。

(2)故障分析与排障过程

由于 ΔCW 突变,但 ΔRFDi 未变,会产生报警 527;再使得 SYSCAL 和雷达回波强度变化,然后随着接收通道增益的自动补偿,几个体扫后,又会使得 ΔCW 和 SYSCAL 有所恢复,报警 527 会消除,所以,只需重点检查 CW 测试信号通道。接收机 RF Test(CW)测试通道的电路框图如图 7-41 所示。

由于该故障是随机发生的,难以捕捉,只能用小功率计挂在 CW 测试通道的耦合监测点,一旦发现报警 527,就利用雷达体扫的间隙 VCP 定标期间,读取小功率计上 CW 的读数。从 4A22/J3(从 4A22/J7 读)开始到 4A22/J5(从 4A23/J3 读)测试 CW 信号功率。根据适配数据,可计算出 CW 的正常输出值:

P(4A22/J3)=R34(适配数据/接收机第 34 项)≈20～25dBm;

检查 P(4A22/J3):P(4A22/J7)=P(4A22/J3)+R62≈P(4A22/J3)−30dB;

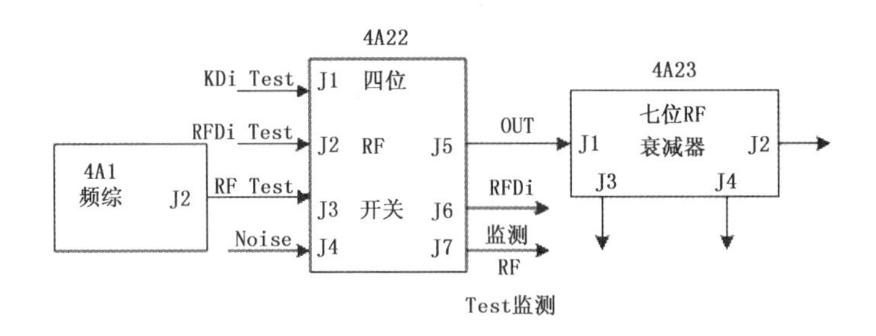

图 7-41　接收机 RF TEST(CW)测试通道原理框图

检查 P(4A22/J5):P(4A23/J3)＝P(4A22/J5)＋R64＝P(4A22/J3)＋R59＋R64≈P(4A22/J3)－2dB－30dB。

在测试耦合功率时发现每当机房的温度变化显著时，就会发生上述故障现象。人为改变机房温度的变化，逐步追踪到频综 4A1/J2 输出 RF TEST(CW)的功率突变，因此锁定频综 4A1 组件故障。

运行 TestSignal.exe 程序；选择 RF 衰减＝0dB，RF 源＝频率产生器，信号类型＝CW 或 PULSE；分别用小功率计进行测量观测并大幅度改变机房温度。实测 4A1/J2/RF TEST(CW)输出功率随机突变，4A1/J1/RFD 输出功率几乎不变。

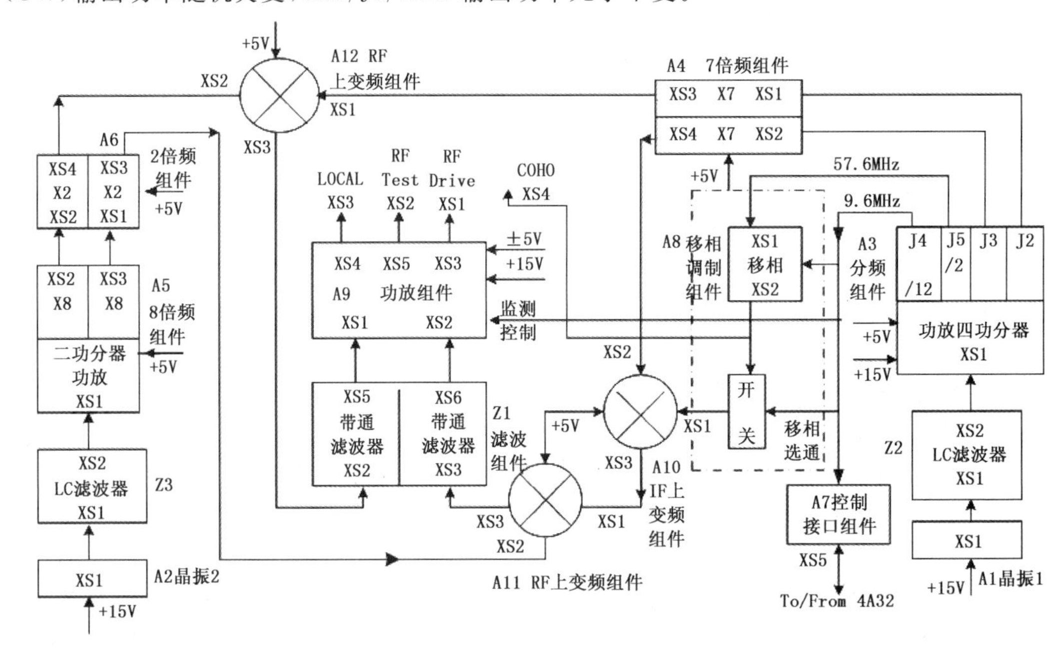

图 7-42　CINRAD/SB－4A1/频综电路原理框图

根据图 7-42 频综电路原理框图可知：RF TEST 和 RF DRIVE 分别是由同一路输入信号经过 4A1/A9 功放组件的放大和功分而成，由此，断定 4A1/A9/XS2 输入正常，仅仅是 4A1/A9 功放组件故障。打开频综的 A9 功放组件，在用放大镜观测微带电路的损伤时发现频综功放中间级输入耦合电容的引线漏焊仅仅压在微带上，时间一长后必然发生氧化，受热胀冷缩影响，造成接触不良，使得 RF TEST 输出的功率发生突变，ΔCW 值突变，引起 SYSCAL 和雷达回波图像强度也发生变化。

直接将此耦合电容的引线快速地焊在微带上,故障排除。

(3)故障成因分析及注意事项

1)故障成因分析:这是由于频综组件4A1/A9/中间级输入耦合电容的引线漏焊,仅仅将引线压在微带上,时间长了产生氧化,受温度影响热胀冷缩后造成接触不良,使得频综RF TEST(CW)的输出功率偶尔突变3.5dB以上引起得故障隐患。

这是个典型的工艺安装问题。

2)注意事项:焊接微带最好采用含铟的低温焊锡,速度要快,免得烫坏微带;电烙铁外壳需接地良好,免得静电或漏电损坏微带中敏感元器件。

7.3.3.4　Alarm 533—Tr输出功率下降波形畸变—HSB/B板的放电触发时序错误

(1)故障现象

某CINRAD/SB运行期间RDA的8H定标后出现下列报警:

Alarm 533 LIN Chan KLY out Test Signal Degraded,线性通道速调管输出测试信号超限;

伴随雷达回波强度有所降低,针对性地检查RDA的性能参数Performance Data/,发现发射机输出峰值功率只有410kW(原来在650kW以上),ΔKDi≈−3dBz。由于发射机峰值功率下降,所以ΔKDi的实测值均减小许多,引起报警533、486等。这里的主要故障现象是发射机峰值功率下降。

注意RFDi的实测值下降−3dB未报警523是因为适配数据报警阈值高了。

暂时将故障现象锁定在发射分机。

(2)故障分析与排障过程

发射机峰值功率低的FTD图解原因有:脉冲高压低(人工线电压低),RF放大链路(含3AT1)输出功率低或波形差,脉冲高压和RF脉冲时序异步,速调管老化或失调。

根据方便测试的原则,先检查人工线的电压$U=3000$V(正常时$U=4800$V)。测试发射机输出RF脉冲波形呈现畸变;由于RFDi实测值减小许多,测试3A5/RF脉冲形成器XS4耦合端输出RF脉冲波形和RF功率,均正常;3AT1位置未动,说明是RFDi定标系统存在的老问题。

重点检查人工线电压低的问题。

实际测量3A12/XS6充电电压波形观测,检查发射机人工线充电电压波形,如图7-43所示。

实测人工线充电电压波形峰值=3V(正常值=4.8V),对应的人工线电压=3000V左右,而且观测到人工线未能达到最高点的平坦部分。由于充电电压不足可能是调制器的人工线提前放电,导致发射机发射功率降低和输出RF脉冲包络畸变,并引起报警533和报警486。

在3A11/ZP3和3A10/ZP1同时观测调制部分的放电和充电的触发脉冲时序。参考发射机调制部分充放电触发脉冲的正常的时序图如[彩]图7-44所示,发现在窄脉冲时,放电触发脉冲仅仅延时充电触发脉冲400μs小于正常值约740μs。

逐级往上查,根据方便测试的原则,在5A16板上测试调制器部分的充、放电定时信号,发现充、放电触发信号的错误如前。根据HSP/B板的电路原理图,更换调制部分充放电时序的差分发送电路IC芯片U6/26LS31,故障现象照旧;由于时序错误并非时序缺失或触发脉冲波形畸变,因此排除HSP/B板与5A16的连接问题,故障可能是PLD逻辑错误造成,只能整块

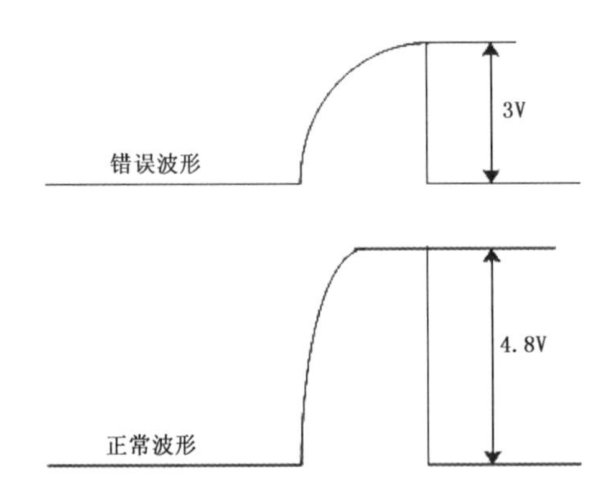

图 7-43　3A12/XS6 充电电压观测的波形图

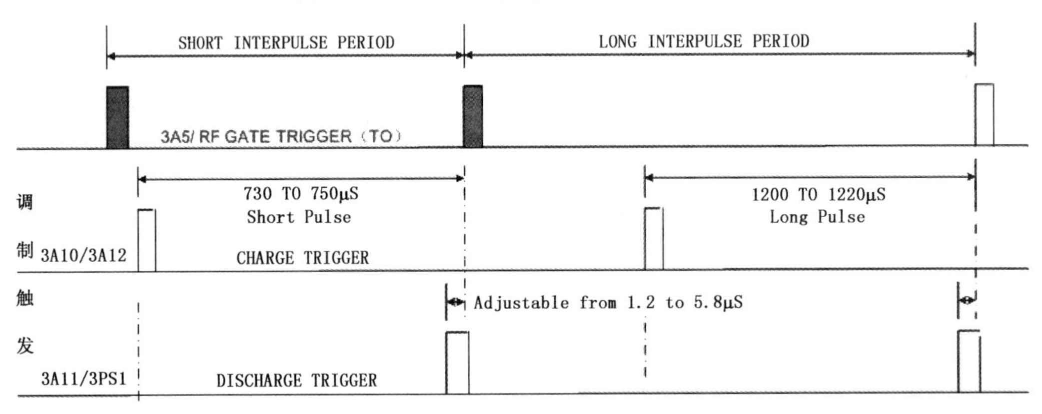

图 7-44　发射机调制部分充放电触发脉冲正常的时序图

更换 HSP/B 板。

重新进入 RDASC 工作程序，发射机峰值功率上升到 650kW，RF 脉冲波形正常，雷达工作正常，故障排除。

(3)故障成因分析与注意事项

本次故障的原因是 HSP/B 板的 PLD 芯片发出错误的放电触发时序，造成了调制器未完成对人工线的充电过程就进行了放电，使得人工线上的充电电压大大低于规定值，造成发射能量减小，发射 RF 脉冲波形畸变的故障。

但是在 RDASC 的性能参数上同时显示的 RFDi 实测值减小许多，是由于系统原先存在的问题，可能是系统的适配数据不匹配所致。应该予以修正，免得误导下次排障思路。

7.4　伺服分系统的经典案例

7.4.1　SA 伺服分系统

7.4.1.1　Alarm 324—伺服系统无法工作—PAU 方位激磁板后功放的耦合电容坏

(1)故障现象

某 CINRAD/SA 经常出现方位故障，严重时伺服系统无法工作，并伴随报警：

Alarm 324 Azimuth Encoder Light Failure，方位编码灯故障。

故障严重时，PUP终端显示产品出现蜘蛛网状回波。

雷达经过长时间开机后，易出现该故障；故障白天出现，晚上可能会消除。

(2)故障分析与排障过程

根据故障发生的时间和间隔，说明有部分元器件受温度工作影响很大。

根据方便检查的原则：人工推动天线方位，看到方位角码显示正常连续。

如果每次轴角显示的角度值相同，但与天线的实际位置不同，可能是轴角编码系统故障；如果每次轴角显示不同，而且不稳定有跳码现象，可能是光纤通信环节的故障。

运行模拟天线程序，系统运行正常，说明故障存在于天伺系统或光端机部分。用示波器逐级测试，检测经过上/下光端机的天线下传数据，发现RDASC实时显示天线指针发生抖动时，也是编码灯和角码数值闪烁时，同时也是示波器中显示波形突变(宽度突然变宽)，说明上下光端机的光纤传输正常。向前检测：检测轴角箱输出，波形突然展宽的现象依然存在，定位方位轴角箱故障。由于方位激磁信号发生器与俯仰激磁信号发生器同样设计，将方位与俯仰环节调换，轴角箱XS(J)2、XS(J)3插头互换后，故障现象由方位转移到俯仰上。对轴角板原理图F02－22A1A6 AP1板用示波器逐级进行测量和分析，发现激磁电压输出偏小，在两级放大器电路之间的耦合电容C11老化(电容量减小，衰减增大)，更换后，重新开机，雷达恢复正常。故障消除。

(3)故障成因分析

此次故障是由于方位激磁板的后2级功放之间的耦合电容老化，使得信号衰减增大，产生故障。这是个元器件质量问题。

7.4.1.2　无报警—回波图像随机地丢失径向数据—方位测速电机输出电压低

(1)故障现象

某CINRAD/SA－RDA监视器回波图像中，突然随机地在方位区域中出现径向数据丢失现象，但RDA无报警，并且在雷达的天线座下可听到天线座内声音异常。

待机一段时间后，重新运行工作程序RDASC，起先正常工作，但连续运行4～5h后，同样故障再次出现。

(2)故障分析与排障过程

回波图像随机地出现大片径向数据丢失现象可由对应的基数据来明确。打开故障发生时的雷达基数据，发现对应基数据上径向数据确实缺失了，甚至某个方位角出现多个重复径向数据。

考虑到天线座内声音异常，停机后暂时取消天线罩门的控保开关，将雷达正常运行，待天线座内出现异常声音时，通过打开的天线罩门观测天线运行情况，发现天线在方位运行中并不匀速，有突然停顿和加速现象，所以发出异常的响声。

CINRAD/SA伺服系统在电路上采用了三个环路的结构形式：位置环、速度环和加速度环。每个环都是一阶无静差系统。

由于速度不均匀，首先考虑速度环是否正常？速度环主要由加速度环(速度内环)，测速机和速度比较环节组成。速度环可使伺服系统具有良好的动态和静态特性，速度环的增益为3.49。

对测速支路进行检测：在5A6/AP2数字板上测量R20与地间的直流测速电压值，首先发

现测速电压出现不正常的跳变现象(绝对值增大时,天线方位运转速度加快)。根据各俯仰角标准测速电压的计算公式

$$36/39 = C/D \tag{7-5}$$

式中,36 为天线设计最大转速(°/s);39 为天线设计最大驱动电压(V);C 为天线某俯仰角时的转速(°/s);D 为该俯仰角的测速电压(V)。

运行 RDASOT 程序,控制天线方位按照 25°/s 的速度进行 PPI 扫描,

表 7-6 记录了 VCP21 模式下,各俯仰角设计的测速电压值和实际测量值。

表 7-6　VCP21 模式下的好坏方位电机的测速电压对比表

VCP21 俯仰角(°)	AZ 速率 (°/s)	公式 D(V)	设计 D(V)	正常值 ≈(V)	故障时测量值	隐患时测量值
0.5	11.339	12.28	12.30	12.3	9.5	11
0.5	11.360	12.31	12.30	12.3	9.5	11
1.5	11.339	12.28	12.30	12.3	9.5	11
1.5	11.360	12.31	12.30	12.3	9.5	11
2.4	11.180	12.11	12.16	12.2	9.5	10.2～10.3
3.4	11.182	12.11	12.17	12.2	9.5	10.2～10.3
4.3	11.185	12.12	12.16	12.2	9.5	10～10.3
6.0	11.189	12.12	12.14	12.2	9.5	9～10
10.0	14.260	15.45	15.50	15.5	13	13.5～14
14.6	14.332	15.53	15.59	15.5	11～13	13.5～14
19.6	14.415	15.62	15.66	15.5	11～13	13.5～14

实测的测速电压明显小于设计的测速电压 D,与标准电压相差 2.5V 左右,而且输出电压稳定性较差,无法满足误差电压在标准电压的±5%以内,造成雷达方位角速度运转状态故障。由于方位测速电机和方位主驱动电机是一体的。可以锁定方位电机故障。

对更换下来的故障电机和新的方位电机的线圈阻值进行对比测量:

故障的方位电机 R(H 和 I)=1.0Ω,测速电机 R(A 和 B)=27.2Ω;

新的方位电机 R(H 和 I)=3.1Ω,测速电机 R(A 和 B)=51Ω。

显然,故障的方位电机不仅测速电机的线圈而且主驱动电机的线圈都存在着局部短路或绝缘下降的现象,所以输出测速电压普遍降低 2.5V 左右,造成方位电机转速不均,产生故障。更换上新的方位电机,故障消除。

(3)故障原因和注意事项

1)故障原因:本次故障是因为方位电机的线圈局部短路或绝缘性下降,也可能是线圈局部烧毁,使得输出测速电压下降,造成方位电机转速不均匀,产生故障。

2)注意事项:同类故障在多个 CINRAD/SA 出现过,而且国产电机出现的次数较多,进口电机也出现过同类故障,根源可能不仅和电机的质量有关而且和电机运行的环境和日常维护均有关,在天线座内加装大功率除湿机并加强电机的日常维护(除尘、加油等)可能会降低此类故障的发生次数。

7.4.1.3　Alarm 313－EL 乱码＋跳变－上光纤板 U31/驱动芯片坏＋EL 旋变故障

(1)故障现象

某 CINRAD/SA 做 VCP 扫描,发现当天线每抬升一个仰角时,方位转动正常,但俯仰转动不稳定并伴随跳码,而且指示值与俯仰的实际位置相差较大,并报警:

Alarm 313 Elevation Encoder Light Failure,俯仰编码灯故障。

在 RDASC 工作程序的性能参数 Performance Data/Pedestal/EL Encoder Light＝Fail。

(2)故障分析与排障过程

由于俯仰的轴角编码器单元输出的 13 位串行轴角数据出现错误,会引起俯仰指示跳变。

轴角编码器由下列部分组成:

旋转变压器－取样位置信号,输出粗精 2 路交流(位置)信号(俯仰需经汇流环);

旋变激磁信号发生器－隔离前级电路输出信号的直流分量并降低输出信号幅度;

RDC 模/数转换器－将旋变输出的粗精 2 路交流信号分别转换为数字信息;

PLD 可编程逻辑器件和控制脉冲－将粗精 2 路数字量组合,对组合后的轴角数据进行纠错,将并行的数据转换为串行的数据输出到光纤电缆上。

天线下传数据经过上/下光端机传输到伺服主控板。

发现 RDASC 监视器实时显示的天线指针发生抖动时,也就是编码灯和角码数值闪烁时,用示波器显示此时波形突变。用 RDASOT 软件运转天线,根据方便测试的原则,逐级进行波形检测判断。检查出上光纤板的 U31/74LS244 驱动芯片损坏。更换后,天线的实际位置与角码数值一致。但俯仰跳码现象仍旧存在。用手轮改变天线仰角,测量俯仰的旋变输出,发现俯仰旋变在某些仰角时波形存在着突跳现象,排除了旋变的接线问题后,初步判断俯仰的旋变故障。更换之。角码的跳变现象消失了。进入 RDASC 工作程序,拷机运行 48 小时,雷达运行正常。故障排除。

(3)故障成因分析

2 个故障现象对应 2 种故障原因。其中:

1)俯仰乱码对应的故障原因是光纤板的 U31/74LS244 驱动芯片损坏;

2)仰角跳码对应的故障原因是俯仰的旋变故障。

两者均是元器件质量问题。

7.4.2　SB 伺服分系统

7.4.2.1　一雷达天线方位突然不能运转－方位大齿轮崩裂

(1)故障现象

2004 年 10 月下旬,舟山 CINRAD/SB 在首次进行雷达年维护过程中,发现方位电机与方位减速箱的部分固定螺丝均已松动。

在紧固了这些螺丝后,马上通报给雷达生产厂方,希望能避免 CINRAD/SB 其他台站出现同类故障,可能导致减速箱与大齿轮之间错位,发生齿轮崩裂的大故障。可惜厂方未引起足够的重视,10 天后,同批次出厂的桂林 CINRAD/SB 发生了方位减速箱与方位大齿轮之间错位,造成方位大齿轮崩裂的特大故障。

(2)故障分析及排障过程

此时，雷达生产厂方才想起舟山CINRAD/SB雷达站曾经提醒过方位电机与方位减速箱的部分固定螺丝发生了松动现象。厂方进行针对性的检查发现CINRAD/SB方位减速箱与天线座的固定螺丝均已松动，减速箱产生机械位移，使得减速箱齿轮与方位大齿轮的啮合错位，造成大齿轮部分齿牙崩裂。

清除桂林CINRAD/SB方位大齿轮的碎铁块和铁屑；经检查发现方位减速箱的齿轮未出现机械损伤，方位大齿轮损坏部分还能咬合减速箱的齿轮，对大齿轮进行钝化处理，再紧固方位减速箱的固定螺丝。重新开机RDA，经48小时拷机雷达方位系统运行正常。故障暂时排除。

厂方下决心对所有已出厂的CINRAD/SB的驱动电机和减速箱的固定螺丝和弹簧垫片进行更换，特别是弹簧垫片更换成88＃钢(原来使用45＃钢)，免得失去弹性；而且将每个固定螺丝用细钢丝穿过帽端进行再次紧固，可确保这些固定不会因为震动而松动。

(3)故障成因分析及注意事项

1)故障成因分析：这是由于天线驱动电机和减速箱固定螺丝的弹簧垫片失去弹性，电机长时间运行产生的震动使得这些固定螺丝松动。归根结底是弹簧垫片的材料质量差所致。

据了解，虽然CINRAD/SB天线的驱动电机采用了和美国WSR－88D一样尺寸的固定螺丝和弹性垫片，但是其钢材的质量不一致，CINRAD/SB弹性垫片只是用了普通的45＃钢，美国WSR－88D弹性垫片用了66＃钢，所以长时间运行后，弹性垫片失去弹性，必须更换了高批号(如66＃钢以上)的弹性垫片。

这是个典型的材料型号用错的案例。

2)注意事项：CINRAD台站每次隐含故障被排除以后，不仅要找出故障根源，而且要推理故障发生的后果，并及时提醒兄弟台站和雷达生产厂方，以避免同类故障再次发生。

7.4.2.2　—在AZ某角度A和E伺服控制器瞬间断电又恢复—汇流环37开路

(1)故障现象

某CINRAD/SB的伺服系统运行6～30h后，在方位角110°～120°，A和E伦茨伺服控制器经常出现瞬间断电又恢复，即交流接触器K1、K2跳闸，造成雷达报警(如天线座不能停靠在PARK位置等)，退出RDASC工作程序。

由于故障现象均指向伺服系统，暂时将本次故障根源锁定在伺服分系统。

(2)故障分析及排障过程

观测到CINRAD/SB正常工作时，A和E伦茨伺服控制器绿灯显示正常，直到交流接触器K1、K2跳闸，暂时先不考虑伦茨伺服控制器问题。由于在雷达重新开机后一段时间内方位的某个角度上产生这个伺服系统的故障，应该是某个控保的信号在方位的这些角度上产生接触不良的情况，使得交流接触器K1、K2控制电压短暂失压，造成跳闸，可以先检查汇流环的接触情况(表7-7)。

表 7—7 SB 伺服分系统天线座汇流环接线与接口表

上/下接口	引脚号	环号	终端名称	
XS1/XS7	1,2,10—12	空		
—	3	1	俯仰电机	PE
—	4	2		U
—	5	3		CV
—	6	4		W
—	7	5	制动器	+24V
—	8	6		+24VRTN
XS1/XS7	9	7		屏蔽地
XS2/XS8	1	8	电机风机	PE
—	2	9		A 相
—	3	10		B 相
—	4	11		屏蔽地
XS2/XS8	5—7	空		
XS3/XS9	1	12	电机内的旋转变压器	屏蔽地
—	2	13		+REF
—	3	14		−REF
—	4	15		+COS
—	5	16		−COS
—	6	17		+SIN
—	7	18		−SIN
—	8	19		温控+KTY
—	9	20		温控−KTY
—	10,11	21,22		
XS3/XS9	12—14	空		
XS4/XS10	1	23	电机外旋转变压器	屏蔽地
—	2	24		C—D1
—	3	25		C—D2
—	4	26		C—D3
—	5	27		C—D4
—	6	28		J1—D5
—	7	29		J1—D6
XS4/XS10	8	30		J1—D7
XS4/XS10	9	31	外旋变压器	J1—D8
—	10	32		EZ1
—	11	33		EZ2
—	12,13	34,35		
XS4/XS10	14	空		
XS5/XS11	1	36	控制保护开关组合	屏蔽地
—	2	37		+94°
—	3	38		
—	4	39		−2°
—	5	40		
—	6	41		90.2°
—	7	42		
—	—	43		−1.2°
—	9	44		
—	10	45		E 手轮
—	11	46		
—	12	47		E 停止销
—	13	48		
—	14	49		A 停止销
—	15,16	50,51		
XS5/XS11	17—19	空		
XS5/XS11	17—19	空		
XS6/XS12	1	52	天线端发射功率测量	
—	2	53		
—	3	54		
—	4	55		
—	5	56		
—	6	57		
—	7	58		
—	8	59		
—	9	60		

一旦出现故障，马上运行 RDASOT 程序，将雷达天线控制在 EL=1°～19°某个俯仰角度上进行 PPI 扫描，并用电导线分别短路下列汇流环：

19&20=温控+/−KTY；

37&38＝＋94°；

39&40＝－2°；

41&42＝90.2°；

43&44＝－1.2°；

45&46＝E手轮；

47&48＝E停止销。

当37&38汇流环短路时(即＋94°控保电路不起作用)，故障现象消失。停机仔细检查汇流环37道和38道，发现汇流环第37道炭刷安装偏上/未居中，当雷达长时间运行后可能使得炭刷正好在这些方位角上碰到绝缘环产生接触不良的故障，使得＋94°控保电路发生作用，紧急切断交流接触器K1、K2的电磁线圈，产生跳闸，使得A和E伦茨伺服控制器经常出现瞬间断电又恢复的故障现象。调整汇流环第37道的炭刷安装位置，使其居中并清洁汇流环。

雷达进入工作程序RDASC，连续运行48小时未出现同类故障，说明故障已经排除。

(3)故障成因分析和注意事项

1)故障成因分析：本次故障是天线座内汇流环第37道炭刷安装位置不正确，造成在方位某个角度时产生接触不良的故障。是个典型的安装工艺和年维护问题。

2)注意事项：必须事先标清楚准备要短路的汇流环的两两位置，免得出现故障后人工进行短路时弄错短路的汇流环产生额外的新故障。

7.4.2.3　－AZ旋转关节＋U形联结波导抖动－AZ铰链水平度与直波导同心度差

(1)故障现象

2004年3月始，舟山CINRAD/SB试运行期间，多次听到天线座内发出噪声，在寻找天线座内的噪声源头时，发现方位旋转关节和U形联结波导在方位运行到某些角度存在着抖动。

(2)故障分析和排障过程

这个故障隐患显然是由于方位铰链水平度差或方位铰链的中心与直波导的同心度差所造成。这个故障隐患可能会撕裂方位铰链或U形联结波导，使得波导漏气，波导驻波增大，发射机强制关机。这个故障隐患必须予以尽早解决。雷达生产厂家携带波导方位铰链专用的水平度和中心度测试装置，进行严谨的调整，使得方位铰链水平度或方位铰链的中心与直波导的同心度均满足要求。

运行RDASOT程序，选择俯仰角为1°～19°任一角度进行PPI扫描，在天线方位运转时，观测到方位旋转关节和U形联结波导不再抖动为止。故障排除。

(3)故障成因分析和注意事项

1)故障成因分析：本次故障是由于方位铰链水平度差或方位铰链的中心与直波导的同心度差所造成。是个典型的安装工艺问题。

2)注意事项：不少CINRAD/SA雷达多次出现波导漏气，压力低而报警，或者传输波导驻波偏大而报警，强制关闭发射机，也可能就是同样的故障原因。同样，天线座内任何不正常的声音都要引起足够的重视，必须找出噪声的根源，以免故障扩大，产生严重的后果。

第 8 章　FTD

由于篇幅关系，本章只给出了 10 幅 CINRAD/SA&SB 的 FTD，难免出现缺陷和不足，需要逐步增加和完善。另外，制作 FTD 可以参考 WSR－88D 用户手册的排障路径图。

8.1　3A4/＋40VDC 负载过重的 FTD

如图 8-1 所示，3A4/RF 激励组件的 A 支路是＋40VDC 经固定稳压器 N1 输出到对应的三个电源产生器：＋5VDC 电源产生器、－5V 电源产生器、＋8V 调制脉冲产生器，供给 MMIC 放大器；B 支路是＋40VDC 经可调稳压器 N5 输出＋36VDC 电源，供给 2 级 C 类放大器。

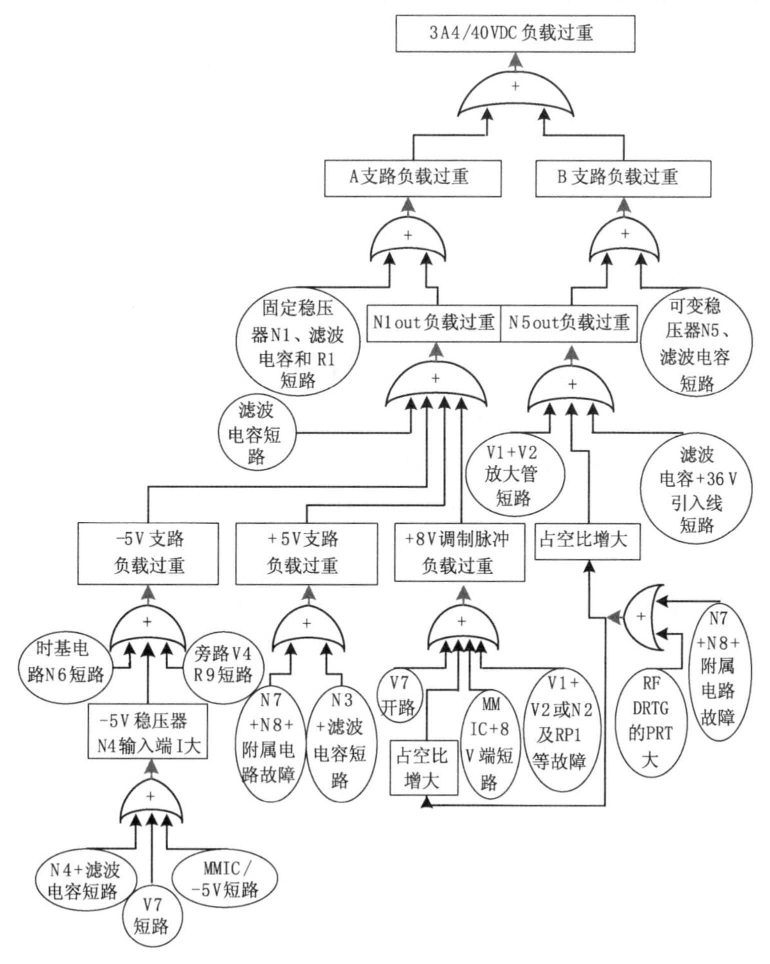

图 8-1　3A4/40VDC 负载过重的 FTD

8.2　3A4 输出 RF 功率极低的 FTD

3A4 输出 RF 功率极低的 FTD 为图 8-2 所示，图 8-2 中，＋8V 调制脉冲产生电路故障可分解成一个 FTD(MMIC 正常)；

－5VDC 产生电路也可分解成一个 FTD(MMIC 正常)。

可以参考图 8-1，也可以重画 2 个 FTD，为图 8-3 和图 8-4。

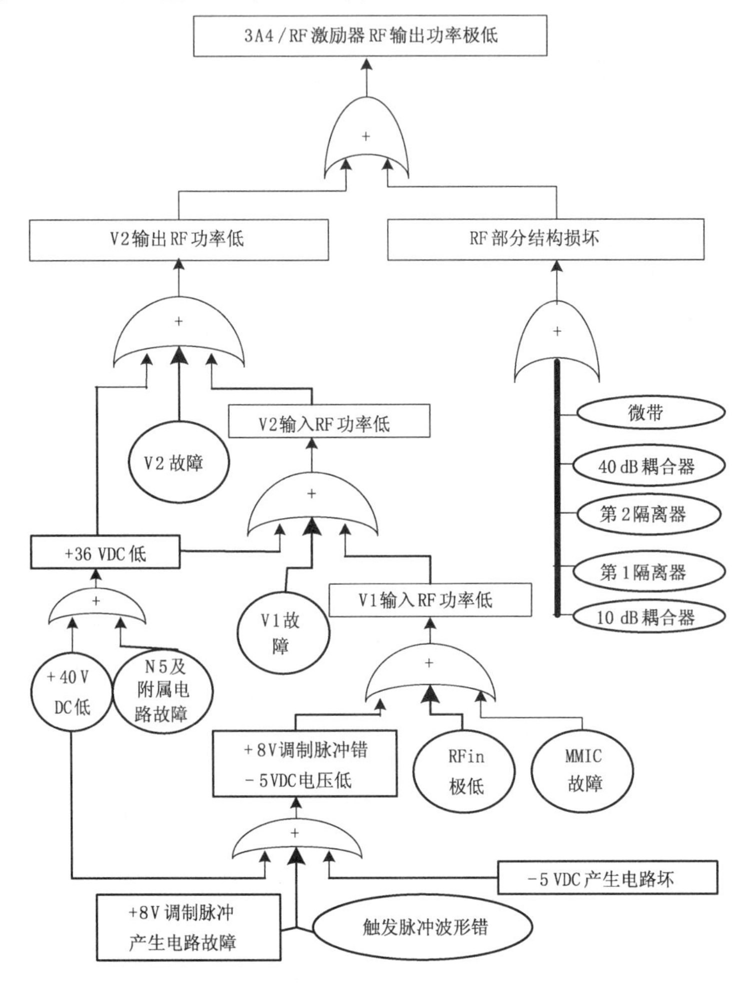

图 8-2　3A4 输出 RF 功率低的 FTD

8.3　3A4 中－5VDC 电压低的 FTD

3A4 中－5VDC 电压低的 FTD 如图 8-3 所示。

8.4　3A4 中＋8V 调制脉冲波形错的 FTD

3A4 中＋8V 调制脉冲波形错的 FTD 如图 8-4 所示。

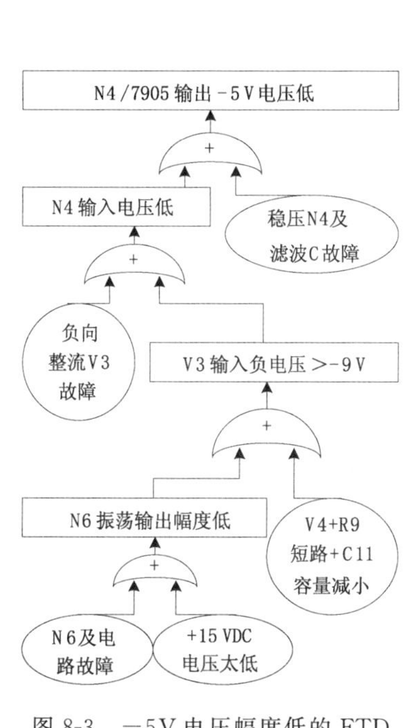

图 8-3　−5V 电压幅度低的 FTD
（MMIC 正常）

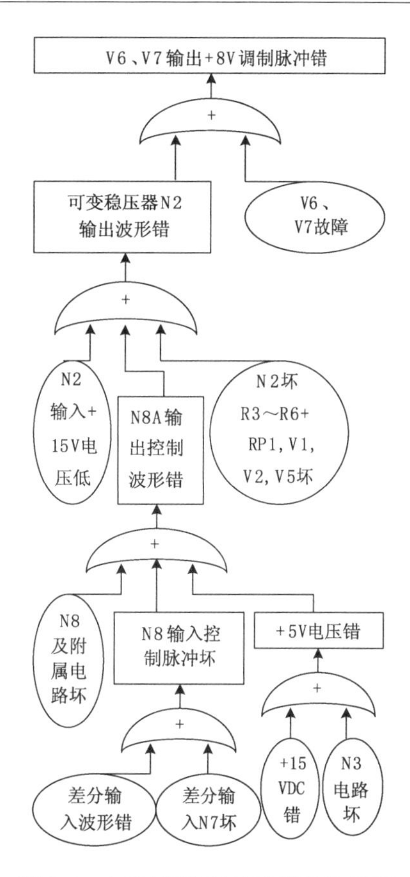

图 8-4　+8V 调制脉冲波形错的 FTD
（MMIC 正常）

8.5　3A5/RF 脉冲形成器综合故障的 FTD

3A5/RF 脉冲形成器综合故障的 FTD 如图 8-5 所示。3A5 输出 RF 波形变形也可能是由于开放式微波电子线路的问题，可以归纳为 RF 微带电路结构问题。

8.6　3A10/回扫充电开关综合故障的 FTD

3A10/回扫充电开关综合故障的 FTD 如图 8-6 所示。

3A10 的 V1、V2 输出波形错，是在认为 3A10 负载是正常的（包括：3A7T2/充电变压器和 3A12/调制器均正常）的条件下。

控保信号有四路：充电电流、充电电压、回授过流、赋能过流；控保电路也有四路，对应四个 FTD。

8.7　3A11/触发器综合故障的 FTD

3A11/触发器综合故障的 FTD 如图 8-7 所示。这里首先认为 3A11 输出负载时正常的。D3A 是与门电路，只要有一路出错就禁止工作。

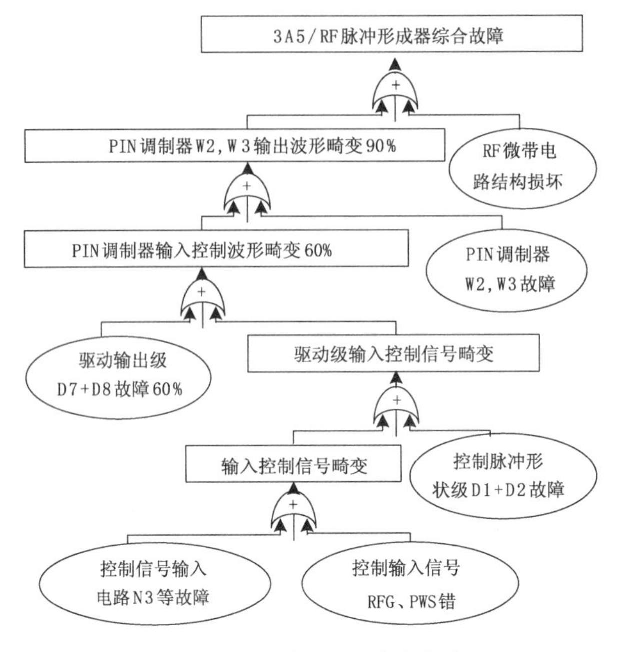

图 8-5　3A5/RF 脉冲形成器综合故障的 FTD

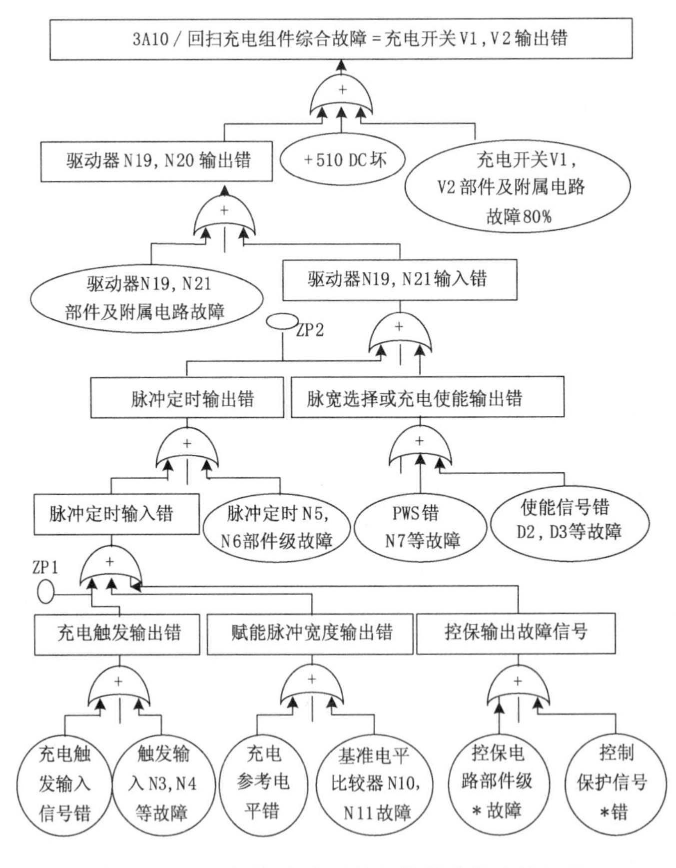

图 8-6　3A10/回扫充电开关组件综合故障的 FTD

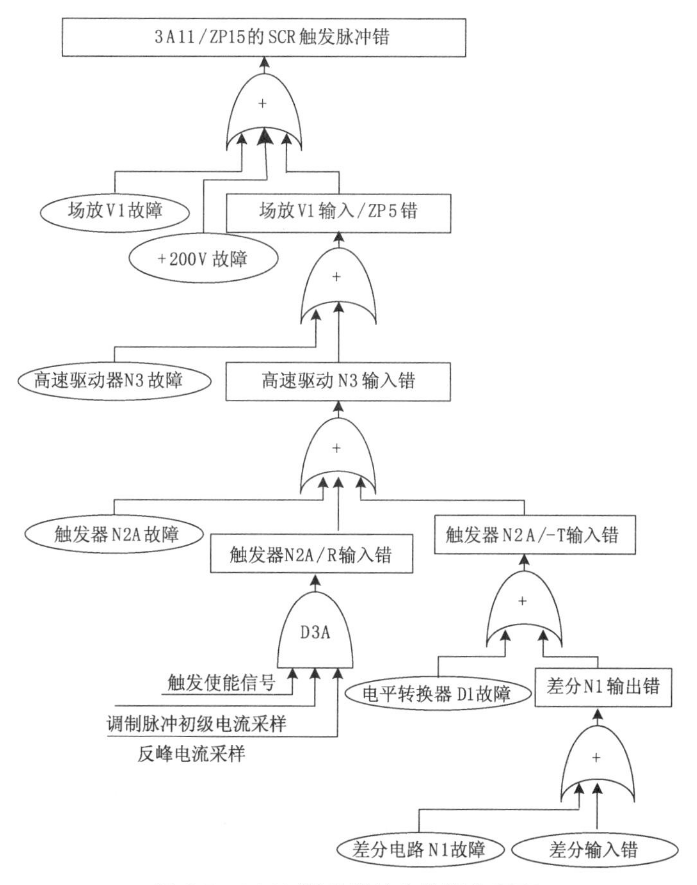

图 8-7　3A11/触发器综合故障的 FTD

8.8　发射机输出峰值功率过高的 FTD

发射机输出峰值功率过高的 FTD 如图 8-8 所示。这是 CINRAD/SA&SB 整机输出故障中的一个表征，并非特指某个组件的故障。这里假设速调管放大能力未变。下面的四个中间事件对应许多可能原因。

8.9　3PS2A1 的磁场电压检控 EXB841 输出波形错的 FTD

3PS2A1 的磁场电压检控 EXB841 输出波形错的 FTD 如图 8-9 所示。这个 FTD 是 3PS2A1(磁场电源驱动)板的磁场电压检控 EXB841 输出波形错的 FTD，它结合了 3PS2A2(磁场电源控制)板的电路。

8.10　3A6/电弧反射保护组件综合故障的 FTD

3A6/电弧反射保护组件综合故障的 FTD 如图 8-10 所示。

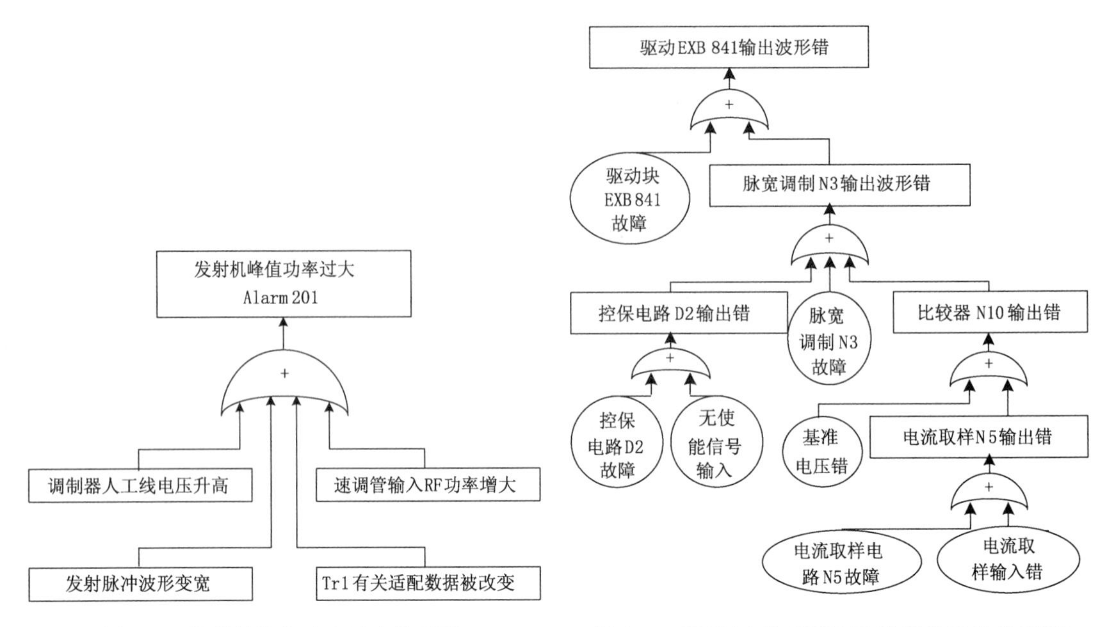

图 8-8　发射机峰值功率过大的FTD　　图 8-9　3PS2A1的EXB841输出波形错的FTD

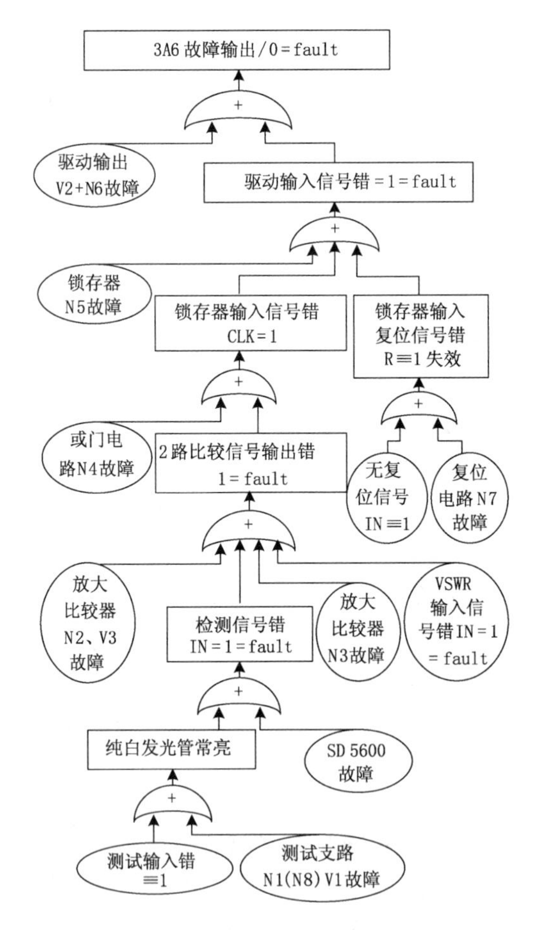

图 8-10　3A6/电弧反射保护组件综合故障的FTD

参考文献

CMA 雷达保障室.2002.中国新一代天气雷达 CINRAD WSR－98D 测试大纲.北京:中国气象局.

敖振浪.2008.CINRAD/SA 雷达使用维修手册[M].北京:中国计量出版社.

北京敏视达雷达有限公司.2001.中国新一代天气雷达 CINRAD WSR－98D 培训手册.北京:敏视达雷达有限公司.

北京敏视达雷达有限公司.2002.中国新一代天气雷达 CINRAD WSR－98D 用户手册.北京:敏视达雷达有限公司.

北京敏视达雷达有限公司.2005.中国新一代天气雷达 CINRAD WSR－98D 电路图册.北京:敏视达雷达有限公司.

柴秀梅,黄晓,黄玉兴.2007.新一代天气雷达回波强度自动标校技术[J].气象科技,**35**(3):414-417.

柴秀梅.2011.新一代天气雷达故障诊断与处理[M].北京:气象出版社.

陈学楚,张铮敏,陈云翔,等.2008.装备系统工程[M].北京:国防工业出版社.

陈宗海.2007.系统仿真技术及其应用[M].合肥:中国科学技术大学出版社.

韩斌,方睿,何建新,等.2006.数字中频测试系统[J].现代雷达,**28**(9):77-79.

何炳文,顾松山,高嵩,等.2006.伦兹伺服控制器的功能及其在 CINRAD/SB 中的应用[J].气象,**32**(7):52-57.

胡东明,胡胜,程元慧,等.2007.CINRAD/SA 天线伺服系统轴角箱多次故障的分析[J].气象,**33**(10):114-117.

江阳,王志云,薛周成.2005.基于神经网络的雷达故障诊断方法研究[J].无线电工程,**35**(9):39-42.

刘玉绢.2005.综合保障是提高现代雷达效能的有效方法[J].现代雷达,**27**(6):69-71.

刘志澄,李柏,翟武全.2002.新一代天气雷达系统环境及运行管理[M].北京:气象出版社.

马丁 PL.2005.电子故障分析手册[M].张伦,等,译.北京:科学出版社.

马明权,盛文,聂涛,等.2010.雷达装备远程技术支援保障综合集成研讨厅设计[J].现代雷达,**32**(1):22-25.

马绍民.1995.综合保障工程[M].北京:国防工业出版社.

聂涛,盛文,马明权.2009.雷达可修复备件优化配置研究[J].现代雷达,**31**(11):25-28.

潘爽,王列.2007.舰载雷达综合保障设想[J].现代雷达,**29**(5):4-6.

潘新民.2009.新一代天气雷达(CINRAD/SB)技术特点和维护、维修方法[M].北京:气象出版社.

彭晓源.2006.系统仿真技术[M].北京:北京航空航天大学出版社.

石城,梁海河,孟昭林,等.2012.新一代天气雷达故障处理和故障标准化平台的研发与应用[J].气象科技,**40**(2):160-164.

宋建国,曹小平,曹耀钦,等.2005.装备维修信息化工程[M].北京:国防工业出版社.

宋小安.2008.雷达车载故障诊断系统的开发[J].现代雷达,**30**(3):97-100.

田景文,高美娟.2006.人工神经网络算法研究及应用[M].北京:北京理工大学出版社.

涂爱琴,张玉洁,安学银,等.2012.新一代天气雷达寿命预测方法[J].现代雷达,**34**(8):16-19.

王建新,隋美丽.2011.虚拟仪器测试技术及工程应用[M].北京:化学工业出版社.

王勤典,郑杰.2006.上海 WSR－88D 雷达故障诊断和分析[J].气象科技,**34**(增刊):106-110.

王志武,蔡作金,周宽宏,等.2008.CINRAD/S－RDA 定标常见问题分析[J].气象科技,**36**(3):349-354.

王志武,韩博,林忠南.2006.CINRAD/SB 型发射机一例复杂故障的排除[J].气象,**32**(9):117-120.

王志武,林忠南.2013.CINRAD/SB 频率综合产生器的工作原理及故障定位[J].气象科技,**41**(6):977-981.

王志武,张建敏.2013.大型电子设备规范化维修[J].气象科技,**41**(5):791-795.

王志武，赵海林，郑旭初. 2001. 天气雷达天馈系统损耗的测量[J]. 气象，**27**(7)：24-26.

王志武，钟涛，汪章维，等. 2008. 新一代天气雷达S形回波强度的定标细则[J]. 现代雷达，**30**(1)：30-34.

王志武，周红根，林忠南，等. 2005. 新一代天气雷达SA&SB的故障分析[J]. 现代雷达，**27**(1)：16-18.

吴少峰，胡东明，黎德波，等. 2009. CINRAD/SA雷达开关组件故障分析处理[J]. 气象科技，**37**(3)：353-355.

徐宗昌. 2002. 保障性工程[M]. 北京：兵器工业出版社.

薛长生，李执力，许屹晖. 2006. 雷达可靠性与维修性对系统效能的影响[J]. 现代雷达，**28**(5)：23-26.

杨秉喜，后小明，陈怀春. 2002. 雷达综合技术保障工程[M]. 北京：中国标准出版社.

杨传风，黄秀丽，刁秀广. 2005. 济南CINRAD/SA雷达发射机高压故障诊断[J]. 气象，**31**(1)：88-89.

杨传风，刘志红，袁希强，等. 2008. CINRAD/SA雷达硬件信号处理器测试与故障诊断隔离[A]. CMA2008年会——卫星遥感应用技术与处理方法分会场论文集.

杨为民. 1995. 可靠性、维修性、保障性总论[M]. 北京：国防工业出版社.

袁希强，景东侠，吕庆利，等. 2009. CINRAD/SA雷达天伺系统疑难故障原因剖析[J]. 气象科技，**37**(4)：439-443.

张明友，汪学刚. 2008. 雷达系统[M]. 北京：电子工业出版社.

周红根，王明亮，焦圣明，等. 2005. CINRAD/SA雷达诊断工具的释用[J]. 气象科学，**25**(6)：645-650.

周红根，周向军，祈新，等. 2007. CINRAD/SA天气雷达伺服系统特殊故障分析[J]. 气象，**33**(2)：98-101.

周红根，朱敏华，段素莲，等. 2005. CINRAD/SA雷达故障分析[J]. 气象，**31**(10)：39-42.

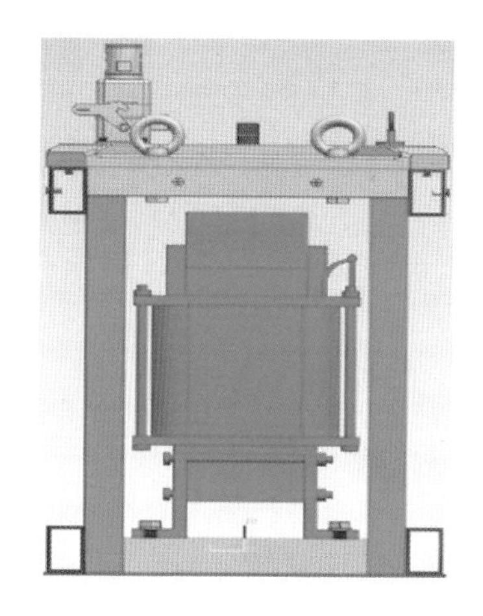

图 2-21　油箱的设计制作

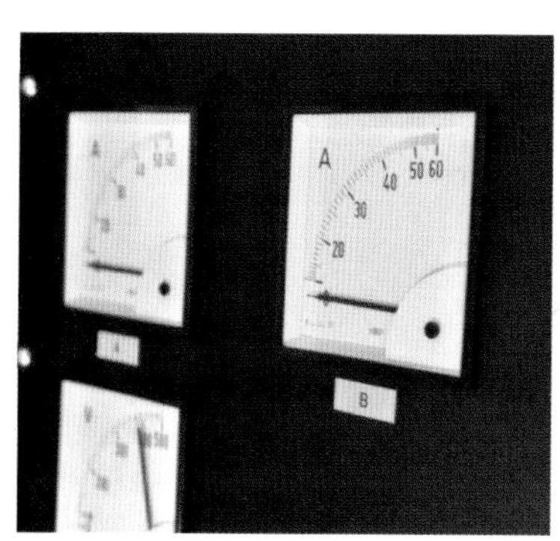

图 2-23　名牌电表与开关

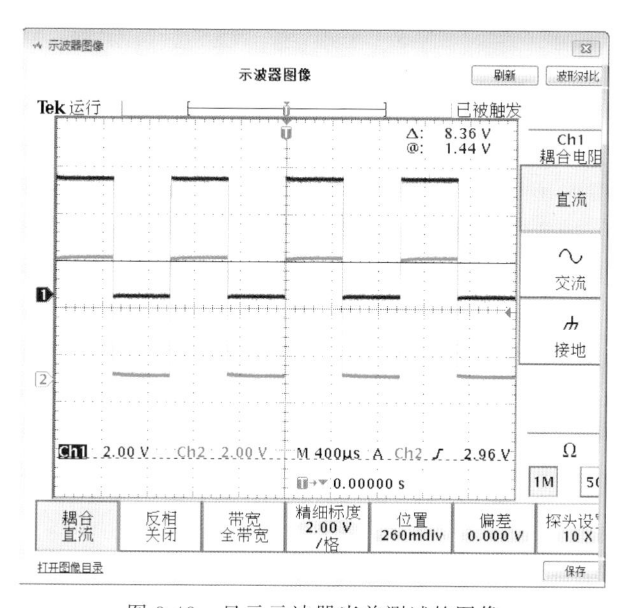

图 3-43　显示示波器当前测试的图像

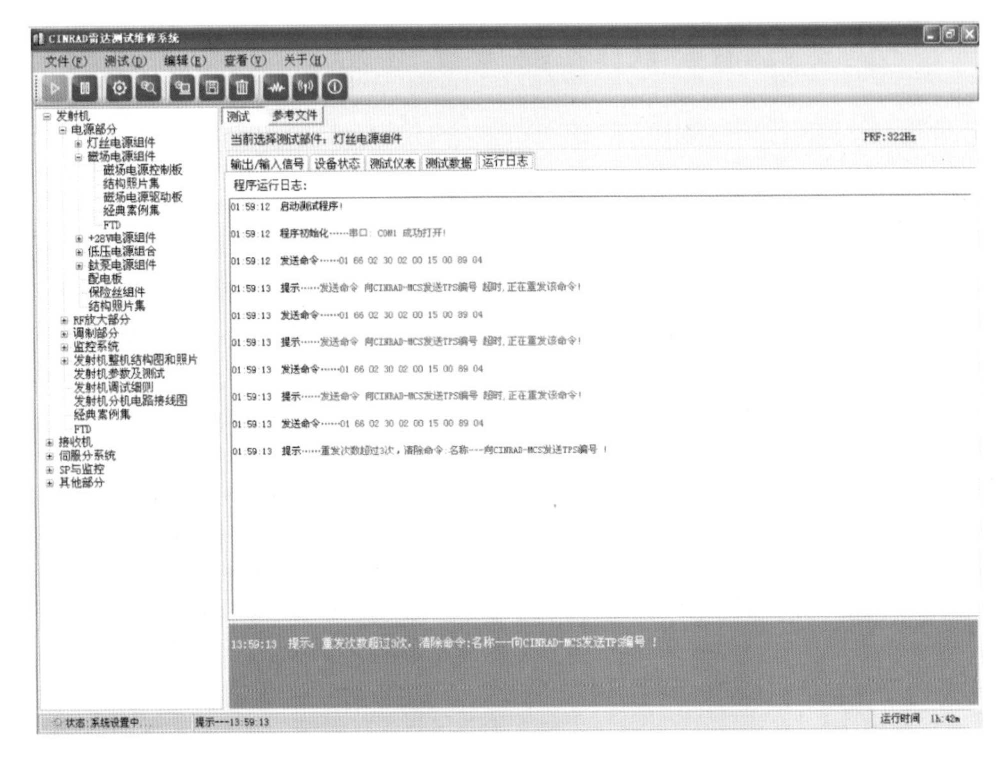

图 3-60　从“运行日志”判断平台的故障部件

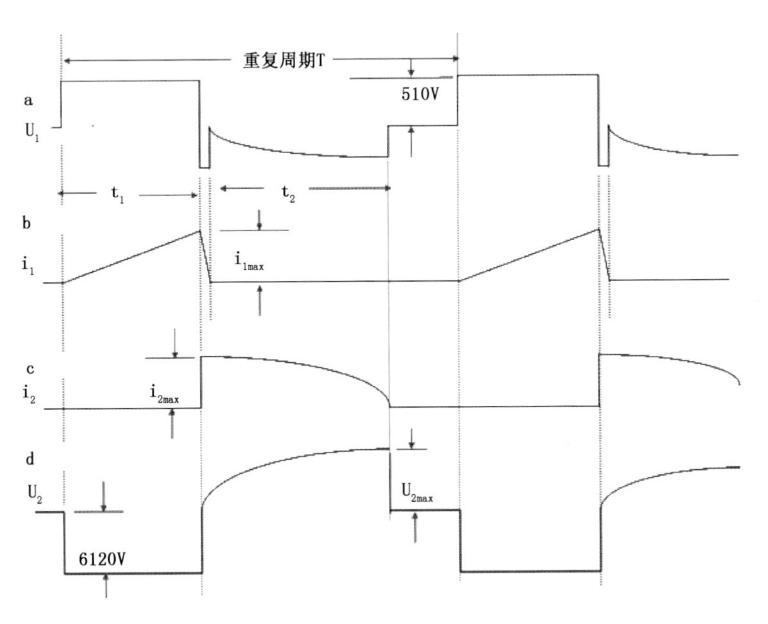

图 5-2　回扫充电波形图

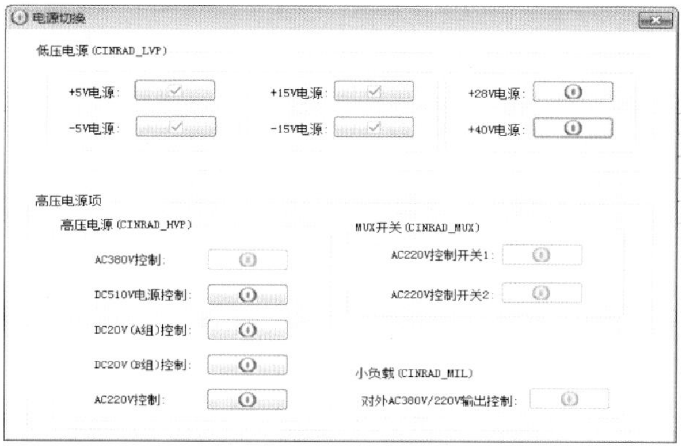

电源切换
低压电源(CINRAD_LVP)
+5V电源: ✓ +15V电源: ✓ +28V电源:
-5V电源: ✓ -15V电源: ✓ +40V电源:
高压电源项
高压电源(CINRAD_HVP)
AC380V控制:
DC510V电源控制:
DC20V(A组)控制:
DC20V(B组)控制:
AC220V控制:
MUX开关(CINRAD_MUX)
AC220V控制开关1:
AC220V控制开关2:
小负载(CINRAD_MIL)
对外AC380V/220V输出控制:

图 5-27　电源切换的使用

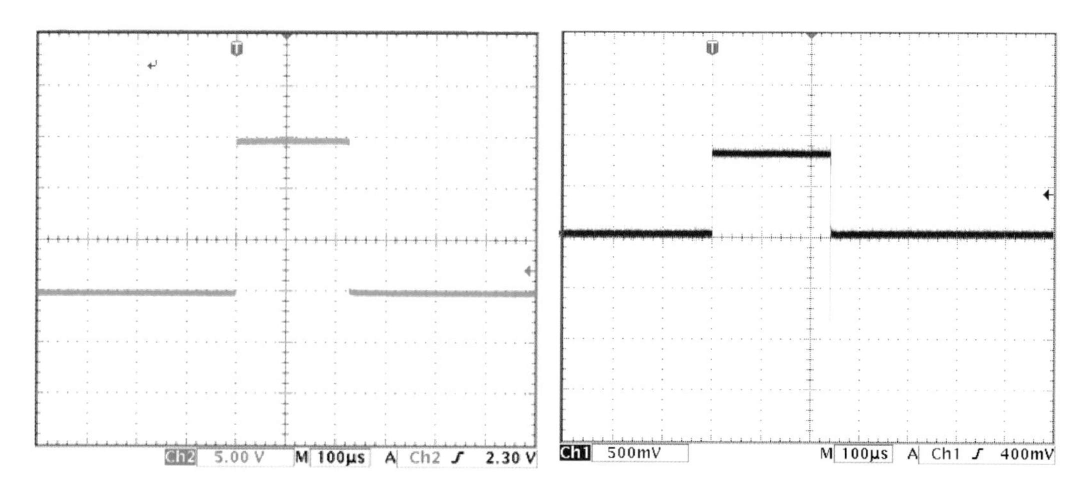

图 5-40　窄脉冲 ZP2(new)波形(左)和 ZP2(old)波形(右)

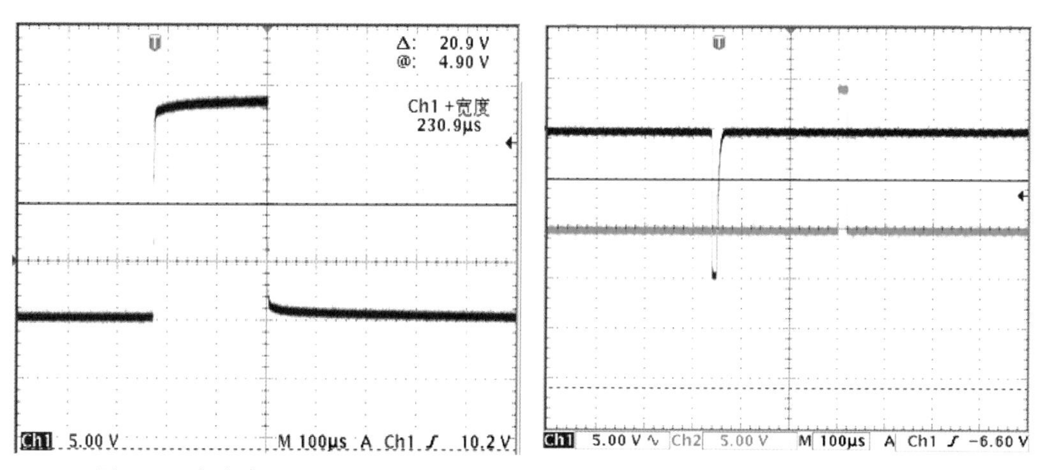

图 5-41　窄脉冲 IGBT 驱动波形
驱动脉冲波形(－5V～＋14V)

图 5-42　窄脉冲的屏蔽延时(约 260μs)

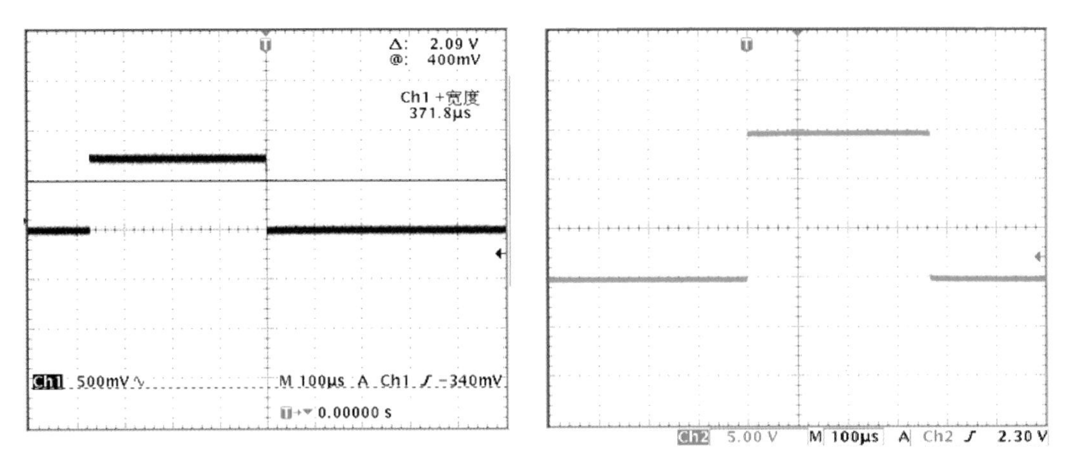

图 5-48 宽脉冲 ZP2(new)波形(左)和 ZP2(old)波形(右)

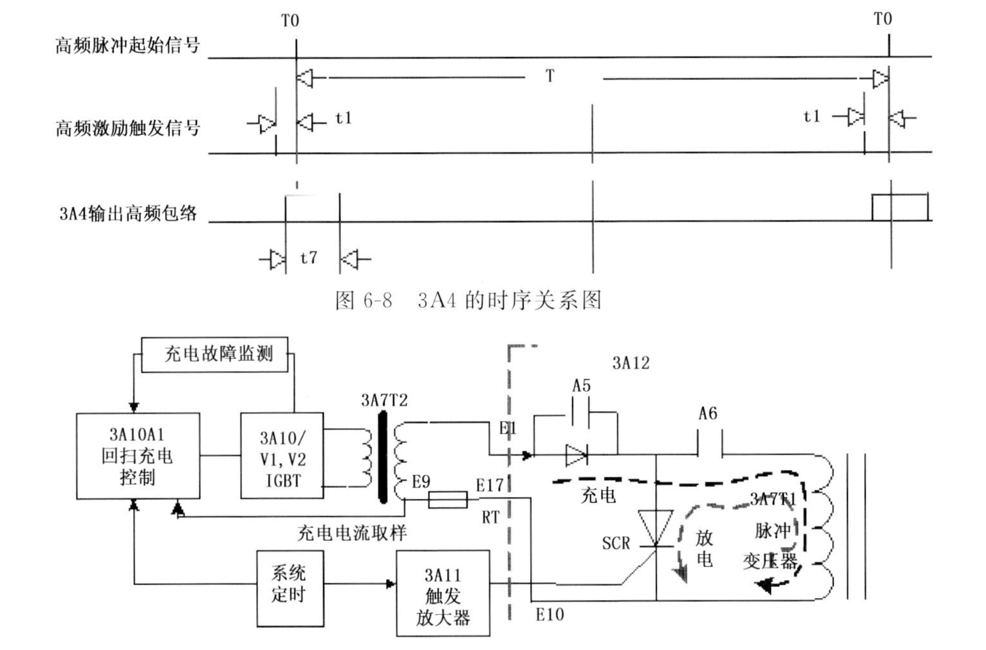

图 6-8 3A4 的时序关系图

图 7-13 发射机调制部分充电放电原理图

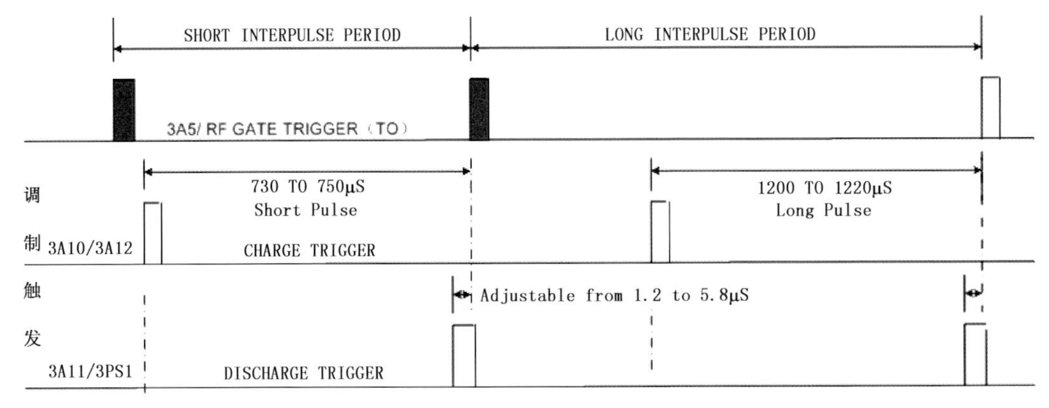

图 7-44 发射机调制部分充放电触发脉冲正常的时序图